1,200+ SUDOKU

Collin Deloach

Your Mission

is to solve the puzzle by filling in the empty cells with numbers from 1 to 9 without repetition in each row, column, and sub-grid.

The goal is to use logic and deduction to find the missing numbers and complete the puzzle.

						3		2
				8		4	9	1
	1				3			
2			7	4	1	9		6
6			8	9	2			7
9		1	6	3	5			4
			4				8	
8	4	6		7				
7		9						

Without repetition in each sub-grid

						3		2
				8		4	9	1
	1				3	5		
2						9		6
6			8		2	1		7
9		1				8		4
			4			7	8	
8	4	6		7		2		
7		9				6		

Without repetition in each column

Without repetition in each row

						3		2
				8		4	9	1
	1				3			
2						9		6
6			8		2			7
9		1						4
1	2	3	4	5	6	7	8	9
8	4	6		7				
7		9						

Enjoy!

Puzzles

Hard # 1

9					7	5		4
		6		5	1	8		
				3			1	
6								1
	4						9	
3								7
	9			7				
		3	8	6		4		
4		7	3					8

Hard # 2

	3				1	4		
7		6		9			8	
		9				7		
				1			9	5
			3		6			
2	7			8				
		1				2		
	2			3		9		8
		8	5				1	

Hard # 3

				7	4			
	6		5				8	2
5								3
		9		6			5	
6			2		5			9
	2			9		3		
9								1
1	3				8		7	
			7	4				

Hard # 4

		3	5	9				
	7		8					3
			1					
7	2							8
5	8						3	7
9							2	6
					1			
3					8		7	
				6	4	9		

Hard # 5

3					9	5		6
					5			4
			6	3			1	
	8						6	9
				8				
5	3						8	
	5			1	3			
9			4					
7		4	9					3

Hard # 6

7	5							4
				9				
2				8	5	1		
		6	9					1
	7		3		1		5	
3					7	9		
		4	6	3				7
				1				
6							2	8

Hard # 7

4			1		3	7	2	
						9		5
			8					6
		8			1			
	4			7			9	
			5			2		
7					5			
1		9						
	2	5	3		7			4

Hard # 8

		1		4			7	
					3	9		
7	3		6			2		
	1	4		6				
8								4
				5		8	2	
		9			2		8	5
		8	5					
	7			1		6		

Hard # 9

4					9			
9							5	
		7	5					
		6		3			8	
	5		9		4		3	
	8			1		5		
					6	7		
	7							1
			4					6

Hard # 10

		1			5		8	
7				3		1		
			4	9				
	1	8		2	7			
2								9
			3	1		2	5	
				8	6			
		3		5				2
	9		2			6		

Hard # 11

					6	1	8	
2	8					4		
		7						3
6	1			7				
		9		1		5		
				4			2	1
8						2		
		2					1	5
	9	4	3					

Hard # 12

7				9		4	6	
			1					
		3		2		7		9
					3	5	9	
			9		6			
	6	4	7					
1		7		6		8		
					8			
	4	8		7				2

Hard # 13

		7			9			
		3		8				5
					6	7	9	
	5	4						
7	9						2	3
						8	7	
	2	8	5					
3				2		9		
			4			3		

Hard # 14

				1		7		
			4		9		6	
					8		2	
6				9			7	8
9		5				3		1
1	7			5				2
	4		8					
	8		6		1			
		3		4				

Hard # 15

				3	1	6		4
8								
				9	5	7		
		9			7		2	
	8		9		2		6	
	2		5			3		
		3	2	5				
								5
7		8	6	4				

Hard # 16

				7	6	2		9
1				2	4			
	2							3
		1			7	5	9	
	3	5	9			8		
2							1	
			2	6				4
6		9	7	8				

Hard # 17

	5	6	1			7		
		7	8					
	2	9		5				3
				9				
5		3				8		7
				1				
7				2		3	4	
					1	6		
		2			6	9	1	

Hard # 18

2				3	5	8		
			7				1	
	4							9
	2			8				1
4			1		6			7
1				9			8	
9							7	
	3				1			
		1	5	4				6

Hard # 19

					7	9		
9	6				2	4		
	3	8						
	2	3		9			5	
5								4
	1			6		7	9	
						1	8	
		5	1				4	7
		7	3					

Hard # 20

	1		2					5
8						1		
9		7		8				
3			4	7			1	
		8				4		
	5			6	9			7
				1		2		8
		1						6
7					6		3	

Hard # 21

			3		8		5	
	5					4		
8		2						9
5							4	
	6	3	5		2	9	8	
	8							7
1						6		3
		6					2	
	3		6		7			

Hard # 22

		9	5					
					1			2
3		7		9		8		1
6	5							
		2	9		8	5		
							2	3
1		8		7		2		9
2			3					
					2	7		

Hard # 23

1	7	2		3				
6			8				7	
		4	7					9
				1		7		
	6						5	
		8		7				
2					3	1		
	8				7			2
				2		9	8	6

Hard # 24

1		7				8		
5				4	8			
			7		3			
9	7						5	
	6						3	
	3						8	2
			4		2			
			9	8				1
		4				5		6

Hard # 25

			6			3		7
2					1			
				7	2	1	9	
7	2					4		
		3				5		
		4					8	3
	6	1	3	9				
			5					1
8		9			7			

Hard # 26

1				2			9	
							4	
		7	1					6
	4	8		9		6	2	
	1						3	
	6	9		7		4	1	
5					9	2		
	8							
	9			5				1

Hard # 27

4				5			9	
		1						7
			1		2		5	
		2	9					
9			3		8			5
					7	1		
	4		7		1			
3						7		
	2			9				4

Hard # 28

				4	7		5	
		7						6
			3				1	4
	5		2		6	9		
		8				2		
		2	8		9		3	
1	8				5			
2						4		
	3		1	2				

Hard # 29

					1	9		
3	7			8				6
						8	5	
		3		6				8
	1						7	
8				3		1		
	3	2						
7				5			8	4
		6	3					

Hard # 30

		4						9
	7	5					1	
9			8					5
1	2		7	4				
				6	3		4	7
7					4			8
	1					3	9	
8						6		

Hard # 31

						5		
5	2	4			1	6		
				6			8	
					3	1		2
3	5						9	7
1		7	9					
	9			1				
		3	2			7	5	4
		5						

Hard # 32

1	7				8	9		
	9	8						
					5			6
		7		5	1			
		9		2		6		
			6	4		1		
8			2					
						8	4	
		6	5				1	2

Hard # 33

6	8	5	9					
						9	1	
				2				5
8		2	7				6	
				8				
	1				9	3		2
4				6				
	5	6						
					8	6	2	1

Hard # 34

9	8		7				6	
	7		8	1				3
		6			2			
		5						8
8								5
4						1		
			3			6		
7				6	9		4	
	2				1		3	9

Hard # 35

			1			2	7	
				5	9			
5		7	6			3		
	8							1
	4						5	
1							6	
		6			5	1		4
			2	3				
	7	3			1			

Hard # 36

3				1				
						3	2	7
	2	6		7				4
			4		9	8		
1								2
		9	1		8			
8				4		6	7	
6	1	7						
				3				5

Hard # 37

9	1		8	3				
				5	9	7		
		3				8	6	
			4	9			5	
	8			6	5			
	6	8				1		
		4	3	1				
				8	6		2	4

Hard # 38

								5
4					9	8		
	8	3		1			6	
	7	8		9				
5								4
				6		1	8	
	9			3		4	7	
		6	1					8
3								

Hard # 39

				8	3	9		
	5	2		6		7		
		4					8	
4						1	6	
			8		6			
	6	9						7
	9					4		
		3		2		6	7	
		1	5	7				

Hard # 40

					5			6
		7	2					
		3		1		4		
	1		8		6			
	8						3	
			3		9		5	
		8		4		5		
					7	3		
2			9					

Hard # 41

		9		5				
					6	3	5	7
5					3	1		
					4	2	9	3
7	2	3	8					
		5	7					8
8	3	1	2					
				4		6		

Hard # 42

			5		4			6
8	7		1	2				
						7	1	
7					5		6	
				3				
	1		7					9
	2	8						
				4	8		9	2
5			6		2			

Hard # 43

	9							2
8	7			3				
					7		6	9
	2		4	8		3		
		8		7	9		2	
5	8		6					
				2			7	1
4							8	

Hard # 44

		7	4		6			2
				5			4	
4	8			1				
		4			1		7	
1								8
	9		8			3		
				6			3	9
	3			2				
6			9		4	7		

Hard # 45

2	9			7		5		6
			5					
	4	5				2		
					7		3	
5			3		6			1
	2		8					
		4				1	7	
					9			
8		7		5			9	3

Hard # 46

		1	3					4
				5	4	3		
			1			8	7	
8								7
		2		4		9		
9								2
	4	5			3			
		6	8	9				
7					2	5		

Hard # 47

			4				8	3
		7	3		2		9	
	4			9				
						6	4	
1		4				9		2
	5	3						
				2			1	
	3		1		6	8		
9	2				8			

Hard # 48

	6			3	2		7	1
		2			5		8	
8		7				3		
5					1			
			9					6
		4				9		3
	9		3			8		
7	3		2	8			4	

Hard # 49

4		8			2	6		
								4
5				3	6	8		
		9		8	5		2	
	1		9	4		5		
		1	7	2				9
9								
		5	3			2		8

Hard # 50

					4		9	
	7							2
	2			9	3	1		
	4		2					1
	3	2				4	8	
5					7		6	
		3	8	4			7	
4							1	
	9		6					

Hard # 51

	2	7	9	5				
			8					
	5		3				7	4
7	4						6	
6								3
	3						2	5
2	6				5		8	
					9			
				6	7	4	3	

Hard # 52

8				7	3		2	
		5		2		8		
2				9	6			
5	8					6		
		2					3	5
			6	4				2
		6		8		9		
	4		7	5				6

Hard # 53

	4			3		8		
					1		7	5
2			7				4	9
5								
	9		4		7		5	
								6
7	2				9			3
9	1		6					
		4		2			9	

Hard # 54

		4			5	8	6	
	1				2		7	
		7		3				9
				2		7		
			1		6			
		9		4				
9				5		1		
	8		9				5	
	7	2	8			9		

Hard # 55

		8						
1	9	4	3		7			
			5	9				
5		9					6	
8			6		4			9
	7					4		2
				2	3			
			1		5	7	3	8
						1		

Hard # 56

7	9						4	3
8			3					7
				7			9	
1		6	5					
			4		1			
					2	5		1
	2			1				
9					6			8
5	8						3	2

Hard # 57

			8				5	
	7		1	3	5			8
		3		9				
							7	2
		2		8		6		
7	1							
				1		3		
1			3	4	2		9	
	5				9			

Hard # 58

6	2					8		5
		5						7
				8	3	6		
8				9			1	
			2		5			
	4			7				9
		8	4	3				
5						3		
1		4					2	6

Hard # 59

			5					
4			1			9		
2	3	7						
9			7	1			4	
	2			8			6	
	4			2	5			1
						3	5	7
		5			9			6
					1			

Hard # 60

				5				
7			8				1	
	4				3		5	7
		2	3		5			
6		3				1		5
			2		8	3		
2	7		5				9	
	6				1			4
				7				

Hard # 61

	1			7				5
			9	4				7
							3	6
			2			7		
	8	3				2	1	
		7			1			
1	6							
9				1	8			
5				9			7	

Hard # 62

	9				7			
	7					8		9
5					2			1
	4				6	3	1	
	8	6	1				4	
9			2					7
3		8					6	
			5				2	

Hard # 63

		5		4			6	
9		3	5	6				
				8			4	
						5	9	
4		6				1		3
	9	7						
	1			9				
				3	4	2		6
	7			5		9		

Hard # 64

		2						3
	1		9				4	2
5		4			7			
	9		6	5	3			
			1	8	9		5	
			5			6		9
8	2				6		7	
3						1		

Hard # 65

					9			
1	7			8	5	4		
		6	4				7	
						8		4
7				5				2
2		1						
	9				8	7		
		4	1	6			5	3
			9					

Hard # 66

		6		1		9		
			7		9	4		
2					3			
6						2		9
8				5				4
4		5						7
			9					2
		1	3		8			
		8		7		3		

Hard # 67

	5					9		6
			9	4				
7				5	6			
5	2		1					9
		6				4		
9					8		2	3
			4	9				2
				3	1			
4		1					5	

Hard # 68

	8	6	4					
	7				3		6	
			5	1		4		
8						2		
3	9						7	6
		7						3
		4		9	1			
	6		2				1	
					5	7	3	

Hard # 69

9			4					
			2	6		7		
5	2						9	3
	5	4		9				
	7						6	
				2		1	7	
2	3						1	6
		5		3	2			
					8			7

Hard # 70

			8		9			
6				1			7	
		2			3			
		7					5	4
		1	5		6	3		
5	9					8		
			6			1		
	3			8				2
			7		4			

Hard # 71

3			9				1	
			8			4		6
			2		4		7	
1	4		5					
	3						5	
					9		6	1
	1		4		2			
2		7			1			
	5				7			9

Hard # 72

			7	6		2		
1					8		4	
		5		9			6	
2					1	6		
		1				4		
		3	6					8
	1			8		3		
	3		5					9
		7		3	2			

Hard # 73

		6		1				
		5	9	3	4			
							3	2
7			4	9		8		5
4		8		6	5			3
5	9							
			3	8	9	6		
				2		1		

Hard # 74

2	7					6	3	
					5			
4			6	1				
9			8			4		
	3			2			9	
		6			9			1
				8	6			7
			9					
	2	7					1	8

Hard # 75

					2			
2				4			5	8
		6	9			7		
8		1	6		9			
	3						2	
			1		7	8		9
		8			5	1		
6	5			9				4
			8					

Hard # 76

	8	1				5		2
	2			9			4	
						1	9	
			4	2				
6			9		5			3
				3	1			
	7	8						
	1			6			3	
2		6				7	8	

Hard # 77

1					7			2
		6	3		8			
	8				6	4		
					4	5	2	
7								4
	4	2	6					
		9	2				3	
			4		5	9		
5			9					8

Hard # 78

		4		8	2			
					1	8	7	5
		6	7					
9		8				2		
1								9
		3				6		8
					5	7		
2	3	5	1					
			9	6		3		

Hard # 79

				4	2		7	
		1		6				
9	7					6		3
3	4					2		
6								5
		9					6	4
1		6					4	7
				5		3		
	2		3	7				

Hard # 80

8								
		3	8			9		
9				4	7			5
5				8		1		
	3						5	
		2		6				8
4			6	5				2
		7			8	4		
								6

Hard # 81

3	1						7	
2			3		1			
				4				
9			1			8		
		5		8		9		
		2			5			6
				9				
			8		7			9
	5						4	7

Hard # 82

			4		6			
		4	1					7
1		3					6	
6	3			9				4
		7				8		
9				7			5	6
	8					3		1
5					7	6		
			6		2			

Hard # 83

2	3			4			1	
5		6			1			
					8			
9						3	4	
1	2						7	8
	6	7						5
			4					
			3			7		9
	9			2			8	1

Hard # 84

			9	3		7		
	4			8	1	5		
		1					9	
2			4				5	
	7						6	
	6				3			7
	9					2		
		4	8	5			1	
		8		4	9			

Hard # 85

	5		7	2				
	2							
		6	9	3		8		
		4			6			8
1		7				5		4
8			5			1		
		3		1	7	2		
							4	
				9	3		7	

Hard # 86

1			5		8	9		
	9	2					8	
								3
		3	6				9	
	4		9		7		3	
	8				5	1		
7								
	6					4	1	
		8	1		6			2

Hard # 87

			5	2		7		
5		7					6	3
	9				4			
		6						9
	3			8			2	
1						8		
			9				3	
6	7					9		5
		2		3	1			

Hard # 88

5						7		4
2			8			9		
		8	9				5	
		5	2					1
				3				
3					7	6		
	8				4	2		
		6			8			7
7		3						8

Hard # 89

4					8	9		1
	9	5		1				
		2						
3		4		7				
		8	1		9	4		
				3		1		5
						7		
				8		2	3	
6		1	9					8

Hard # 90

		6	5					
2		8	1		6			
	9			8		6		
7						9		1
6								4
3		2						5
		7		4			3	
			2		3	5		6
					9	2		

Hard # 91

7			1	4				
1	4		2		7		6	
		3						
					6	5	2	
			7		2			
	6	1	3					
						2		
	1		6		9		8	3
				2	3			1

Hard # 92

			6		3		7	
			8			9	2	
		9	7					6
		7				2		3
	2						4	
1		5				6		
9					1	5		
	8	3			6			
	5		4		7			

Hard # 93

					6	2		
		6		2			3	
				7		1		
4		9			3			6
8								9
3			8			4		5
		2		6				
	7			1		5		
		3	9					

Hard # 94

		8	4	5		7		
			3			4		9
5		1			9			
			5			3		4
2		3			4			
			7			5		8
1		2			8			
		4		6	5	9		

Hard # 95

						4		5
	6		1					9
				5	9	3		
	2			3	1			
	1		7		4		9	
			8	6			3	
		1	2	9				
8					7		5	
6		2						

Hard # 96

7							1	
	9			3	5	4		
5	4				8			
					9	2		6
	7						3	
8		6	1					
			2				9	3
		9	5	8			7	
	1							8

Hard # 97

5	7			1	9		4	
1	3				7	8		
		8						
	8			7				
4								1
				3			5	
						5		
		2	5				6	9
	5		7	2			8	3

Hard # 98

	4			2			1	7
		2		9	6			3
	8							
					9	6		
		1	4		7	3		
		8	6					
							9	
9			2	6		1		
8	2			5			4	

Hard # 99

4	7			8				2
		8					6	
9			4					8
				4	1		2	
		5				8		
	1		9	3				
2					9			7
	8					6		
5				6			8	4

Hard # 100

				5		9		
					4	6	1	
						8	3	
2					1	7		
		3	6	2	8	1		
		6	7					9
	8	7						
	9	5	2					
		2		4				

Hard # 101

	3							1
6			7					4
		8			5		7	
7				1			4	2
			9		3			
8	9			6				3
	8		2			7		
2					4			6
3							2	

Hard # 102

					5		8	
			7				3	5
		5					6	4
9				6		2		
	5		2		3		1	
		6		1				8
6	4					8		
3	1				7			
	2		4					

Hard # 103

	7							
		2		4	5	6		7
	4	6		8				
	9					2		
1			6		9			8
		4					9	
				5		3	2	
6		8	2	1		4		
							7	

Hard # 104

				3	8			
		5					9	1
		2	1			4		
	5			8		2		
		9	2		7	3		
		3		6			8	
		8			6	5		
2	1					6		
			7	1				

Hard # 105

							7	
6				2				8
	4	5	7				6	
		7			1		9	
1			4		3			6
	2		9			3		
	9				7	4	3	
7				1				2
	3							

Hard # 106

8	9	2		1	3			
3		4				2		
								4
	2				6	3		
			7		5			
		7	1				8	
6								
		8				6		3
			6	2		4	9	5

Hard # 107

9		6		7		1		
7			8	9				
					5			
	3					5	2	6
		7				8		
8	9	2					1	
			9					
				4	6			3
		1		3		6		9

Hard # 108

	8	2		7	9			
	1							
6			5				2	4
			6			1		8
		6				5		
1		7			3			
4	6				5			3
							4	
			7	9		8	5	

Hard # 109

		8			5			
			8	1			2	
6	4		2					5
		5				2		
9		4				5		7
		7				6		
5					3		4	9
	8			6	4			
			9			1		

Hard # 110

	9		7	8	2	5		
	3					7		
				5				
	1		4			9		
		2	5		9	1		
		5			3		7	
				1				
		7					8	
		3	8	9	4		1	

Hard # 111

	7					5		
			6		3			
	4			2	9			8
	9							1
	2	3				8	4	
5							6	
4			1	6			3	
			9		7			
		2					8	

Hard # 112

	8		3		1			
				4		3		2
				9		1		
	3		6				2	
4								8
	5				2		1	
		9		7				
2		8		5				
			4		9		5	

Hard # 113

	9							
7			4	8				
4	6	2		3				
		7		4	5	8	6	
	3	1	2	7		9		
				6		3	9	4
				2	3			1
							7	

Hard # 114

		8	1					
2			7				1	9
	9	3			5			
6		4			2			
		5				4		
			8			3		7
			2			9	8	
3	2				1			6
					6	2		

Hard # 115

				8				
9	5	2					6	
			6					3
		4	2		5		1	
		5				4		
	3		1		9	7		
4					8			
	6					9	2	8
				1				

Hard # 116

9			3		1			
4			8			7		
	5					6	4	
	8			3	2			
	4						8	
			4	9			3	
	1	8					6	
		7			4			5
			1		9			8

Hard # 117

		7		2		3		
			8				9	
	3	4			9	5		
				3	8		1	
6								4
	4		2	9				
		2	5			7	8	
	6				2			
		8		6		2		

Hard # 118

			9					8
	8	5				1	4	
	9			6				
4	1	3						
			3		5			
						9	2	3
				8			1	
	6	8				5	7	
2					4			

Hard # 119

						8		
					2	1	7	
			1	4	7		3	2
		9	2					
6		8				9		5
					6	2		
5	4		9	7	8			
	1	7	5					
		3						

Hard # 120

		8	3					4
3		9			4			
		5		9				8
		7		5	3		6	
	3		1	7		9		
8				1		6		
			5			4		1
2					6	7		

Hard # 121

					2	6	7	3
			7	6		9		
7								
3		1		5	6			
	6						1	
			1	2		8		4
								8
		2		9	4			
4	7	5	2					

Hard # 122

			8			7		
				2	1	5		3
1								4
	8				9	6		
	1			4			8	
		3	7				4	
3								8
2		9	3	7				
		5			6			

Hard # 123

		8			7			
9		2		4	5		8	
3						5		
				5	8			
		5				7		
			7	2				
		4						7
	3		4	9		1		6
			6			9		

Hard # 124

		7	8	6				
	5							
	6	3						9
5	9			3			7	
6		2				9		8
	1			9			2	3
2						8	5	
							4	
				4	7	3		

Hard # 125

	1						6	
3			9		5			
6					7	4		
		5		7			1	
	4			3			8	
	7			8		9		
		8	7					3
			4		1			8
	5						9	

Hard # 126

		4	5		9	8		
				3			9	
	2	3	1					
6				4			2	8
7	8			5				9
					3	9	8	
	4			9				
		9	4		1	6		

Hard # 127

			1			8		5
			8	7			9	3
		2					4	
	7							6
4				5				2
3							8	
	3					9		
1	2			8	4			
6		7			1			

Hard # 128

1			7				9	2
		6		5	2			
		9				7		
					8			9
	8			4			1	
5			1					
		3				5		
			6	8		2		
6	2				3			7

Hard # 129

				5	3	9	4	
			9					
					8	1		5
2					4	7		1
	4						3	
1		6	2					9
8		2	5					
					6			
	9	1	8	7				

Hard # 130

				5	7			6
6		9	1					
8		2			6	4		
	2	4					6	
	6					3	8	
		8	6			5		1
					8	6		4
7			9	4				

Hard # 131

8	4			6	3	7		
						6		1
					7			3
			7				1	
2		7				4		5
	8				4			
9			5					
7		2						
		1	2	9			7	8

Hard # 132

3		4					7	
6			8	9				
5				4	2			
1						3		
4	3						6	2
		7						1
			4	5				3
				2	6			8
	4					9		5

Hard # 133

9						2	1	
			4		2			
			9	1			6	7
		6		2				5
		1				8		
7				5		9		
1	2			4	9			
			5		7			
	5	7						3

Hard # 134

5				1			2	
	7		2	6				1
		3			7		5	
8								3
		2				1		
7								8
	2		9			7		
9				7	4		1	
	6			5				9

Hard # 135

				6				2
		6		1	2			
5						4	6	
		3		5				6
		8	7		1	5		
7				4		1		
	4	2						7
			6	9		2		
3				8				

Hard # 136

9				1			8	
4			9			2		
					8	6		
							7	4
		5	1	4	7	9		
7	8							
		9	5					
		6			4			2
	3			7				1

Hard # 137

		4	1					5
	2		9	7		6		3
	1		6	9		2		
9								7
		7		2	5		8	
4		1		6	2		7	
2					9	5		

Hard # 138

1			5					
		9					1	
6				9		2	7	
8					5	3		
	4		8		9		5	
		6	7					9
	7	1		4				8
	5					4		
					2			1

Hard # 139

	3	7	9			8		5
				5				
			7		3	1		
			8				1	9
4								2
7	5				6			
		4	3		7			
				2				
8		5			1	2	7	

Hard # 140

		8			3	1		
3			8					7
	2	7		6				
6								
1	7	3				4	9	8
								5
				1		6	3	
2					6			9
		5	7			8		

Hard # 141

	7			9			2	3
8							5	
			5		4			
		2	7			8	3	
			2		8			
	8	4			5	7		
			6		2			
	5							6
9	3			8			1	

Hard # 142

					9		6	8
				7		5	2	
	2				6	1		
8		3			2			
	1						8	
			8			9		2
		9	5				1	
	4	7		8				
3	5		4					

Hard # 143

		5		8				3
8		9		4	2			1
		6			9			
9			6					
		1				4		
					3			9
			1			6		
5			2	6		3		4
7				5		2		

Hard # 144

1				6				
		2			3			
				1		3	8	9
	6		7				5	3
		7				1		
3	2				9		7	
4	9	3		2				
			3			4		
				9				5

Hard # 145

				4			5	2
		1	6					4
					5	8		
			2	5		3		
	3	5				4	7	
		7		6	4			
		2	4					
8					3	6		
5	6			7				

Hard # 146

		2	4			6		
5					1	3		
				8				5
				3	7	5		6
			1		8			
3		8	6	9				
7				4				
		3	7					1
		6			9	8		

Hard # 147

					6	4		
2		3	4		1			
			7			8		9
6	7	8				1		
		2				5	6	4
8		9			3			
			9		2	6		1
		7	6					

Hard # 148

						8		1
	7			5		3	2	
4		2		1				
7	5			2	1			
			9	4			7	2
				3		6		8
	2	9		8			4	
8		7						

Hard # 149

3	5				2			
				3		2		
6					4			
	9					5		
7		3	9		5	6		4
		4					2	
			6					1
		9		7				
			3				8	6

Hard # 150

1					7		4	
9		3					2	
		2	5					
		1		9	5			2
		4				1		
7			2	1		4		
					6	7		
	1					8		6
	6		7					3

Hard # 151

5				9				
	3	8			6	5		
1			3					7
				1	7	2	6	
	1	9	5	6				
8					1			2
		3	4			9	8	
				3				5

Hard # 152

1	7		9					
		9						2
	4		8		2	5		
2					3			
		1		9		7		
			2					6
		3	5		4		9	
8						4		
					1		3	8

Hard # 153

		3	6				9	7
4							5	
		1	3					
		4	2	1				
8								9
				7	8	3		
					3	2		
	9							6
6	7				1	9		

Hard # 154

							8	
	4	8	2					
5	3				6			
					4		7	3
2		7				1		9
4	5		7					
			6				3	7
					9	2	6	
	7							

Hard # 155

			6					
	4	8	3					5
6		9		2				
7			2	4	3			
		2				7		
			7	1	6			3
				3		9		8
5					7	2	1	
					1			

Hard # 156

4							1	5
8				6				
	6		1			4		
		3	8				7	
6			3		7			8
	7				2	5		
		7			8		6	
				1				2
5	1							4

Hard # 157

3					1	2		
			3				8	1
				5				7
		4	1				3	2
	2						7	
7	9				3	8		
1				9				
5	4				6			
		9	5					4

Hard # 158

			1		3			5
	2			7	9			8
	1				8	3		
		2						
9	5						1	7
						6		
		5	8				9	
8			5	1			4	
2			9		4			

Hard # 159

	7				9		5	
	9		6			8		
								3
					5		3	1
2			1	4	3			8
1	5		8					
6								
		5			4		9	
	8		3				2	

Hard # 160

	5	6			1		9	
			5		7		2	
		1				3		
6				9			4	
	3						1	
	1			8				3
		7				5		
	6		3		4			
	8		9			4	3	

Hard # 161

1					5			
			4			3		
7						5		
				5		6		8
	1	3	6		8	7	9	
8		6		2				
		4						5
		9			2			
			3					7

Hard # 162

		4	3	1	2			
8			4				2	
1				5				
2	4							1
			7		3			
7							9	8
				4				2
	1				7			6
			2	9	6	7		

Hard # 163

	3	7		4			2	
2								7
6		8			7			
		6	9			8		2
8		5			6	7		
			2			3		1
3								9
	1			3		5	8	

Hard # 164

				8		6		9
					6	5		
	3				2			4
	2					3		1
	7		1		9		4	
1		5					9	
8			3				5	
		1	4					
3		4		7				

Hard # 165

1		4					6	
	8			4	9			
5		2			3			
				2	7			
		9	4		8	2		
			9	6				
			2			9		1
			5	3			4	
	4					8		5

Hard # 166

		4			8		9	
				4			6	2
			7	3			5	
7						9	3	4
9	2	6						7
	7			2	1			
1	9			5				
	4		3			2		

Hard # 167

	7		8					
			1				9	8
5		6			2			
9				6		8		
	4	2				6	5	
		7		9				1
			5			2		6
4	6				3			
					9		8	

Hard # 168

7						2		9
	6	9					1	
	2				3			
	1	4		2				
8				1				5
				6		1	7	
			8				6	
	5					7	9	
6		1						3

Hard # 169

8						6	2	
4			9					5
	3				4			
			4			9		
6		2		8		5		3
		9			2			
			5				6	
5					7			8
	1	4						9

Hard # 170

	7		5	2				9
2	5							
		1		9				
			3			2		
4	6						8	7
		2			8			
				6		5		
							3	1
1				8	7		6	

Hard # 171

		9	6					
			7	5		3		2
					2	8		
	4	6						7
	5			1			2	
1						6	3	
		8	3					
3		7		8	4			
					5	1		

Hard # 172

	2				3			
8		5						
			8		2		4	9
	7		3				2	6
	4						9	
6	8				5		1	
3	6		2		4			
						1		8
			9				6	

Hard # 173

	6			1	4			7
	4		8					
	5		6					2
	1					6		
2			4		6			8
		9					5	
8					1		3	
					5		2	
5			2	8			1	

Hard # 174

	1		2					
3			7			4		
	9			8			3	
	7	9				5		
		8	9		4	1		
		1				7	9	
	2			6			5	
		5			1			4
					7		6	

Hard # 175

	3	5				7		6
7			3				8	
2	4							
	8			9	1			
				5				
			6	4			9	
							5	7
	7				8			4
1		9				2	6	

Hard # 176

3	8						7	
			8					2
			9			8	6	
			2		4	9		
2		9				5		6
		1	6		9			
	2	6			3			
4					1			
	7						2	5

Hard # 177

3			6	2				
					5	4		9
					3	8	2	
	8							4
1		4				5		3
9							8	
	9	1	7					
5		2	1					
				3	8			1

Hard # 178

		2			3			4
	7				4	5		
				5			9	2
		1	9				5	6
2	8				6	3		
3	6			7				
		8	5				7	
5			3			8		

Hard # 179

4	9		5					
7	8			3				
5	2				6		3	
					9			2
		7				1		
2			4					
	3		9				5	7
				1			4	9
					3		1	6

Hard # 180

1						7		
		5	3					9
			4			8	6	5
		9	7				2	
			5		8			
	1				3	4		
7	2	1			5			
8					6	2		
		4						8

Hard # 181

	3	7					2	
		6	7	8				
1				9				5
		5			3		8	
3								4
	1		8			7		
7				6				3
				3	5	8		
	5					2	1	

Hard # 182

								8
	3			2	8		5	
			3	7		9	2	
		1				2		
2			6		7			4
		9				6		
	8	7		9	1			
	2		8	6			3	
9								

Hard # 183

				6		4		7
2				9		1		
	3		8				2	
	5	9	2	4				
				8	3	9	4	
	1				7		3	
		4		3				8
3		7		5				

Hard # 184

	9			6	3	2		
5				8	9		4	
		6		2				
1						3		8
7		2						1
				7		5		
	5		8	3				9
		4	2	5			7	

Hard # 185

8	5						4	
		7		1	4		3	
			8					9
6				3			1	
		2				6		
	7			9				2
2					9			
	6		1	7		5		
	1						2	3

Hard # 186

7				9				2
	1		2				9	
		3		5	6			
				2	4	8		
	9						2	
		6	5	3				
			6	4		7		
	6				2		3	
4				7				1

Hard # 187

		1				5		
			8	6				2
	9							
8		4		3	1		2	
	6			2			3	
	3		9	5		7		8
							5	
3				1	4			
		6				8		

Hard # 188

			4	8			3	
					1			2
	2	4						
3		7					6	
		1	9	4	3	7		
	8					1		3
						5	2	
4			7					
	9			3	8			

Hard # 189

5	7	9			1		6	
		1		4				
							5	
		4			8		7	
7		8				4		2
	5		1			3		
	6							
				3		8		
	2		8			6	4	9

Hard # 190

	4		3		5			
2				9		4		
	8					2	6	
								8
	2		8		3		1	
7								
	7	4					3	
		5		3				9
			9		1		8	

Hard # 191

		2		6	7	8		
			5					
9						4	6	
6				7	4			
	9		3		5		4	
			9	2				3
	1	9						5
					9			
		7	1	5		2		

Hard # 192

	9	5						
		1	8		5			
4					1			5
	7				3	9		
		9		4		3		
		8	6				7	
3			9					7
			3		2	4		
						5	1	

Hard # 193

			4					5
	3		6	1			7	
	6			2	8			
2								9
		4	2		7	5		
3								2
			8	5			1	
	4			6	1		9	
7					2			

Hard # 194

	2		6					5
1						4		
		9		8	2			
				6	7			8
	6						1	
9			2	5				
			8	7		6		
		5						7
7					4		8	

Hard # 195

	9				5		4	
		4		9				5
				8				2
		8				6	1	
			8	4	1			
	3	1				5		
9				6				
7				5		4		
	2		1				6	

Hard # 196

		7		5			3	
	2				7	9		1
			3		9			
	1	4	5					
3								8
					1	7	6	
			7		6			
5		6	8				1	
	4			1		6		

Hard # 197

4				3				
	3	9		1	2			
	6						4	
			1	8			7	9
		5				3		
8	7			9	6			
	1						9	
			8	7		4	2	
				6				1

Hard # 198

		5			6	7		2
	9	4		2				
6			3			8		
			1	3				
	4						9	
				6	8			
		8			1			3
				8		4	2	
1		3	7			9		

Hard # 199

		9	8					2
6		3	2		4			
7		2						
2			6	1				
			3		5			
				9	2			7
						3		6
			9		3	2		8
5					6	1		

Hard # 200

4	9						6	
3				9			8	
	1	8			2			
2	3				5			
			4		3			
			2				9	1
			6			8	3	
	4			3				2
	6						5	4

Hard # 201

		5		1				
6				2		8		
		8				6		
	3			6	1			8
5			2		8			6
4			9	7			5	
		4				7		
		2		3				1
				8		3		

Hard # 202

		5	7				6	
4					2		9	
3		9			5			
			2		9			
		1		4		8		
			5		1			
			1			3		2
	6		8					1
	4				3	6		

Hard # 203

				3				
	7		8			6		2
6		1		2		8		
							4	3
	5		2		4		9	
2	4							
		7		5		1		6
8		6			1		7	
				8				

Hard # 204

1		6	9					
	7	9						1
		5		2			4	
					5		9	
		4		7		5		
	6		2					
	9			3		1		
7						6	3	
					1	7		2

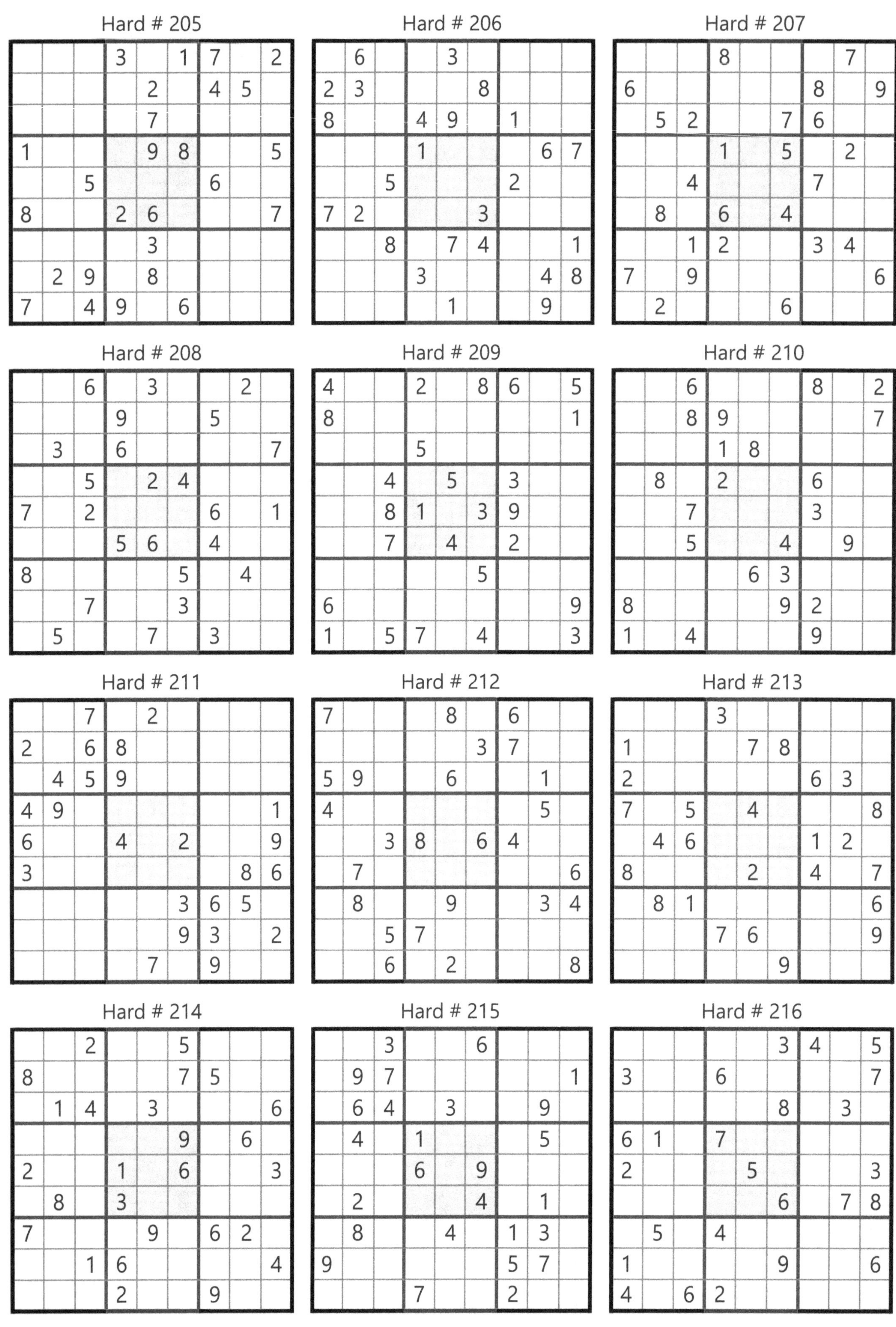

Hard # 205

			3		1	7		2
				2		4	5	
				7				
1				9	8			5
		5				6		
8			2	6				7
				3				
	2	9		8				
7		4	9		6			

Hard # 206

	6			3				
2	3				8			
8			4	9		1		
			1				6	7
		5				2		
7	2				3			
		8		7	4			1
			3				4	8
				1			9	

Hard # 207

			8				7	
6						8		9
	5	2			7	6		
			1		5		2	
		4				7		
	8		6		4			
		1	2			3	4	
7		9						6
	2				6			

Hard # 208

		6		3			2	
			9			5		
	3		6					7
		5		2	4			
7		2				6		1
			5	6		4		
8					5		4	
		7			3			
	5			7		3		

Hard # 209

4			2		8	6		5
8								1
			5					
		4		5		3		
		8	1		3	9		
		7		4		2		
					5			
6								9
1		5	7		4			3

Hard # 210

		6				8		2
		8	9					7
			1	8				
	8		2			6		
		7				3		
		5			4		9	
				6	3			
8					9	2		
1		4				9		

Hard # 211

		7		2				
2		6	8					
	4	5	9					
4	9							1
6			4		2			9
3							8	6
					3	6	5	
					9	3		2
				7		9		

Hard # 212

7				8		6		
					3	7		
5	9			6			1	
4							5	
		3	8		6	4		
	7							6
	8			9			3	4
		5	7					
		6		2				8

Hard # 213

			3					
1				7	8			
2						6	3	
7		5		4				8
	4	6				1	2	
8				2		4		7
	8	1						6
			7	6				9
					9			

Hard # 214

		2			5			
8					7	5		
	1	4		3				6
					9		6	
2			1		6			3
	8		3					
7				9		6	2	
		1	6					4
			2			9		

Hard # 215

		3			6			
	9	7						1
	6	4		3			9	
	4		1				5	
			6		9			
	2				4		1	
	8			4		1	3	
9						5	7	
			7			2		

Hard # 216

					3	4		5
3			6					7
					8		3	
6	1		7					
2				5				3
					6		7	8
	5		4					
1					9			6
4		6	2					

Hard # 217

			3	1		6	9	
		3				2		
				4	9			
3	9						1	
7	4						5	2
	5						6	3
			6	5				
		2				1		
	1	9		2	8			

Hard # 218

1								
			2	8		1		
3	5						6	
		8	4	9	2		3	
	4		8	3	5	6		
	2						4	3
		9		1	4			
								9

Hard # 219

1				5			6	3
			9					
		4				8		7
4			8					
8	3	5				7	1	9
					3			4
3		9				6		
					7			
6	2			1				5

Hard # 220

8					9		7	
5	4						8	
7			3					
4		6		2				
3								5
				4		8		3
					7			8
	1						9	2
	5		9					7

Hard # 221

		2	4			3	5	
1	3			7	5			
				9			1	
			6			1		
5								9
		4			2			
	5			8				
			5	2			8	6
	8	7			6	2		

Hard # 222

				9			6	7
			7	4		8		9
		8			3			
		4	5					
5	2						4	8
					1	9		
			8			3		
4		3		1	5			
2	1			7				

Hard # 223

6			5	4			9	
				7	3	4	6	2
1					2	8		
	4						2	
		7	3					5
5	2	1	6	3				
	3			9	5			8

Hard # 224

				4		7	2	
		7	8					
9	6		5					8
	2					3	5	
4								6
	9	5					1	
6					3		8	5
					9	6		
	3	2		1				

Hard # 225

9			3	4	2			
	3							
					1	4		2
5		6			9			
3				7				1
			2			7		5
1		3	6					
							6	
			1	2	5			8

Hard # 226

		6	5	2			9	
		2		4				
7						6		1
	3		4	9	8			
			3	5	6		4	
6		9						7
				1		3		
	2			6	5	8		

Hard # 227

			4		8	5		
						9		
5		1		3	6		7	
					2		6	7
	9						5	
2	1		7					
	5		2	7		4		8
		8						
		2	1		9			

Hard # 228

	5		9					3
	9				7		1	5
		2			8			
				4	3		6	
4								2
	2		8	6				
			5			1		
7	3		4				2	
2					1		8	

Hard # 229

		1					6	7
2		4	9		6			
8			1					
		5		4		9		
			8		9			
		3		7		1		
					4			8
			3		8	7		9
5	3					6		

Hard # 230

		6				8		
					5	4	7	2
			1	2				
		5					9	1
7								4
1	2					6		
				3	4			
6	7	2	5					
		8				2		

Hard # 231

				1				
1			7	9			6	
	3		2					7
2	5						1	
	1	8				4	2	
	9						8	3
3					8		5	
	8			3	5			4
				6				

Hard # 232

9				8	6			
	6		1				5	
		2	3				1	4
			7		9			8
1			6		3			
6	3				7	1		
	5				1		8	
			8	6				5

Hard # 233

			6			8		
8					1		6	9
		6	7				1	
	6			2		4		
				3				
		1		6			8	
	4				9	2		
3	1		2					4
		7			4			

Hard # 234

2		5		9			6	
7						5		
				7		4	8	
	7			6	3			
			9		4			
			7	8			1	
	4	2		5				
		3						6
	5			3		2		4

Hard # 235

				7			6	
					6		9	1
			3					2
2		7	8		1			6
		9				4		
3			7		2	5		8
6					8			
8	7		1					
	9			3				

Hard # 236

			3		2			7
	6	2			5			
		8			4		2	
8		1						
	2			9			1	
						4		6
	8		7			1		
			4			5	6	
5			6		3			

Hard # 237

7				3			5	
	5				2	9		
		2		7			1	
						2	3	
		6	4		3	5		
	3	8						
	8			4		3		
		9	1				6	
	7			8				9

Hard # 238

		5		7		3	6	
		4	9	2		8		
					3		9	
						2		1
		7				4		
5		9						
	9		4					
		8		3	2	9		
	7	2		5		6		

Hard # 239

			5	9			1	6
					7			
				8		7		9
	7		8			3		
4		6				2		8
		3			5		6	
7		4		6				
			2					
3	6			4	9			

Hard # 240

		3		7				
			6				9	
	9		8	4		5	7	
	1	6			7			
		8				1		
			9			8	2	
	7	5		9	4		6	
	3				8			
				3		9		

Hard # 241

			8				6	
		3	9	6		5		
1			7					2
	6					9		3
	3						2	
5		7					4	
8					4			9
		5		1	8	4		
	7				9			

Hard # 242

	4	9	2		5			1
				8	7			
							3	4
	7					4		
6	5						2	3
		8					9	
5	8							
			5	1				
2			8		3	5	6	

Hard # 243

			6		3	8		
8		7			9			
	9			4			3	
3					4	9		
		8				2		
		4	7					5
	8			5			2	
			8			6		1
		2	4		1			

Hard # 244

2		5						
	7			9			2	
	1	6			2			
6		7		1	4			5
1			9	7		4		3
			3			5	4	
	4			8			7	
						2		6

Hard # 245

7			5					6
	5					4	1	
	3				9			
			1	2		5	9	
		3				6		
	8	2		3	5			
			9				2	
	2	8					6	
3					7			4

Hard # 246

	9			5		4		
2			4				6	
3		4			2			
1		9		8				
5								1
				7		3		6
			6			5		8
	3				1			7
		7		2			3	

Hard # 247

						9		
		8			4			7
			1					3
	4				3	2		1
5			2		7			6
1		2	6				5	
4					8			
3			5			6		
		6						

Hard # 248

7			4	9		1		
					3		5	4
	9				6			3
9							3	
		2				8		
	7							1
3			6				8	
5	4		2					
		7		1	4			2

Hard # 249

		1		5			3	2
			7					
5				3			9	6
1							4	5
			5		9			
2	6							9
3	5			7				8
					3			
6	7			4		3		

Hard # 250

		9		2		7		1
				3		8	2	
7					1			
		5					4	6
			5		4			
4	3					5		
			3					2
	5	1		7				
6		2		1		9		

Hard # 251

2		8						
	5			3			9	
6			2				5	
8	2			7	4			5
7			8	5			2	9
	9				3			4
	4			9			1	
						9		2

Hard # 252

5								
		3		2		7		
	6			5		1		3
9					4	3		5
			2		1			
3		8	7					6
8		5		1			3	
		9		7		2		
								9

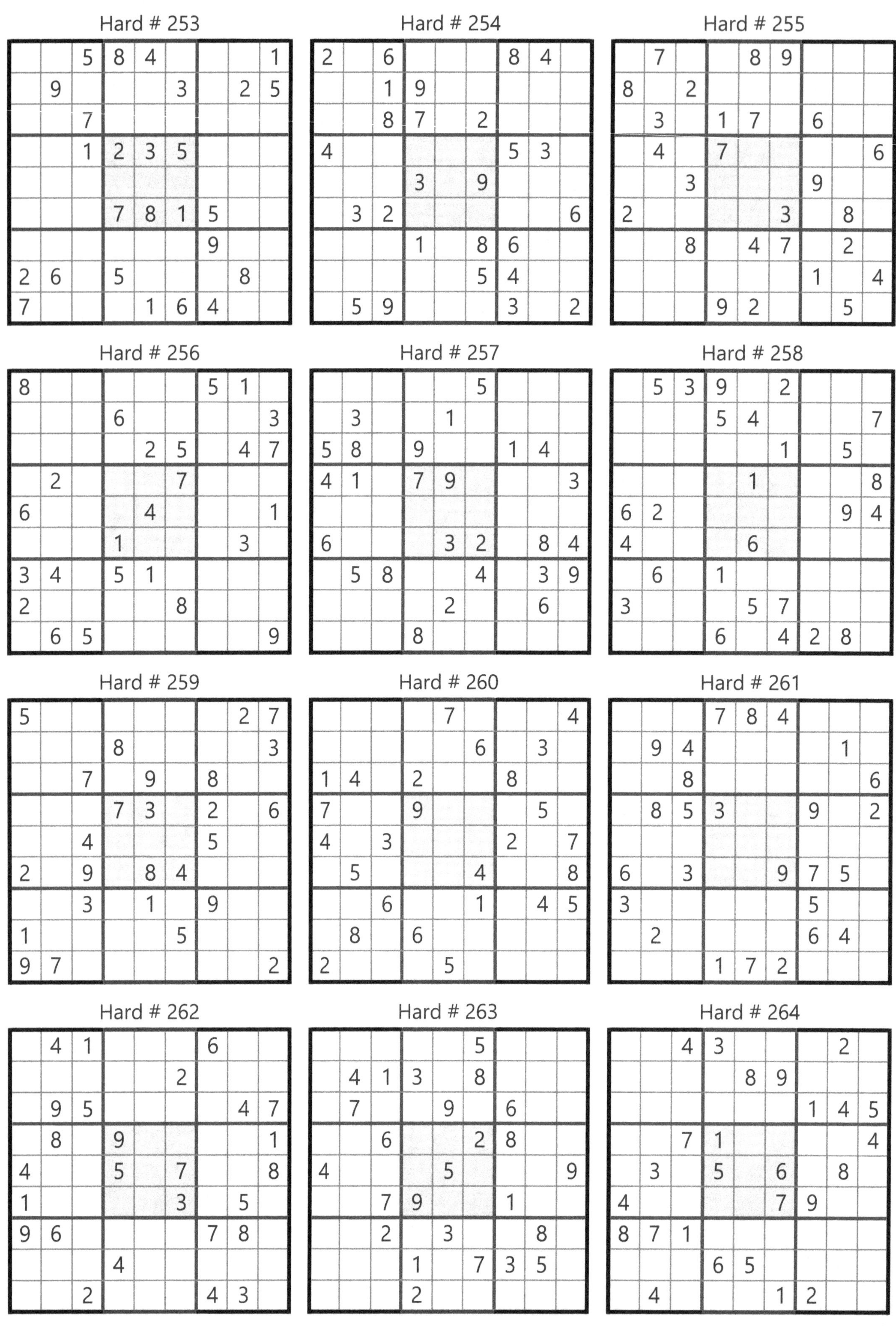
Hard # 253
Hard # 254
Hard # 255
Hard # 256
Hard # 257
Hard # 258
Hard # 259
Hard # 260
Hard # 261
Hard # 262
Hard # 263
Hard # 264

Hard # 265

			1					
	9		4				8	3
5	1		9					
	4	3	6			7		
		2			7	9	1	
					6		4	7
4	7				5		3	
					9			

Hard # 266

					9		2	8
8		2					9	
	1	7			2			
				3	1	4		6
5		4	2	8				
			6			5	4	
	9					6		3
6	5		1					

Hard # 267

8				6			3	
4		3	1		8			
7			3					
3	4					6		
		9				7		
		6					9	2
					1			3
			5		4	2		6
	5			9				8

Hard # 268

		3	9					
				4	5	1		
7		6			3			5
			4	3			5	
3								9
	2			8	9			
4			5			6		1
		1	2	9				
					6	9		

Hard # 269

		8		1	2		3	
	4		3	7	8			
	2							
1		9						
	3	2				4	8	
						1		9
							5	
			7	8	6		4	
	6		4	3		2		

Hard # 270

		2	1				5	
8		1	5				3	
9				8				
			2	6				5
	9						7	
3				5	7			
				9				8
	5				2	4		3
	8				4	5		

Hard # 271

6	2				7			4
			2			7		
			9			8		
2				7				
8	7	6				9	5	2
				2				1
		5			4			
		2			8			
3			6				4	8

Hard # 272

			1	3	2			9
			4			7		
		2						1
	7		5					4
	9	8				6	3	
5					8		7	
9						2		
		6			1			
4			8	6	9			

Hard # 273

						6	2	3
		3	6			4		
				8	4			
	1		8		6			4
	7						5	
9			1		3		8	
			5	9				
		4			8	5		
5	9	7						

Hard # 274

9			1	5				
		7					5	1
			7	4				
						9		8
2	1			7			4	5
3		5						
				8	6			
4	6					2		
				9	1			7

Hard # 275

	8						4	
			9		5	3		
6	3	2				9		
			1					6
			4	7	8			
1					2			
		4				1	2	3
		8	2		7			
	6						5	

Hard # 276

				3	4			
1			5					8
	6	3						5
		4		9	2			
3	1						8	9
			8	7		4		
6						3	5	
9					7			2
			3	8				

Hard # 277

			8			3	6	
				6		1		
1							2	9
	4	2	9					
7			3		5			2
					8	4	1	
2	7							6
		8		3				
	9	1			2			

Hard # 278

7					8	9		3
						7		8
	8			5				
		1	9		5			6
	9						1	
6			4		2	8		
				7			2	
8		6						
9		3	5					4

Hard # 279

1			8	2				
							7	6
	4			5		8		
	1			8	7	5		
		6				3		
		5	6	3			8	
		1		4			9	
3	5							
				7	2			8

Hard # 280

7		8	2					
		6	8	7				
				6			3	
	9						5	8
8		4				3		6
1	3						4	
	8			9				
				3	4	2		
					6	5		3

Hard # 281

		7		9				
9	2		1	7				5
			8			2		
7			9					
2	6						3	1
					8			4
		4			6			
5				2	1		6	9
				5		1		

Hard # 282

				6			9	
		3		5		1	8	
			9	8			3	7
	9	7						2
2						8	6	
6	2			9	5			
	5	9		2		3		
	4			7				

Hard # 283

	9							
		8	4	1	7	2		
						8		3
7		1		8				
4			7		6			1
				5		7		4
9		4						
		2	8	9	1	6		
							5	

Hard # 284

			9					
	3				8	7		
8	6			1			3	
	9			8	6			
3								1
			2	5			9	
	2			3			1	5
		6	1				2	
					7			

Hard # 285

					1			7
8							4	5
	7			6			2	8
				9			3	
6			7		2			1
	1			3				
1	8			4			5	
7	5							6
4			9					

Hard # 286

7		6						
			3	8				
		2		6	9			3
			1				9	4
	1			9			5	
6	5				8			
4			9	5		1		
				1	7			
						3		8

Hard # 287

6		5		7				
	7		2	9	4			
							7	
		8			5	2		
7			6		9			1
		4	1			8		
	5							
			4	1	8		6	
				2		9		4

Hard # 288

						1		3
2		5			4		9	
			9		2			
		6			9			7
	2	3				9	6	
5			1			4		
			4		3			
	1		7			5		9
6		7						

Hard # 289

7				5			8	3
					1		9	
			9		2	1	6	
1						8		2
9		8						1
	5	6	7		4			
	9		6					
3	7			2				5

Hard # 290

			1		6		5	3
7		9		5	8			
			5	8				4
1	7						6	5
2				1	7			
			9	4		8		6
6	3		8		1			

Hard # 291

	7	5	4		9			
		4		8				
	9		7	6				
2		1						5
	4						3	
8						2		9
				5	6		8	
				7		4		
			3		8	6	9	

Hard # 292

	9							
1			7				3	
		7	8		4	9		
	8			6				9
3	7						2	1
2				7			8	
		4	9		8	3		
	5				6			7
							6	

Hard # 293

6					4	3		
2		5			7			4
		3						1
				8	3			
1				6				9
			2	4				
7						2		
3			8			4		6
		1	9					3

Hard # 294

7			4					
8		6			2			
	4		1				5	
3	6		5		9	7		
		2	8		3		9	5
	9				6		2	
			3			5		8
					4			9

Hard # 295

		6	8		5			
				2				
1		3					5	4
3		1		4				6
	2						4	
4				5		1		7
7	6					4		1
				9				
			1		7	8		

Hard # 296

	4				5	2		1
	6					8		
				3			9	7
		8	5		1			
7								2
			6		9	4		
8	2			6				
		9					3	
6		4	7				2	

Hard # 297

6			7					2
				2			5	
	4					9	7	
		5	4		3			
	3	1				6	8	
			6		1	4		
	7	6					1	
	1			9				
2					8			4

Hard # 298

				8				
3			4		9			
9	1		6				2	4
6	8			4				
		3				2		
				9			3	7
5	2				4		7	9
			8		5			2
				2				

Hard # 299

			7					
1				6		8	3	
		9	4			5		
	1				6			5
5	8						6	2
7			5				8	
		5			7	3		
	6	7		2				9
					8			

Hard # 300

		4			1	5		2
		1		2	8		7	
2							8	
	6		8		5			
			3		2		9	
	1							9
	5		6	1		3		
9		8	5			1		

Hard # 301

1						9		
				7	3			
4					8		5	
	9	5	2			3	7	
				6				
	1	3			5	2	6	
	7		1					6
			5	4				
		6						5

Hard # 302

	1	2					6	8
			1					5
			6		8		3	7
3								
		9		4		8		
								3
8	2		4		5			
5					3			
1	7					5	2	

Hard # 303

4	9				6			
5		3						
	6		1			2		
					3	6	8	
9				4				5
	7	5	2					
		7			5		9	
						7		6
			8				3	1

Hard # 304

	4							5
		6		2		9		
					8		3	6
							1	9
1		8				2		3
6	3							
7	1		9					
		5		8		7		
3							6	

Hard # 305

	6		3	2	7		8	
	7	1		9				
		3			2	6		5
	9						2	
5		6	9			3		
				6		2	7	
	8		7	1	9		3	

Hard # 306

3			2				8	
		5	8	9				
7						5		3
			4	5			1	
		7				4		
	6			2	7			
6		2						5
				8	9	1		
	7				2			4

Hard # 307

1					6			4
9							6	
	5	3		9				7
8			1		2		7	
	4		9		8			6
3				5		2	4	
	6							8
7			4					1

Hard # 308

		8				5		
5	3		9			2		
			5			3	1	9
			2				4	
			6		9			
	4				7			
1	8	9			2			
		5			8		6	7
		3				9		

Hard # 309

		1		7		2		
5						7		
3					8			5
	2		3		6	9		
	9						3	
		8	4		9		5	
8			5					4
		3						9
		7		4		3		

Hard # 310

5		6			3		9	
3			2		9			
1							7	
8				3				
		4	9		2	3		
				6				9
	8							7
			6		4			5
	5		1			2		6

Hard # 311

	2		4				5	
		1			8			6
7					5			
		4	3			9		
		5	8		7	1		
		7			6	4		
			6					7
1			9			2		
	5				4		3	

Hard # 312

	4		2	9			1	
		6	4					
2			7		5			
		2						3
5		9				1		7
1						9		
			6		4			8
					7	5		
	6			1	8		7	

Hard # 313

		9		2	6			
	5				3		7	
1		3			5			
	9	1						7
8								6
5						9	2	
			1			7		9
	1		3				5	
			5	7		4		

Hard # 314

1			4			8		
2				6				
	5		2		3			
3				5			4	8
		2				9		
6	1			3				7
			8		7		6	
				4				9
		7			1			4

Hard # 315

					2		3	
	1	2				6		5
		7	4	3				
	4					5	6	
8								4
	5	3					9	
				8	1	2		
1		5				3	7	
	3		9					

Hard # 316

		5	4		1			
3				8		6	7	
4			8	1		9		
	7						5	
		6		2	3			8
	4	2		3				6
			6		5	8		

Hard # 317

3					2	8		
	6				8			1
8		1				5		
7				5			9	
		3				4		
	4			7				3
		7				3		2
1			8				5	
		9	4					8

Hard # 318

8		7		2		6		
5		4			7			
	3							4
			6		8			
6		9				5		1
			1		2			
1							9	
			9			2		7
		8		1		4		6

Hard # 319

	4				2			
8			3	9				
5		2			1	9		
					4		5	8
	5						1	
6	3		7					
		5	1			7		2
				8	9			5
			5				4	

Hard # 320

9		2				6		3
	3			7				
	6				4			
3	2			4	5	9		
		4	9	3			1	5
			4				8	
				8			3	
5		8				7		6

Hard # 321

9		8		6		1		
	5	6	8		2		7	
					3	7		8
			6		9			
4		9	1					
	7		5		1	4	8	
		4		8		3		6

Hard # 322

			2			5		
7	8							4
		4			6	9		3
2	6		1					
				9				
					3		6	5
5		9	8			1		
4							5	9
		7			9			

Hard # 323

					7	4	2	6
		7						
				1				5
4		8		7			3	
			5		1			
	5			2		6		8
7				5				
						9		
2	8	9	7					

Hard # 324

8			1	7				9
							7	8
				5	6			
1		5						7
		8	3		5	1		
4						8		2
			2	6				
6	5							
7				4	8			1

Hard # 325

					6			8
				3		4		
	4	6					5	3
	7		5			3		2
			2		7			
1		5			8		9	
8	9					7	2	
		4		9				
5			8					

Hard # 326

				5	2			
	3				7		1	6
7			8					
	2						3	5
		6		3		2		
5	4						8	
					4			1
8	1		3				2	
			7	1				

Hard # 327

	9	1	5					
					3	1	6	
5			8					7
	6						9	8
			2		9			
8	1						7	
2					1			6
	4	3	6					
					2	3	8	

Hard # 328

	7		4			5		
	8			1		7		2
				9			4	
							6	3
	1		2		4		7	
4	5							
	2			6				
5		7		4			2	
		9			1		5	

Hard # 329

			2		5		7	9
						6	8	
			3	1				
	5					7		
		2	6	8	3	5		
		8					1	
				5	6			
	4	1						
5	9		7		4			

Hard # 330

	1		7			5		
4					5			8
						4	1	3
		1		2				7
			6		8			
6				9		2		
9	6	2						
1			2					5
		3			1		6	

Hard # 331

						4		
	9			2	1			
2	8				4			
		5	4	6			3	2
8								5
1	3			9	5	8		
			3				5	9
			8	4			6	
		7						

Hard # 332

9								
		4		1			7	6
	3			9			4	8
					7	4		3
	8						6	
6		5	8					
4	5			7			2	
1	9			3		7		
								1

Hard # 333

		5	6			3		2
	4	1			9			
	3			8				
				9	1			
	8	9				4	5	
			2	4				
				6			3	
			9			5	1	
9		3			2	8		

Hard # 334

	1	6			5			3
	2	4	1					
				3			4	
			8			7	3	2
1	4	3			9			
	5			6				
					1	6	7	
7			5			2	8	

Hard # 335

		4	2				8	
	1		7	5				
		6						
	8				6			4
4	2		9		8		3	1
3			4				9	
						5		
				4	7		2	
	9				3	7		

Hard # 336

8		9		5				1
	5				1			
		3		9	2			
9	4	2					8	
	8					6	2	9
			4	8		2		
			6				7	
7				1		4		3

Hard # 337

			9	4				1
	6					3		
9							5	2
		6		9				
7	1		5		3		6	9
				6		1		
8	4							7
		7					3	
5				2	8			

Hard # 338

	3		7					
			2		5	6		
4		2				7	9	
							8	4
	5		6		1		2	
2	7							
	4	9				3		8
		6	3		9			
					6		5	

Hard # 339

	4	2						5
	7			3				9
			1			2	4	
5	1		6	9				
				7	3		2	1
	6	4			1			
3				2			9	
8						1	7	

Hard # 340

	6	7						
		3		8				
			1	4		2		
		6	8			4	1	7
5	3	4			7	8		
		5		2	4			
				9		5		
						9	4	

Hard # 341

					1			8
		6			7	4		
	7			4		3		
	3			1				
1	4		3		6		5	2
				9			4	
		7		5			9	
		2	9			6		
8			1					

Hard # 342

			5	7				4
							2	
4				8			1	7
		8	4	5		1		
	4						7	
		2		9	1	3		
9	5			3				6
	3							
7				2	5			

Hard # 343

		2					4	5
			2	1				8
				5	9		6	
	9	3	6					1
8					5	4	9	
	5		7	3				
6				2	4			
7	4					2		

Hard # 344

4			3	5		8		
						3		
					7	9	5	
6		9		2				
2			7		6			5
				3		1		2
	4	7	5					
		1						
		8		1	4			3

Hard # 345

	8	5		2		1	3	
		9	7					
		1			9			
		8			1			7
				7				
2			3			5		
			2			7		
					4	2		
	5	2		9		8	6	

Hard # 346

					8			2
		4	7					6
	1		3	6				
3		9						
2	7	1				8	9	4
						3		5
				1	2		8	
1					3	2		
7			4					

Hard # 347

		5						6
			8			1	2	
		3		1				4
	1		7	8			6	
			1		4			
	9			6	3		4	
8				3		4		
	6	2			7			
7						6		

Hard # 348

		8	2				4	
							9	7
		1	3		8			
9					2			
	7	6				4	8	
			5					9
			6		5	1		
4	3							
	6				4	5		

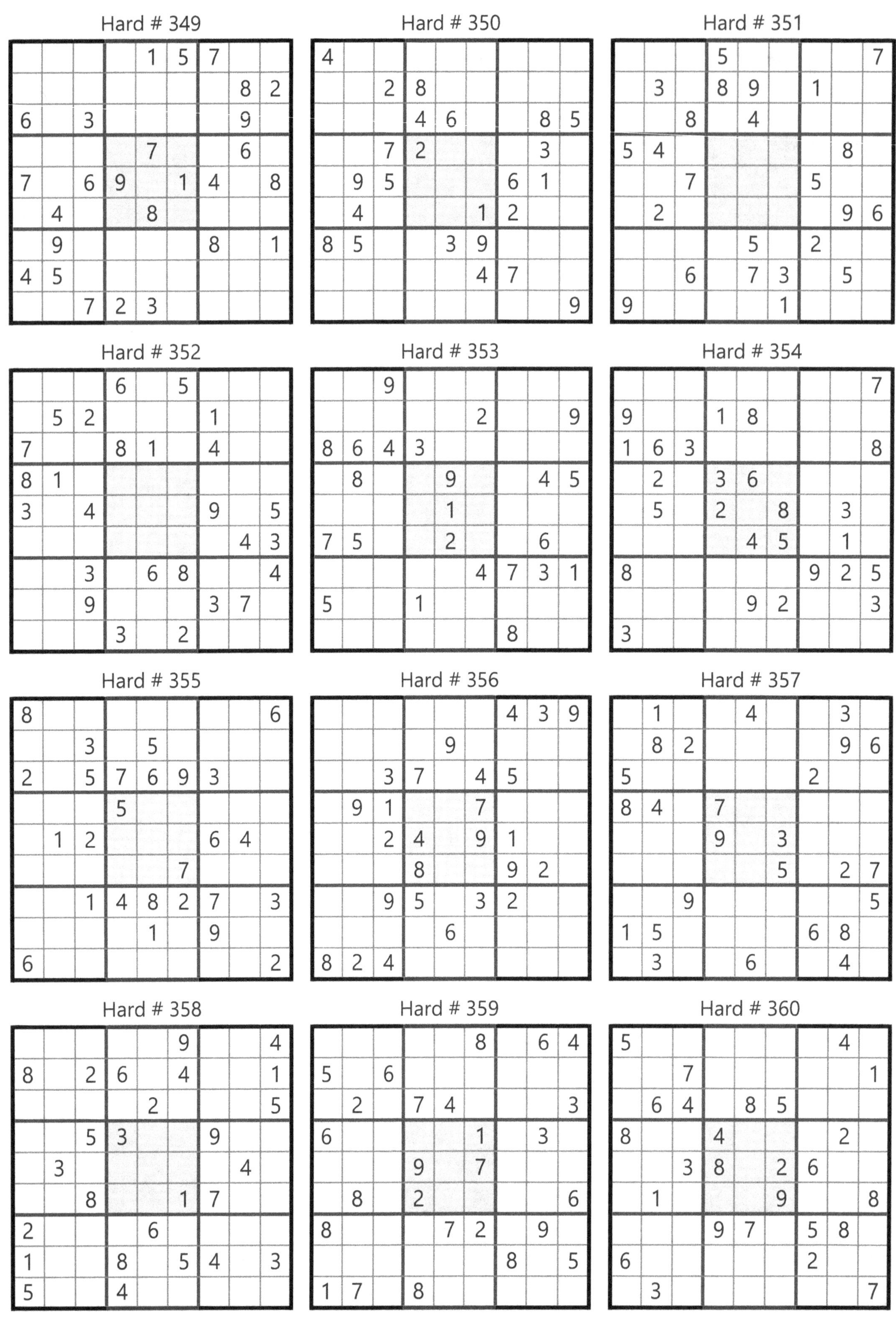

Hard # 349

				1	5	7		
							8	2
6		3					9	
				7			6	
7		6	9		1	4		8
	4			8				
	9					8		1
4	5							
		7	2	3				

Hard # 350

4								
		2	8					
			4	6			8	5
		7	2				3	
	9	5				6	1	
	4				1	2		
8	5			3	9			
					4	7		
								9

Hard # 351

			5					7
	3		8	9		1		
		8		4				
5	4						8	
		7				5		
	2						9	6
				5		2		
		6		7	3		5	
9					1			

Hard # 352

			6		5			
	5	2				1		
7			8	1		4		
8	1							
3		4				9		5
							4	3
		3		6	8			4
		9				3	7	
			3		2			

Hard # 353

		9						
					2			9
8	6	4	3					
	8			9			4	5
				1				
7	5			2			6	
					4	7	3	1
5			1					
						8		

Hard # 354

								7
9			1	8				
1	6	3						8
	2		3	6				
	5		2		8		3	
				4	5		1	
8						9	2	5
				9	2			3
3								

Hard # 355

8								6
		3		5				
2		5	7	6	9	3		
			5					
	1	2				6	4	
					7			
		1	4	8	2	7		3
				1		9		
6								2

Hard # 356

						4	3	9
				9				
		3	7		4	5		
	9	1			7			
		2	4		9	1		
			8			9	2	
		9	5		3	2		
				6				
8	2	4						

Hard # 357

	1			4			3	
	8	2					9	6
5						2		
8	4		7					
			9		3			
					5		2	7
		9						5
1	5					6	8	
	3			6			4	

Hard # 358

					9			4
8		2	6		4			1
				2				5
		5	3			9		
	3						4	
		8			1	7		
2				6				
1			8		5	4		3
5			4					

Hard # 359

					8		6	4
5		6						
	2		7	4				3
6					1		3	
			9		7			
	8		2					6
8				7	2		9	
						8		5
1	7		8					

Hard # 360

5							4	
		7						1
	6	4		8	5			
8			4				2	
		3	8		2	6		
	1				9			8
			9	7		5	8	
6						2		
	3							7

Hard # 361

		7		2	9			
1			5				9	
	4			3				2
	1	9						
4			8		2			3
						6	5	
8				7			1	
	9				3			7
			1	5		9		

Hard # 362

4			8				5	
6				7			9	
					4	1	2	
	4	3		2				6
2				3		4	1	
	3	4	5					
	9			8				5
	5				7			3

Hard # 363

								5
3		7	9	5				
		9		2			8	
							6	4
6	3		2		4		9	7
4	1							
	5			9		2		
				4	5	7		1
7								

Hard # 364

1	4		6	3				
				4				7
		2	7					
		9						5
2		5	8		1	4		6
7						8		
					6	2		
9				8				
				5	9		6	1

Hard # 365

1			6				2	3
	8			3				
				9				1
6		5	1			8		
		7				5		
		3			5	4		6
2				1				
				8			7	
4	3				7			8

Hard # 366

	1					9		
	9	4					1	
6			8					
		8		5				4
		9	6	1	7	2		
5				4		3		
					3			2
	6					1	4	
		7					8	

Hard # 367

		1				4	2	
	3		6					9
4						1		
			5			8	9	
	8		3		7		4	
	5	3			9			
		6						8
1					3		5	
	9	5				3		

Hard # 368

6								
2					7			
4		3	1	9			8	
		7	4				3	2
9								8
3	2				5	4		
	6			2	4	9		1
			5					7
								6

Hard # 369

				5				2
	3	7			4			6
	2			9		4		
			2			6		1
	5						4	
2		3			1			
		9		7			8	
6			5			3	2	
5				3				

Hard # 370

		4	7	8				
		7		2	6			8
							4	
5			1	4				9
		3				8		
9				3	2			6
	3							
6			8	1		2		
				9	7	1		

Hard # 371

1	7						8	
					9	6		
	2			8	7	1		
3			2			4		
	9						5	
		2			8			7
		1	8	7			3	
		8	6					
	3						6	5

Hard # 372

9	3							8
		5			4			
7			8	6		5		
8		1	5					
			3		2			
					6	1		9
		9		7	5			6
			2			9		
5							7	4

Hard # 373

8			1	7			4	
2	4				5			9
							6	
			5			4		
		7		4		9		
		4			1			
	5							
3			6				8	1
	8			9	3			5

Hard # 374

9			1					
	8	3	7		4			
	6					4		
2						9	4	6
8								7
6	3	4						1
		9					2	
			9		3	1	8	
					6			4

Hard # 375

		2			9			
6		8						
	4				5	7		2
3					2		4	
		5	1		4	8		
	2		6					7
5		1	2				6	
						2		1
			3			9		

Hard # 376

4	8		7				2	
7				8		5		
	5				2			
6			2			1	4	
	1	4			8			3
			5				1	
		3		9				6
	7				4		5	9

Hard # 377

5	4							
	2	1	8	5				
						7		
	6	7			2			4
4								2
8			9			6	3	
		6						
				8	1	4	9	
							2	8

Hard # 378

1		6		8			9	
	7				4	1		
	8							5
				7	6			
	1		3		5		8	
			2	4				
7							1	
		8	9				6	
	5			6		4		9

Hard # 379

	1				6			8
					9		5	6
	5	2				4		
		3		8	4			2
7			5	3		8		
		1				6	7	
4	3		9					
5			2				3	

Hard # 380

			3	6				
	2		7		8		6	
	3				9			8
6								5
5		4				7		2
8								4
2			4				5	
	6		9		2		7	
				3	1			

Hard # 381

	7						4	
6		3					7	
		2		8	6			3
			1	7				9
			2		8			
5				6	4			
7			6	2		3		
	8					2		4
	9						1	

Hard # 382

	1		9					
8						9		
6				8			2	4
			3		7		5	
	4	5				3	7	
	8		6		5			
5	6			7				8
		2						3
					2		6	

Hard # 383

			2					
		6		4				7
1	4		9	6				5
3		1			7			
		5				2		
			1			7		3
4				8	6		5	1
7				2		4		
					4			

Hard # 384

	6				2	4		
				8	7	1		
3					9		5	
			9			7		
7								6
		5			1			
	8		1					4
		2	7	6				
		1	2				3	

Hard # 385

7			5					3
1				8	4			
	5	8			2			1
							8	
3			7		6			4
	6							
9			4			3	6	
			1	3				7
8					7			5

Hard # 386

					3			2
		4					6	
			5	6	7			1
4			6	2				
		2				3		
				1	5			7
6			4	3	8			
	3					8		
1			7					

Hard # 387

		8			9	6		4
							8	
	9		6			3	5	
5			3	1				
2								1
				8	2			5
	5	2			3		6	
	6							
8		3	1			9		

Hard # 388

			2	4		6	3	
	5							8
		2	5					
5					3		6	
4			7		1			3
	1		9					7
					9	5		
6							8	
	3	7		5	4			

Hard # 389

		5	8					
8	7				2			
	4		6				5	9
	6			2				
9		7				6		3
				6			7	
6	1				5		9	
			7				6	4
					6	3		

Hard # 390

		3	6		5			
		8					2	4
					2	1		
	3			5	7		9	
		6				5		
	9		4	1			7	
		2	7					
6	8					9		
			9		1	6		

Hard # 391

		1		6				8
			2			7		1
	9		5		8			
		3			9		2	
2								4
	4		8			9		
			4		6		5	
5		4			1			
8				2		1		

Hard # 392

7				4				8
			9					
3	9		5	2		7		
9	4					3	6	
	8	1					2	5
		3		6	7		1	9
					2			
2				9				3

Hard # 393

4								5
		7	4				9	
	3	2		7				
5		8	3				2	
			9		7			
	4				1	6		8
				2		3	6	
	1				5	4		
2								7

Hard # 394

					6	5	3	
	7		2					
6	3			5		9		
1		4		6				
				9				
				8		7		9
		6		2			5	1
					5		4	
	8	3	6					

Hard # 395

		8		6			1	
4			9					
	6	1						8
	4		5				2	9
2								3
1	9				6		7	
6						5	3	
					8			6
	5			2		7		

Hard # 396

		6		5			7	
	7		6		2	5		
								8
2		1	5					
		8	1		9	4		
					8	1		5
1								
		7	8		6		9	
	6			9		7		

Hard # 397

4			1			2		
	6			8				7
				2		5		4
								5
6		2	3		5	4		9
9								
8		6		4				
3				6			7	
		7			9			8

Hard # 398

	2		1	6			3	
7								6
5			3			8		
3	7	2						
	6						4	
						2	5	9
		4			8			3
1								5
	3			4	9		1	

Hard # 399

		7	2	6				
	3	9		4		6		
4		5						
				1	7		5	6
3	4		5	2				
						2		8
		3		7		5	4	
				8	3	1		

Hard # 400

		4		7		8		
9			4			6		
2				5	8			
						7		3
	7	2				1	4	
4		5						
			8	4				7
		9			7			6
		8		1		3		

Hard # 401

				8	7			
		4	3		6		1	
							3	7
9		8						
7		2	4		5	1		6
						2		9
4	5							
	1		8		9	7		
			1	4				

Hard # 402

					3			7
			7	8		1		
		3	4				9	
				1		6	5	
	9		6		7		4	
	5	4		2				
	1				5	4		
		8		4	6			
7			8					

Hard # 403

	8	1						
			9					5
7		4				3		
			8		4			9
	7			1			4	
8			2		5			
		7				5		4
2					3			
						6	7	

Hard # 404

	3				9			2
5			1	4				
	6					5	8	
	4							
3			5		1			6
							1	
	2	3					5	
				9	6			8
9			7				2	

Hard # 405

	3	9						
	5				8			
	6	7	2		1			
		3		6				8
	1						7	
2				8		3		
			6		7	9	3	
			5				2	
						6	1	

Hard # 406

			1					8
2				6			3	
	5					6	4	
			6	2		5		1
7		5		3	4			
	4	3					9	
	6			4				2
5					9			

Hard # 407

							5	2
5			6					
7						3	4	1
			1	3				6
	2		9		7		1	
9				4	6			
4	3	5						8
					3			5
2	7							

Hard # 408

7	3	2	5					
			2		8			
8			9				3	
4	8					7		
		5				4		
		1					6	9
	9				5			6
			4		1			
					9	3	1	8

Hard # 409

5	6				2		3	
				9				5
	3					2	8	
		6			9			
3			5		4			7
			2			6		
	1	7					4	
2				4				
	9		7				5	1

Hard # 410

	7	9	8		2			
	6		9					5
		2				8		
			6			5		9
				4				
7		5			8			
		8				2		
3					4		6	
			2		9	3	8	

Hard # 411

	4						3	2
	7	6	1					
	2			3	4			
			9		8	5		
2								4
		4	3		6			
			7	8			5	
					3	6	7	
7	5						9	

Hard # 412

5	9		6				8	
7								
	3					7		9
			1		6	9	5	
			8		9			
	1	7	2		5			
4		3					9	
								6
	2				8		1	3

Hard # 413

			4					
	3	7	6		8	2		
8	5			9				
			3				8	9
		6				4		
2	9				1			
				8			7	6
		3	1		6	8	9	
					4			

Hard # 414

1	8						4	
				2		6		
6					7			5
		3	7					9
5			8		3			6
7					2	1		
4			2					7
		5		9				
	9						6	4

Hard # 415

3	6							
	2			3	4			
				2	9	1		
		4		7		9		3
		3				5		
5		6		9		4		
		8	3	4				
			7	8			1	
							8	2

Hard # 416

	7		4			6		
	4	3						
6			2	1		8		
		7		3	2			4
3			9	8		2		
		8		4	1			5
						7	9	
		5			6		2	

Hard # 417

	5		3			1		
			8	2			3	
				6				7
	3	8			9		5	
	4						6	
	2		5			8	7	
2				1				
	9			7	8			
		4			3		2	

Hard # 418

	9	1	4				5	7
		2		1	9			
							4	
		8			7			6
		5				4		
7			6			8		
	3							
			3	4		9		
9	1				8	6	3	

Hard # 419

		3		4			5	
1					5		9	
	2	5		6				
4			7	5				
		9				3		
				1	3			2
				3		5	7	
	6		5					8
	8			7		6		

Hard # 420

6					7		4	
					8	1		
1				2	4	8		9
						6		4
	3						9	
5		4						
7		1	6	4				5
		9	2					
	6		1					2

Hard # 421

		9				2		8
1			4	7				
3							6	
		2		4				
6		1	8		5	4		2
				3		6		
	1							9
				6	4			1
9		4				3		

Hard # 422

		7			5			
				8			1	
6	5		1	4				
						3	4	
3		1	8		4	5		2
	9	2						
				2	8		3	6
	7			6				
			9			8		

Hard # 423

			6	3		4		
	2	4						9
					9			8
1				2		7	6	
			8		1			
	5	3		7				1
4			2					
3						1	8	
		2		9	8			

Hard # 424

4								
			9		6	8		
				1	3		7	5
3	9	6	1					
	5						2	
					5	1	6	8
1	2		6	4				
		4	5		9			
								7

Hard # 425

		9		6			7	
			2	4				
	3			7		6		9
	6	7					8	5
5	9					3	6	
4		3		8			1	
				1	7			
	2			5		9		

Hard # 426

		5		2		1		
2	1		8			9	4	
	6							
		3		1				4
			5		7			
1				3		5		
							6	
	2	8			3		9	5
		9		6		8		

Hard # 427

				2		6		4
	9					1		
		1		6			9	5
9		7						
	2		5		4		7	
						8		6
1	4			9		7		
		9					6	
3		2		7				

Hard # 428

9					2		6	
		1				5		7
					4	9		
8					6		4	
	3	7				2	8	
	9		2					3
		5	4					
1		8				4		
	6		5					1

Hard # 429

				2	5	1		
2		3		4				
		8	7					
5							4	3
1	8						6	9
6	3							7
					3	9		
				1		7		8
		5	9	7				

Hard # 430

		5						3
		8	1	3	6			
7	3							
	4		3			8		7
			8		2			
2		3			9		5	
							6	1
			5	4	1	3		
9						5		

Hard # 431

4		8	5		6			
5		1		8				
		2		4				
7	6							
	2						8	
							7	1
				5		4		
				2		7		8
			7		3	9		6

Hard # 432

7			6			1		
			9					5
6				4			2	8
1				3		9		
	3						8	
		8		6				3
3	8			2				1
9					7			
		4			9			2

Hard # 433

		9	6					7
		5		1				
			2			6	4	
					1			6
1	4	7				8	5	3
2			7					
	3	4			6			
				8		3		
5					3	9		

Hard # 434

						2	6	
			1			7		
		2		3			1	
3		5		1	8			
	8			6			9	
			3	4		1		7
	1			9		6		
		6			2			
	9	8						

Hard # 435

		6					3	2
	2		6					
		4		1	8		6	
			1				5	
8		3				1		6
	7				6			
	1		9	3		5		
					2		1	
9	4					3		

Hard # 436

							6	
	4			8		2		
1	8			5	9			
2	3				1	7		
	9						1	
		4	5				2	6
			1	4			7	9
		8		6			3	
	6							

Hard # 437

		6			4		1	
		2	3		1			9
			6		7			
		9					2	4
				4				
3	1					6		
			5		8			
2			1		9	3		
	7		4			5		

Hard # 438

			7	5				
3						8		
1			2	8	4		6	
		7	5				3	
	4						1	
	2				7	9		
	3		1	6	5			8
		1						9
				7	8			

Hard # 439

			6	1	5			
	4		9					2
6				2		7		
		8						3
		1	4		2	5		
7						8		
		3		6				4
5					8		6	
			3	4	9			

Hard # 440

	1		4		3			6
9		3			8			
				5				
		8		7		6		3
5								1
2		4		6		8		
				3				
			5			3		7
3			1		9		2	

Hard # 441

		5		2				9
6					4		7	
3		9				4		
	5						2	
			2	5	3			
	9						6	
		4				8		6
	6		7					5
5				8		7		

Hard # 442

	9							4
		3			4			6
		4			3		2	
9	3		2		7			
		1				7		
			3		6		9	2
	5		9			2		
2			6			4		
1							8	

Hard # 443

				9	5		4	
			1					2
				7		9	3	
		3				4		9
	6		5		3		8	
7		1				5		
	8	5		4				
3					2			
	1		6	5				

Hard # 444

	5	6	1					
			3					1
4							7	
8				7	6		9	
		7				8		
	1		5	3				2
	4							7
9					4			
					1	3	6	

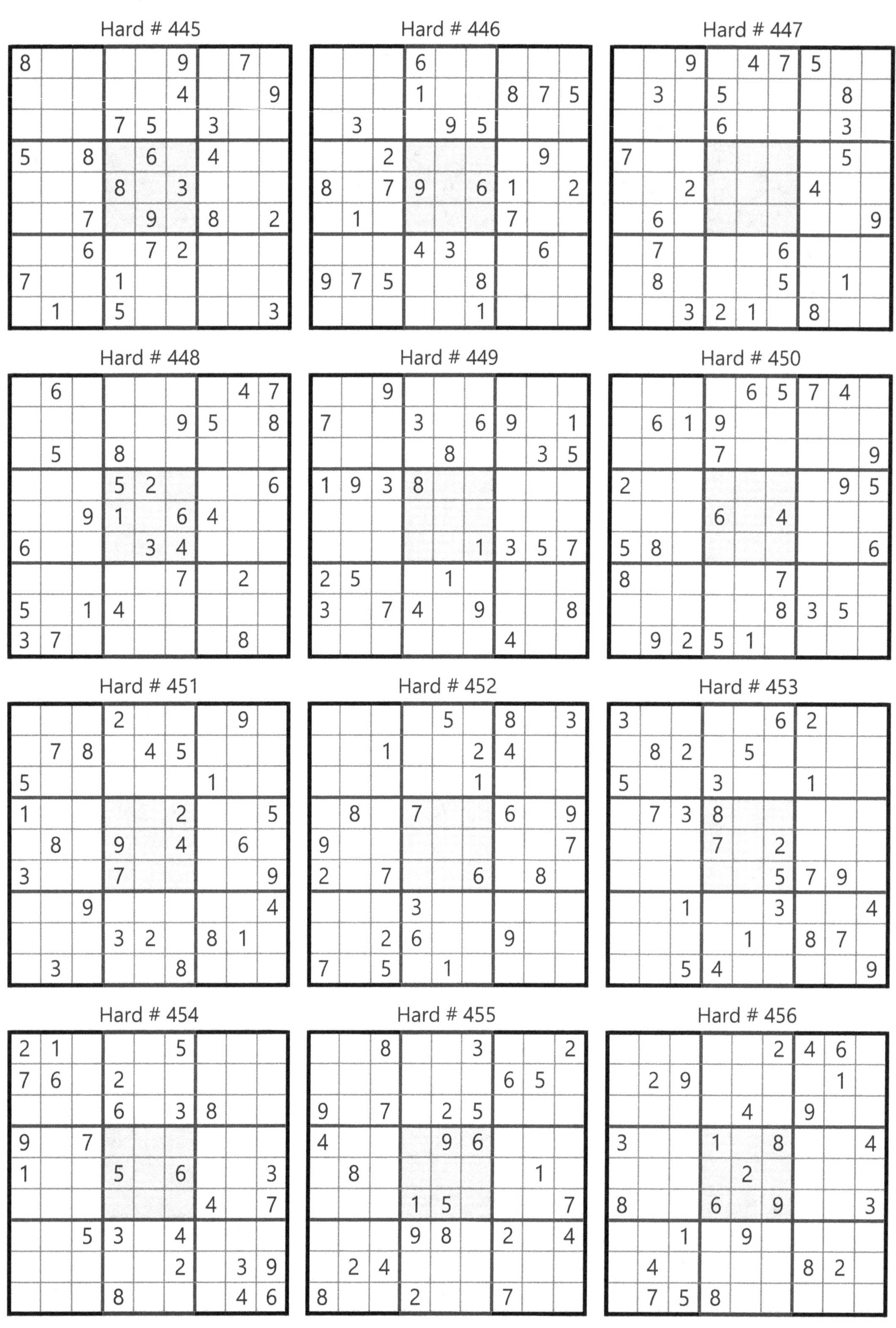
Hard # 445
Hard # 446
Hard # 447
Hard # 448
Hard # 449
Hard # 450
Hard # 451
Hard # 452
Hard # 453
Hard # 454
Hard # 455
Hard # 456

Hard # 457

	4	3		9	1			5
				6				
	9		4					7
9			3					6
		1				8		
5					9			2
8					7		3	
				5				
2			8	1		7	6	

Hard # 458

		1				3		
	8	7			9		5	2
			2		4		1	
					3			9
	7						6	
5			8					
	5		3		7			
1	6		5			7	4	
		4				5		

Hard # 459

	8		7					
5				6	4			3
		9		8		4		
		7			5			4
1								2
3			6			9		
		5		3		1		
6			5	2				7
					8		2	

Hard # 460

						8	3	6
	4		2		6			9
6				3				
				7	2		1	
		8				7		
	3		6	1				
				5				2
8			7		9		4	
4	7	5						

Hard # 461

	8			6	9			1
6			8			5		
				4			6	
	5	2					3	
			5		4			
	6					1	8	
	9			1				
		6			8			4
8			9	3			1	

Hard # 462

	2					6		
		6		3		4		1
					1		2	
	7		9			5		
5			4		3			6
		3			5		1	
	8		5					
7		2		9		8		
		9					4	

Hard # 463

3	6		4					9
	1							
8			9		3			
1	8				6		3	
		4				6		
	9		5				8	1
			3		8			7
							9	
2					7		4	8

Hard # 464

					4	2		
6				3			1	4
							9	
	9	6		7		5		
		1				9		
		8		9		1	6	
	7							
9	3			2				6
		4	5					

Hard # 465

	7		4					6
2								
6		3	5		8			4
		2					8	
	1		2		7		3	
	8					5		
3			1		2	9		8
								3
7					9		6	

Hard # 466

				1				7
	5					6	1	3
		9				4		
	1	2	3			9		
			8		4			
		8			1	7	2	
		7				1		
6	8	1					5	
2				4				

Hard # 467

					2	3	6	
				1			9	
		7	6			5	2	
	9				4			
6				3				9
			2				8	
	3	5			9	1		
	4			2				
	7	6	8					

Hard # 468

			6				2	8
	7	5						9
		4			1			7
					8			1
	1	7				8	3	
8			3					
4			1			6		
3						2	7	
7	2				5			

Hard # 469

			2	4		6		
		7				4	1	3
3								
				1	5	8		
8			3		7			1
		5	8	2				
								5
7	9	4				3		
		6		8	9			

Hard # 470

9	2			3				
	1							7
		7			1	5		
		3		5	4			
	8	4				9	2	
			8	6		1		
		9	6			3		
3							9	
				4			5	2

Hard # 471

6				5				9
8				6				
					1	4	5	
						3	6	
7			3		5			4
	2	4						
	3	7	6					
				4				7
5				9				8

Hard # 472

	9			6				
		3		5		8	4	
1							6	
3	7		9	4				8
4				8	1		2	7
	8							6
	1	4		9		3		
				7			9	

Hard # 473

	9						6	3
1				3		8		
	8	4			6			5
			8		1			
	6						5	
			7		5			
4			3			5	1	
		9		5				2
5	2						3	

Hard # 474

			4				7	8
			5			9	4	
				6		2		
	9			8				7
	8		7		9		5	
7				2			3	
		9		4				
	1	6			7			
5	2				1			

Hard # 475

	9		4					7
		6			3	5		
				2				8
			7		9	4		5
	4						1	
5		3	2		6			
7				9				
		9	5			6		
2					4		9	

Hard # 476

	3					2		5
	2				9		6	
4				6		1		
				5	7	9		
5								1
		7	9	1				
		5		3				2
	7		1				8	
2		6					1	

Hard # 477

			9					
8						1		4
		3		1	5		7	
		4		3				5
1	8						2	6
5				8		4		
	1		3	4		5		
6		7						2
					2			

Hard # 478

				4		5	3	
	7					2		6
3					6			7
	4		5					9
			4		1			
5					3		6	
1			9					5
4		3					1	
	5	6		2				

Hard # 479

	6			5				
					2			3
2	9						4	5
8					9		1	
1	4						5	7
	7		2					4
5	1						2	6
4			7					
				8			3	

Hard # 480

	3		8	7	2			
						3		
					1	8	5	
	7							2
4		6				1		3
9							7	
	8	1	9					
		7						
			6	1	8		4	

Hard # 481

			7		6		5	
		9		8			6	
			1			8	9	
8		4						5
		7				3		
5						7		4
	5	1			8			
	4			7		1		
	6		3		1			

Hard # 482

							9	
		4	6					7
		9	7			8		
7	4		3	1				
6								1
				8	9		7	3
		7			5	9		
9					1	5		
	1							

Hard # 483

	8			9				
	3	6	7	2	5		1	
							6	
			2					9
		1		5		3		
7					6			
	5							
	6		5	1	8	2	7	
				7			9	

Hard # 484

1								2
		6			9		3	
2		9		4		8		
8			6	1				
	3						5	
				3	5			7
		4		9		6		3
	6		5			7		
9								8

Hard # 485

6			4					2
		5			2		6	1
			3					
		2					5	8
	5	9				2	1	
8	6					9		
					7			
3	8		2			6		
9					1			3

Hard # 486

					9	4		
		5	3					1
				7			6	
			6	1			5	9
		9	8		5	3		
5	8			9	7			
	1			4				
2					8	5		
		7	9					

Hard # 487

		7		5				2
4		9						
		5			6	1		8
	8					6	7	3
7	3	6					1	
1		3	8			9		
						3		7
6				4		8		

Hard # 488

	2	7				9		
					9		4	
9				8			2	
			9				5	
		3	5		6	4		
	7				4			
	1			9				3
	6		2					
		2				8	1	

Hard # 489

	5			7				
		6						
1		2	6	4			9	
6			7	3			1	9
5	1			9	8			2
	8			5	9	6		4
						7		
				8			3	

Hard # 490

8				7	4			
	5	7						
			3	6	1		5	
5							9	
	2	6				7	1	
	1							5
	4		2	9	6			
						9	2	
			4	5				1

Hard # 491

		7		6				8
9				1				
		2				1		3
8					7			5
		5	8		2	9		
2			6					4
4		9				2		
				4				7
6				2		5		

Hard # 492

		5		9		7		4
			7			3		
	6		1	3	4			
9		6					5	
	4					2		8
			4	7	1		9	
		3			6			
7		4		2		6		

Hard # 493

		8		3		2	9	
			8				3	
			1		6			4
		4			8			
6	2						7	3
			9			5		
1			7		9			
	9				4			
	4	5		1		9		

Hard # 494

		2		9	1			
		9						2
6	1	7	4				9	
					8			
7	3						6	4
			7					
	9				7	6	1	8
4						2		
			2	6		3		

Hard # 495

				9		2		
	4				2		5	9
		6			4			
		2			5		3	
6		3				5		4
	1		9			7		
			4			3		
8	6		7				9	
		7		1				

Hard # 496

		9	8	3				
3				9		8		
	8	6			2			
					4		7	
9		2				1		3
	7		1					
			7			3	6	
		1		5				4
				4	1	7		

Hard # 497

		5	1					
6				2	3			
7	9			5				6
		4		8	6			2
2			9	7		6		
9				1			7	3
			4	3				8
					2	1		

Hard # 498

			8	4				6
				5		9	4	
6							2	
				3	5		1	
8								7
	3		9	7				
	9							4
	1	5		2				
3				6	9			

Hard # 499

					3			6
1			4		8			9
	3			7		1		
					5	4	7	
	4						9	
	8	9	3					
		3		6			2	
2			9		4			5
4			1					

Hard # 500

4						2	5	
	1					8		
5	7		2	9				
	9				4			1
			5		8			
7			1				6	
				3	7		1	4
		7					2	
	4	1						9

Hard # 501

		6		3				
					4	5		
2			1	6				8
	4	5	2				9	
9								2
	2				7	8	4	
5				9	3			6
		4	8					
				5		2		

Hard # 502

			8	5				
				9			1	7
	7					5		3
		2	6			9		
6				8				2
		4			1	3		
4		9					6	
3	1			4				
				6	5			

Hard # 503

8				2		1		
				5			7	
			7		9			3
7	5						2	
1	9						3	5
	4						8	9
3			4		5			
	8			9				
		4		1				8

Hard # 504

			1					
8	6	5		2				
				6		2	7	
		7	3		4		8	
9								4
	4		6		7	1		
	2	1		5				
				4		3	2	5
					6			

Hard # 505

		2				9		
6								8
			9	3			1	
				9	8	2		3
3			5		2			4
7		8	6	4				
	4			7	1			
1								7
		6				1		

Hard # 506

	6				5			
8		3	6					
	7			8		5		
4						2	1	
	1		7		9		3	
	3	6						5
		1		4			9	
					2	4		3
			8				2	

Hard # 507

			7			6		
		3			2	5	1	
7				1		3		9
5						2		
				5				
		9						3
4		8		3				6
	3	2	4			7		
		6			8			

Hard # 508

	1		8			9		4
						5		
	6	3		5				2
6		2	7		4			
			5		1	2		9
9				6		3	8	
		7						
5		6			2		9	

Hard # 509

	6		7	4	5			
		2						7
	4							1
		1	5		4			3
2								4
3			1		8	7		
9							7	
4						6		
			2	5	1		9	

Hard # 510

	4				8			
		9	3				7	
		2		9	7			1
	8					4		2
			8		1			
7		6					3	
9			7	2		5		
	6				3	9		
			1				4	

Hard # 511

4		6		9	5		2	
	5							1
				6			7	
3				2	9			8
2			3	1				9
	2			3				
6							9	
	7		2	8		4		6

Hard # 512

			9		5			
						3	5	4
							8	2
		9	2		7			6
	6	7				2	1	
4			3		6	7		
1	8							
3	9	6						
			4		3			

Hard # 513

	4		2			3	8	
	6			9			7	
8	2							
		1		6				
3			7		4			6
				2		8		
							5	1
	1			7			2	
	9	4			1		3	

Hard # 514

					4	1		5
	2			9				
4						8		7
		5	2				8	
7			3		9			4
	8				1	7		
2		7						9
				1			6	
8		6	9					

Hard # 515

			6	5				
2	1		4					
	9	4			8	5		
		7				1	4	
			3		2			
	2	1				6		
		6	2			7	5	
					3		8	6
				8	6			

Hard # 516

		5	3		6			9
	1			2				
					7	2	3	
	7			8				
	4		7		5		6	
				6			5	
	8	3	1					
				9			7	
9			6		2	8		

Hard # 517

		6				8		
				4	3		9	
9		3						5
8			5		2			
	6			8			7	
			7		4			8
2						1		3
	4		9	2				
		7				5		

Hard # 518

	2			7	9			3
7	6			2				
		4					8	
		5				3		4
	8						2	
3		6				1		
	7					8		
				5			3	1
8			9	3			4	

Hard # 519

	2		5					
3								7
5			1				4	
		5	4	7			2	1
				5				
1	3			6	9	7		
	1				3			6
6								4
					2		1	

Hard # 520

			6					1
	7					3		
5				4		6	8	7
9	6			5			7	
	5			8			3	9
7	8	4		1				3
		3					1	
2					9			

Hard # 521

2		6						
				6	2		4	
					4			1
	2		9	7				
6	7		2		3		9	8
				5	8		7	
1			8					
	9		3	2				
						5		7

Hard # 522

		6					9	
9			5	3				8
					9	6	3	
						8	2	
		3	4		8	5		
	4	7						
	7	8	2					
5				6	4			9
	1					2		

Hard # 523

	8	7		5				
9				2		1		4
3					6			
8	2					7		
				4				
		4					5	2
			5					7
2		1		9				3
				3		2	8	

Hard # 524

	9	3	1				8	6
			4					3
2	8							
		6		3			4	
			8		1			
	7			9		5		
							6	1
9					3			
1	3				8	2	5	

Hard # 525

					9			
3	2	6	1	7		8		
	8					6	1	
		2	7					
6								5
					3	4		
	3	1					8	
		8		4	1	3	9	6
			2					

Hard # 526

9					6	5		
					3			4
2			7					9
		7	1		8			5
	6						7	
5			3		9	8		
6					7			8
7			6					
		2	5					1

Hard # 527

			5				2	
5		4		2	8			
9					7			3
4			8					
		9	6		3	7		
					5			1
3			7					9
			3	8		1		6
	1				9			

Hard # 528

		3			5			8
		1		7	9		4	
4		2	1					
5						4		
	8						6	
		6						1
					2	7		4
	9		7	6		2		
2			8			3		

Hard # 529

1			9	8		4		3
				1				
					7	5		
	1	8					6	
3	6						8	4
	9					7	1	
		3	5					
				2				
9		7		3	1			6

Hard # 530

		9						7
			7	5		8		
	1		4		9			
				4				3
	2		8		6		7	
7				1				
			1		3		5	
		8		7	4			
9						2		

Hard # 531

8				6				
	2	1		7				
		5	3					6
3	1				2		9	
		7				1		
	9		7				8	2
4					8	2		
				4		9	6	
				1				5

Hard # 532

			1					6
7					3			
				7		5		1
	7	5		6				2
	4		3		7		6	
8				5		4	3	
9		3		4				
			7					3
4					5			

Hard # 533

		2		8				9
		9			2			3
4					1		2	
					8			1
	6			5			4	
3			7					
	5		3					4
6			8			9		
9				2		1		

Hard # 534

		4	7			9		
	1			2		4	6	
		8					7	
5					1	8		
		6				5		
		2	8					1
	2					7		
	9	7		6			4	
		5			9	3		

Hard # 535

	4			1				
		7		9		4	3	6
		6			7		2	
	8							1
	6						9	
2							8	
	3		4			7		
4	1	5		7		9		
				6			1	

Hard # 536

1				6			7	
		9	1				5	
		2						9
2	3			9		1		
		6		7			3	4
9						6		
	6				8	9		
	7			4				1

Hard # 537

				7				3
	8	3	6					
7	5							
6			7	2			3	
	1			5			8	
	2			1	3			4
							4	6
					1	2	7	
5				9				

Hard # 538

9								
5	7				9	4	1	
	3	4					6	
		8	5		4			
			3		1			
			9		6	3		
	5					2	9	
	9	7	8				3	5
								6

Hard # 539

	4		2					
	6		5	3				
		9	7			2		6
	8	7					9	
6								5
	2					8	1	
3		8			9	7		
				7	8		6	
					3		8	

Hard # 540

	2	5			1		3	
6			8			4		
8				7	9			
	1					8	5	
	8	4					6	
			4	6				2
		8			5			1
	5		1			9	4	

Hard # 541

		3	8					
1	5				2			3
		9		7			4	
	9		6	8				
			5		4			
				3	7		1	
	1			4		8		
6			9				2	1
					8	3		

Hard # 542

		9		2	4			
3		7						
	1	4			7			9
	9	8	6					3
4					5	2	6	
9			3			1	4	
						5		2
			4	5		3		

Hard # 543

	8	4			5		7	
				7			5	
		2		6	8			3
		5	8					
6								9
					6	4		
8			2	5		3		
	2			1				
	1		7			2	4	

Hard # 544

			7	6				
9	1							6
		4	2		8		7	
1				5		9		
	4						6	
		3		8				2
	2		8		4	7		
4							3	1
				7	6			

Hard # 545

		7	2				9	
	5	4						6
3					6			
				7		1		4
			4	5	3			
4		2		6				
			6					1
9						4	5	
	8				9	3		

Hard # 546

4					2			
		5			4		3	
	1				5			2
	5	7			1		8	
9								1
	2		3			9	6	
3			5				4	
	9		8			1		
			4					6

Hard # 547

		6		3	8			
3						4	2	
	4			1				
		9	3	7				1
8				2	1	9		
				8			5	
	7	1						3
			2	6		7		

Hard # 548

						9		1
			9		5			
				1		3	7	
8		1	6			2		
	7	9				1	8	
		5			4	7		3
	2	7		9				
			4		2			
1		4						

Hard # 549

1	2	7						4
3				1				
9					6			
		8	3	6				
	7						5	
				4	2	9		
			1					5
				2				1
5						3	7	8

Hard # 550

			7					2
4					1			5
					3	9	8	
1			6		5			7
	3						1	
7			9		2			8
	5	7	3					
6			1					3
2					9			

Hard # 551

1								
	6				7	4	3	
2			9					
	8					7		
	2		8	1	6		9	
		4					2	
					3			8
	1	7	4				5	
								9

Hard # 552

		9					7	8
				8			5	
3					2	4		
		7			3		4	
			9		6			
	2		4			6		
		3	1					5
	9			6				
1	6					2		

Hard # 553

		8		9				
	3					2	5	
1					6			3
		7		6			3	9
				7				
3	9			2		5		
4			7					2
	7	6					8	
				8		4		

Hard # 554

6				3				5
							1	
	9		6		7		3	
	7	8						
	3		1	9	8		5	
						8	2	
	8		5		2		7	
	2							
1				4				9

Hard # 555

			9			3	5	
	2		5			9		
9								4
8			2	4				
2	6						4	5
				1	6			2
1								8
		4			1		3	
	9	3			8			

Hard # 556

1		2	4					
5		8		9			2	
		4		2	6			
						6		9
	2						8	
4		6						
			5	4		2		
	8			3		4		1
					8	3		5

Hard # 557

	7	8		5				
2	1		9					
				8		3	2	7
		5				6	1	
	6	7				5		
9	8	4		7				
					3		6	9
				9		4	8	

Hard # 558

7		4			8		5	
9				4				
6			1			8		
							9	7
			7	2	1			
5	6							
		6			9			8
				5				2
	5		3			7		6

Hard # 559

		7						
5			9	6				
6	9		8	5				
8		1	3				4	
2								5
	3				6	8		2
				4	8		9	7
				9	2			8
						6		

Hard # 560

	4		7				8	
8		2	5					
	3				9			
7	6		9				2	
			4		6			
	1				3		4	5
			3				7	
					7	9		6
	8				4		5	

Hard # 561

4	5	1		8		7		
	8				7			
		6						5
	1				3			6
2								1
9			4				7	
6						9		
			7				3	
		4		3		5	6	8

Hard # 562

	1					2	3	
				2				6
8					3			4
	7		4	3			6	
		1				8		
	3			6	8		9	
9			3					1
1				9				
	2	3					7	

Hard # 563

5	7							
6			1	5		7		
	8			7	3			
		4		3				9
			2		5			
2				9		1		
			3	8			2	
		5		6	7			3
							9	4

Hard # 564

1		4	3					9
8	2			9	7	6		
9					5			
						4		5
4		1						
			8					6
		6	1	5			3	4
5					9	7		8

Hard # 565

				8				
5	2			3	7			
	1	3	5				7	9
1	9							
2								5
							4	7
6	8				2	7	1	
			7	6			8	3
				1				

Hard # 566

		7						5
		2	9		7		4	
6				3		7		
	9		6				2	
1								3
	5				1		7	
		9		1				8
	2		8		4	1		
8						6		

Hard # 567

		4		9		6		
			3	6	5	7		
5							8	
3								
		2	7	3	1	8		
								9
	2							8
		6	4	5	7			
		5		8		3		

Hard # 568

	7	5		9	1			3
	2		6					8
							5	
			2				9	
2			3		5			4
	1				4			
	5							
9					6		3	
7			8	3		9	6	

Hard # 569

		9	6	7				
	3						2	4
2			3		4			
7		1						
	6	2				5	7	
						3		8
			1		3			5
6	5						9	
				2	6	4		

Hard # 570

	8		4				2	
4		7	1			5		
			5	6				
6								7
3	7						8	1
1								9
				1	5			
		1			7	4		2
	2				6		1	

Hard # 571

4						5		2
					7	9		4
				3				
7			2			6		3
		8	1		6	2		
6		1			3			9
				9				
5		6	7					
1		4						7

Hard # 572

	7	4			3	2		6
	1							
2			6	9		1		
						3		7
			2		7			
7		6						
		9		6	4			3
							9	
8		7	9			6	1	

Hard # 573

1		6						8
			9					5
4			8	6		7		
				1		9		
	8	7				6	3	
		9		7				
		1		5	6			4
3					9			
7						3		9

Hard # 574

			6	3	7			9
3	7				4	1		
4			8					3
	8		4		3		1	
1					2			5
		5	9				4	8
6			3	2	8			

Hard # 575

	8			3	9			
		9					1	7
				2		9		6
8		7	6					
					1	3		2
2		8		6				
6	4					7		
			5	1			2	

Hard # 576

	6				8			5
				3		8	2	
				7	9			
6	1	4						
		8				7		
						9	6	8
			4	2				
	5	2		6				
3			9				4	

Hard # 577

		8		6				
						8		
9	1						7	3
8		1		5			2	
3			2		4			5
	2			7		4		1
2	8						4	9
		7						
				4		7		

Hard # 578

	9				7	5	2	3
8		3				6		
	5							1
		2		8				
			1		4			
				3		1		
5							4	
		7				8		5
9	3	8	5				7	

Hard # 579

		6		1	7	4		
1					2	8		
				3				
5					8			4
	6	4				7	5	
2			7					9
				5				
		3	1					2
		5	4	7		6		

Hard # 580

5	6				9			
			5	3				
7							9	
		4	2			5		
8		7				4		9
		1			3	8		
	4							6
				1	8			
			3				5	1

Hard # 581

5	7		1					
	6	8						5
				8				
	1	6			9			
3				2				4
			5			9	8	
				3				
2						1	7	
					8		6	9

Hard # 582

8			2					
	4	2	8			5		
	6					3		2
		3			1			
1	5						3	6
			4			2		
9		7					1	
		6			2	9	7	
					6			3

Hard # 583

5	1			3	6			
	4				2			
		2	7			1		
	8						7	
1				9				5
	6						2	
		8			4	3		
			9				5	
			3	7			4	8

Hard # 584

		3			6			
	4	7		8		1		
9			7					
	5		9	4			7	
	7						1	
	6			7	3		9	
					4			2
		1		5		6	3	
			6			5		

Hard # 585

		8				3		1
				5			8	
2			1			9		
						4	2	5
	3			9			7	
6	7	4						
		7			1			8
	2			4				
9		3				6		

Hard # 586

	3	9			7			
						6		
7				9	2		5	
8		3						
	7		1		5		4	
						2		3
	2		9	1				4
		8						
			7			1	9	

Hard # 587

3		7			6			
		9			3		5	
	5		1				3	
	9							1
	3	6				5	2	
1							6	
	6				2		1	
	8		3			2		
			4			3		7

Hard # 588

			3	6		1	7	
		7	9	1				
2	1							
6	2			8		7		
		1		4			9	8
							5	6
				7	1	3		
	5	4		3	6			

Hard # 589

		6			2		1	
		1		6			7	
3	7				5			
					1			4
4		8				3		5
5			8					
			9				4	6
	9			2		1		
	2		7			9		

Hard # 590

				7			9	
			4			6	8	
8	9			3		2		
			7			9	2	
			6		4			
	4	7			2			
		6		2			5	9
	2	8			7			
	5			4				

Hard # 591

			5			1		
9		8					6	4
7		1		6				
2		6	3		5			
			1		2	5		6
				8		2		3
1	4					8		9
		3			7			

Hard # 592

			9		1			5
		5		4			8	7
		1	7		8			
8	2							3
4							6	9
			3		7	8		
1	9			2		3		
5			8		4			

Hard # 593

		1	4					
		2	8	9				
4	8						1	5
1				3				
6		7				3		1
				7				4
8	5						7	3
				4	6	1		
					3	2		

Hard # 594

4		3	5					6
	2				8	1		4
1								
	5		9		1			
		7				8		
			6		4		5	
								8
7		8	4				9	
5					9	7		2

Hard # 595

	3		8					9
	6		2	4				
	9				1	8		
8			7		6			
		5				7		
			4		3			5
		9	3				1	
				6	7		9	
1					8		7	

Hard # 596

7			3	9				
		8		2			6	
	2	4						8
	3	1	9					
			8		5			
					6	4	1	
6						2	3	
	5			8		9		
				6	2			1

Hard # 597

2	6						7	
5			1		3		6	4
				9				
3		6		5		2		
		2		7		9		6
				6				
8	4		5		9			1
	2						9	8

Hard # 598

2	7							
			9	5				1
		4		6	8	9		
		8		9		6		
	9						3	
		6		1		2		
		1	5	2		3		
9				7	3			
							4	5

Hard # 599

8			5					
		7		6	4	9		
	6		1		9			
2	3					4		
4								2
		6					3	1
			8		5		2	
		1	9	4		7		
					1			9

Hard # 600

	2			3		7		
3	9			8				6
			4		2			
			8				1	
5	1						7	2
	4				3			
			2		6			
2				7			4	1
		5		4			8	

Hard # 601

			6			4		
		6		4			8	
8			5	1		7		
5							3	
7	2						5	4
	6							7
		8		2	3			9
	3			6		1		
		9			1			

Hard # 602

8			6		4			9
		3		5	2			
		1						
4		9	1					3
	2						1	
7					5	9		4
						3		
			3	6		8		
2			9		8			1

Hard # 603

	5			3			8	
7	8							1
2			9	8				
3					8	1		
	4						6	
		8	6					9
				7	9			6
6							9	2
	2			6			3	

Hard # 604

			4				8	
		6	7			2		9
					6	7		
		1		6			3	8
				8				
7	6			2		9		
		7	6					
8		3			5	1		
	9				8			

Hard # 605

		4						
	7				6		2	
	5			7	8	1		
4				2			9	8
			7		4			
2	3			1				5
		3	1	8			6	
	2		5				8	
						9		

Hard # 606

	8	7						
		2	8					
		3			5			7
7					8	5	2	
		8	6		9	4		
	3	1	4					9
8			2			1		
					4	6		
						2	3	

Hard # 607

3	5			6		1		
							6	
			9	4				2
					4	5		3
		1				8		
6		7	8					
1				7	2			
	7							
		6		5			2	1

Hard # 608

								4
7		2	6					
	1				8		3	
	7	4		6	5			8
2								6
6			2	9		1	5	
	8		7				4	
					3	7		9
1								

Hard # 609

				9				
8				2		4		9
	1		6				8	
				1	7	6		
2								5
		4	9	3				
	4				2		3	
3		6		5				8
				8				

Hard # 610

	5			3				
7	3	9					6	
4						7		
		7	5				3	
			2		4			
	8				6	1		
		3						2
	2					4	8	5
				1			9	

Hard # 611

			8	9		3		
			2					
	4		1		3		8	
9						7	5	
1			5		8			3
	6	7						4
	8		9		4		6	
					1			
		9		2	5			

Hard # 612

3					7	2		6
	7		1		5	8		
	5				4	3	9	
				5				
	1	2	3				4	
		3	7		6		5	
5		1	2					4

Hard # 613

			1			7	9	
3			7				6	
		1			4	8		
1		4			8		3	
	8		4			9		1
		6	3			2		
	4				1			5
	9	3			7			

Hard # 614

								2
		9			1		3	
5	8			2				
8	4		2	9		6		5
2		3		1	6		8	4
				4			6	9
	9		5			2		
6								

Hard # 615

6	2	1						
					1			4
3			6	8				5
			7			3		1
	8						4	
2		3			6			
1				6	5			2
4			9					
						6	5	8

Hard # 616

			1					2
		5		3	7			6
	1					3		
	2		9					1
4								5
3					2		8	
		9					6	
7			5	1		4		
6					3			

Hard # 617

	5					3		8
		4		9				
			7				5	
2				8	4			6
	3						8	
8			3	1				4
	8				6			
				5		2		
5		7					4	

Hard # 618

1				9		4		
9	2						8	
	3		4	8		2		
			1				6	
			8		5			
	7				2			
		7		5	1		9	
	9						3	2
		6		2				8

Hard # 619

	8							
3			8	2			4	
		4			1			3
2					4			7
	7		1		5		2	
9			2					5
6			3			1		
	9			8	7			2
							6	

Hard # 620

8				6		4		5
	5		2					
		6	3					
		2		9			1	
6	3						7	9
	1			7		8		
					7	6		
					8		9	
3		4		5				1

Hard # 621

		7			8	2		5
	3			2	6			
							8	
	8		4					7
	9		1		3		6	
5					9		2	
	4							
			6	1			5	
8		6	9			1		

Hard # 622

					4			5
		7			8		6	2
		6		9			1	
4				3	2		5	
	8		9	1				7
	1			7		9		
7	6		3			4		
3			2					

Hard # 623

		4	5		8			7
						9		4
			6				1	
	7			5				3
3								5
4				9			8	
	2				7			
6		7						
1			9		4	6		

Hard # 624

					4			
7				5		6		9
		9			7	3		2
2					9			
	3	5				1	8	
			7					3
3		1	5			9		
6		7		9				8
			2					

Hard # 625

							3	
6			5	2				
	1			6		8	9	5
				1				7
7	8						2	6
4				9				
1	4	5		8			7	
				5	2			4
	3							

Hard # 626

6	8			1		4	9	
1								
	9				5			3
		1	3			6		
4								1
		9			6	7		
9			2				8	
								9
	3	7		9			5	6

Hard # 627

8			3					
	1			7	8		6	9
	2							3
				6		7		
	8		5		2		9	
		3		9				
1							4	
4	6		2	5			8	
					3			1

Hard # 628

6		4		9				2
				1				
				2	7			3
		9	7				6	
	2						4	
	7				9	1		
3			5	7				
				6				
8				4		6		1

Hard # 629

				8	2		5	
			6	1		4		
2								3
	6	3	2					
7		2				1		9
					7	3	2	
8								4
		1		9	8			
	9		5	6				

Hard # 630

				3	7	6		
				4			1	
		1	8				2	3
	4	3						
6		8				5		4
						3	6	
9	2				5	4		
	3			7				
		6	9	8				

Hard # 631

	2				1	8	5	
		6		7				2
	8							
2		4	3	5				
			1		6			
				2	8	3		5
							3	
6				4		7		
	7	1	6				4	

Hard # 632

3		2	6				8	
			7	1				9
	1							
5		1	3					2
		8				3		
9					2	5		7
							5	
1				4	7			
	4				8	7		3

Hard # 633

	5						2	6
		2	9	1		8		
			3			1		
		4	2					
3				5				9
					8	7		
		6			7			
		9		8	2	5		
2	4						7	

Hard # 634

2		1	4	5				
		6		3		7		4
	3							
4					9		6	2
9	2		7					3
							4	
3		2		9		6		
				7	1	9		5

Hard # 635

		4		1		7		
	9				3			
1			7	6				2
2		5				6		
7								9
		6				5		3
4				8	2			1
			4				7	
		8		5		2		

Hard # 636

8	6					7		
3						2		
					9		1	5
			6	9			4	
2			7		1			6
	4			8	5			
6	9		5					
		3						1
		1					9	7

Hard # 637

9		7			1	2		
	2			7		4	6	
2	4		7				3	
				6				
	3				8		4	7
	9	1		3			7	
		3	8			9		1

Hard # 638

		3		8	9			4
	6			2				
		2		1	5			6
						1		8
	3						7	
7		5						
5			3	4		8		
				7			1	
3			2	9		6		

Hard # 639

1				4	8	7		
8	7		1					
		4	6					
	5				1			3
		6				5		
2			9				8	
					5	3		
					4		2	1
		1	7	6				8

Hard # 640

5			3		1	8		
								2
6		8		4			9	
1		7		5	8			
			1	7		4		8
	4			2		7		9
9								
		2	9		5			6

Hard # 641

		6		9			5	
		9	5	8				3
	1			6				
		1			9		8	
		3				2		
	7		6			4		
				2			4	
8				4	5	9		
	4			3		5		

Hard # 642

	9			1		2		3
			3		9	6		
	5							4
		8		6				9
	4						7	
5			9			8		
7							1	
		1	8		2			
2		4		7			3	

Hard # 643

				8		9		
				5			6	8
	8				3	5	1	
			5			3	4	
		7				8		
	6	1			9			
	1	3	4				2	
7	5			6				
		4		1				

Hard # 644

		2			7			
			3	8				
				9		1	2	3
		8					5	
	3	7	2		1	6	8	
	2					9		
1	6	4		2				
				1	8			
			9			5		

Hard # 645

		9			7			3
	7	1	8					
				9		5		2
		2		6				8
	8						2	
9				8		7		
7		4		3				
					1	9	4	
2			5			8		

Hard # 646

							4	
			7		2		9	
		3		9	1			6
	7		9		6	8		2
9		1	2		7		3	
3			8	6		5		
	6		1		5			
	9							

Hard # 647

	3	1					8	9
		2						7
		8	1			5		
	2		9		7			
			2		3			
			4		5		3	
		7			9	6		
9						7		
8	6					1	9	

Hard # 648

7	5	1	8					
	3			9				
		4	3					
			6			7		9
	1						2	
3		2			4			
					5	8		
				1			7	
					7	1	9	3

Hard # 649

5						4	7	9
						5		
			7	5	2	3		
2			9	8		6		
		9		4	3			5
		4	1	6	7			
		5						
3	1	7						8

Hard # 650

5				8	1	3	7	
9						8		
							5	
					7	2		
	7			1			3	
		2	5					
	5							
		4						1
	2	9	8	3				4

Hard # 651

			8	9		7		
		1	3					2
	9			2				5
9							2	
	5	6				3	7	
	7							8
7				5			4	
1					4	6		
		8		1	9			

Hard # 652

5	1							
9			3			1	7	
			5				3	
				2	8		6	7
7	2		6	1				
	8				6			
	6	5			4			9
							5	8

Hard # 653

	7							2
	2		4	5	6			
6				1		8		
5		7						4
	6						8	
3						1		9
		8		6				7
			7	4	2		5	
7							2	

Hard # 654

4							6	
				9	8	1		
2				1		9		
				3	7		5	8
5								7
6	3		8	5				
		6		4				1
		9	2	8				
	4							3

Hard # 655

9		1			2			
5	3			4				9
					3	8		
							3	8
			7		9			
8	2							
		8	5					
3				9			6	4
			4			9		7

Hard # 656

		9	4	7				1
		6			1	8		5
	1				7		9	
6			1		9			7
	4		2				8	
8		2	9			3		
4				1	3	9		

Hard # 657

		1	3			4		
				5	6			
	4					7	3	
4					3		5	
	5		1		2		4	
	3		9					7
	6	4					8	
			5	3				
		3			9	2		

Hard # 658

		6	7	5				
						1	8	
	2		6	3				
4							7	3
		9				4		
5	8							1
				7	6		9	
	3	5						
				2	4	6		

Hard # 659

					2			9
	8			4			1	
	5			7		4		
4			8					5
		8	7		4	9		
2					5			7
		7		6			9	
	1			5			3	
8			3					

Hard # 660

		6		9		5		
	9							
	5		2			3	9	
			9	4			8	
3								2
	8			2	7			
	7	1			6		2	
							7	
		3		5		8		

Hard # 661

						3		
		6	8		1	7		
1	2	9						6
8					3			
	3		6		2		9	
			9					3
9						5	2	7
		2	4		7	6		
		3						

Hard # 662

			8		9	2	5	
	9			6		7		
		2			1			
		8		5				2
	1						6	
3				4		5		
			5			9		
		7		8			2	
	5	6	7		3			

Hard # 663

9	8					6		
		7			3			
5			1			8	9	
	2			6	8	5		
		6	5	4			8	
	3	8			7			6
			4			9		
		9					2	1

Hard # 664

		6		8	4		7	
							1	9
		7		3			8	
				1			9	3
			4		6			
8	5			2				
	3			4		9		
4	8							
	9		8	6		1		

Hard # 665

	9					3		
			3					
		4		1	8	7		6
6				7		2	5	
	7	3		6				9
8		6	2	4		5		
					6			
		5					4	

Hard # 666

		7				5		
9		2	6		3			4
			1				2	
1					6			
	2		5		8		6	
			7					1
	5				2			
7			3		5	2		9
		3				4		

Hard # 667

	1	2			3	6		
	4		7					
					6			
5				7	4		2	8
4								7
9	7		2	1				5
			1					
					5		8	
		7	6			5	9	

Hard # 668

		4		7				
2							8	
		9			3	5	2	
	5	2	8	1			7	
	7			2	9	8	1	
	2	1	4			6		
	3							2
				5		7		

Hard # 669

			2	9				
9				4		3	1	
		8				5		
		6	7				4	2
			8		4			
5	1				3	7		
		7				4		
	9	5		8				7
				7	1			

Hard # 670

		5						7
	6			2		4		
			1		5		6	
1				5		6	3	
			9		6			
	9	7		3				1
	8		7		1			
		4		9			8	
2						3		

Hard # 671

					7		8	
		3			5			
4			8			7	6	
		4		9		6		
2	1						7	8
		5		8		3		
	2	1			3			9
			4			5		
	4		2					

Hard # 672

				9	6			4
4		6				9		5
		5	1				7	
2			8					
	3						2	
					2			9
	6				7	2		
5		1				4		7
7			4	6				

Hard # 673

			9		8			2
7		2		5				3
					2	9	7	
					6	2		
5								7
		7	1					
	2	4	6					
8				1		6		9
3			5		4			

Hard # 674

7		3						
	2				5	1	9	
				7		8	6	
					4			9
			2	5	6			
1			9					
	4	1		2				
	3	6	8				1	
						4		6

Hard # 675

	6				9			
			6	7				8
	4		5			3		
			9				1	
6		8		3		5		2
	2				7			
		7			8		3	
3				1	5			
			2				5	

Hard # 676

			3	2		5		
9							2	6
5		7	4					
4				1		8		
	5						3	
		6		8				4
					8	1		2
7	4							5
		2		6	5			

Hard # 677

				5				8
			9			5	2	
		6			2			
	7		5					9
3		4	6		1	7		2
2					7		1	
			1			6		
	9	3			4			
4				7				

Hard # 678

7					6	4		
			1	9		6		
3	6						8	
1			3			8	9	
	9	6			2			5
	5						6	4
		2		4	7			
		4	9					1

Hard # 679

		3				7	4	
				5			9	
8					7			
			1				2	6
4								8
7	5				2			
			3					9
	1			8				
	9	4				6		

Hard # 680

		2	6					
5			8					
3				7	2			9
		5		3	4	6		
	7						4	
		9	7	6		1		
9			3	2				4
					8			7
					7	8		

Hard # 681

			3					
		5			8			2
3	7			5				
		1	6		5	3		8
	3						7	
8		6	9		3	4		
				2			4	7
9			5			8		
					4			

Hard # 682

				3		9	5	
3			1					
	4		7			2		3
						8		
1	3		2		9		4	5
		4						
4		9			1		8	
					8			9
	2	7		6				

Hard # 683

				7				2
					5		9	
			6		9		7	1
		5				4		9
		9		8		6		
2		6				1		
6	7		2		3			
	1		7					
3				6				

Hard # 684

4					8			9
	5				7	3		2
			6	3				
		5		1		6		
3								7
		9		5		4		
				8	3			
7		6	9				3	
1			2					5

Hard # 685

		3			9			
		1			8	3		
			1				5	2
5				4				3
	7	4				2	1	
6				7				8
2	6				3			
		8	6			4		
			9			7		

Hard # 686

1							3	9
		6		2				
	3			5	7	6		
		1					8	4
	9						7	
4	7					3		
		4	2	7			5	
				6		8		
2	8							3

Hard # 687

	6		5		7	8		
							5	
		1				2		
2	3	5		8				9
			2		1			
1				9		6	2	3
		4				5		
	9							
		8	1		2		6	

Hard # 688

5	9	7		4				
	3	6			2			
							9	
		8	9	3				5
	4						8	
1				2	8	4		
	5							
			1			5	7	
				8		9	6	2

Hard # 689

					4	9		
	1	3				8	5	
		9			3			6
		7		9			6	5
9	8			3		7		
2			7			1		
	4	6				5	7	
		1	9					

Hard # 690

		7	2				8	
			5				9	2
				7	6			
4			1			2	7	
5								4
	3	9			4			5
			4	1				
6	7				2			
	8				3	1		

Hard # 691

3							9	
1	4		8					
2			1	6			4	
					6		8	
9		6				4		1
	3		7					
	5			2	9			4
					1		5	3
	8							6

Hard # 692

				6	3			
1		8	9		5	4		
3				8				
		4				2		8
9								1
5		3				7		
				5				3
		9	6		4	8		5
			7	9				

Hard # 693

			3				2	
		6			2			
9			5	8		1	7	
5		3				6		
	2						1	
		8				7		9
	3	1		2	9			7
			7			8		
	6				8			

Hard # 694

		6	4				7	
4							3	
		5	8		1			9
	4	3	5					
			1		9			
					7	6	8	
1			7		8	3		
	6							2
	7				3	1		

Hard # 695

9					6			
7								
6		1		7	2			
	4		2			7		3
	3			4			2	
2		6			5		4	
			3	1		6		9
								8
			9					7

Hard # 696

	6					9		
	9	4	2	6		3		
	1		5					
				5	2	8		
	3						5	
		9	7	1				
					6		1	
		3		8	9	6	2	
		6					9	

Hard # 697

8			1					
	9	6		2		7		
3	5					2		
7	1				9			
		9				6		
			3				1	2
		4					2	6
		8		5		1	9	
					6			4

Hard # 698

3			6	5		7		
					1			5
7			2					4
		7		9				
		5	1		4	9		
				6		3		
1					2			3
8			5					
		2		4	3			7

Hard # 699

				6				4
			5				3	
5	3	4			9			
4					1		2	
	8			5			6	
	1		3					5
			8			6	9	7
	2				4			
3				7				

Hard # 700

6			9				3	
	8			3				
		3	7	2		5		
							6	1
8			6		1			5
1	3							
		2		8	7	4		
				9			2	
	7				4			8

Hard # 701

			6	8				
3	9							
7		2			4	3		
8						5	1	
6			3		8			7
	5	9						6
		3	2			4		5
							2	1
				7	5			

Hard # 702

1		9	6		5			
						8		
2					9			5
	3			1		2		
4			5		2			8
		2		8			1	
5			4					3
		4						
			3		1	9		4

Hard # 703

				9	5			
		5					6	
7			6		3	8		4
	8							3
3	5						2	9
4							7	
5		9	4		8			2
	7					4		
			2	5				

Hard # 704

4				1	9			
					6		8	
2		8						9
		2			8	6		
9		4				3		8
		6	5			2		
6						1		2
	2		7					
			4	6				7

Hard # 705

			9		6			
		7				3		
			8	1			9	
4	6				3			1
	9			6			2	
2			1				4	5
	2			4	1			
		9				5		
			3		8			

Hard # 706

				9	4		2	
		8		3		5		
					8		6	
	9						8	4
	7	3				2	1	
6	8						7	
	2		1					
		7		6		4		
	1		8	7				

Hard # 707

1							5	
	2	7	5			3		9
							7	
		4			8		2	
8				6				7
	7		9			6		
	9							
5		8			4	2	9	
	1							3

Hard # 708

			9	6				
8						4		
7		1		8			9	
	1			5	8	6		4
5		3	2	7			1	
	7			1		3		6
		9						8
				2	5			

Hard # 709

						1		
5		2			8			3
		9		2	4		7	
		4		8				1
			3		6			
8				5		7		
	3		7	6		5		
2			5			3		4
		5						

Hard # 710

	2				4			9
							5	
8		4	6		5			
	6					2		
2	9		8		1		4	7
		7					8	
			4		2	3		5
	8							
9			7				2	

Hard # 711

	5		4		2			
		6		5				
4		8	3					9
1	3	5						
		7				6		
						9	1	7
6					8	5		1
				2		8		
			9		6		4	

Hard # 712

	9		6			2		8
				4				
7			8					9
	7		2					5
	8			6			2	
4					7		1	
3					8			4
				1				
5		6			9		7	

Hard # 713

	8			3				
		7				1		
			8	1	7	3		
		8			4	9	3	
	7						5	
	6	2	9			4		
		9	1	6	8			
		3				2		
				4			1	

Hard # 714

6			5			1		
	2			4		5		
	1						4	3
7		5	1					
			4		2			
					9	4		6
2	7						9	
		9		7			2	
		3			4			5

Hard # 715

					8	9		6
				9		2		
3			1			4	8	5
				5				7
			2		3			
1				4				
5	3	7			2			8
		4		7				
2		9	5					

Hard # 716

4	5	1	3					6
	9				4			
		8	2					
	4	2	1					
			4		8			
					6	9	7	
					1	6		
			6				1	
1					2	4	8	5

Hard # 717

5								
		9	4	8				3
		3		5			1	8
		8						7
			1		6			
6						5		
8	9			2		6		
2				4	3	1		
								4

Hard # 718

					6		5	3
			2		7			6
4								
7		4		5				8
		5	7		8	1		
3				1		5		7
								2
1			4		2			
5	7		9					

Hard # 719

		3		4				
2			3	9		1	6	
					1			
6							8	2
		1	2		9	4		
4	3							5
			8					
	9	6		5	3			7
				7		6		

Hard # 720

			1				3	5
	2					8		
9					5			7
	6			7		3		
			3		4			
		4		6			5	
2			7					3
		3					2	
8	9				1			

Hard # 721

8			7	4		1		
5		6						
7			9				2	
				8		6		9
9								1
2		4		5				
	8				7			2
						3		6
		9		2	1			8

Hard # 722

					4			
	6				7			1
9		7		5			6	3
		2				4	7	
				8				
	5	6				8		
2	7			9		1		5
3			4				2	
			5					

Hard # 723

8		4					6	7
			4					
		1		5	2			
1			3			5		4
		7				6		
4		6			7			3
			6	1		3		
					4			
6	2					9		1

Hard # 724

	1		7	3	2			
		6						
2		3					7	
9	8				6	5		
		7				2		
		1	8				6	4
	3					1		7
						8		
			5	9	4		2	

Hard # 725

		4			2		1	
		9			5	8		4
	5				6		9	
		8						
			5	8	3			
						9		
	3		7				5	
9		6	2			4		
	8		1			2		

Hard # 726

				2		9		
					9	8		4
	8		6				7	
6	2			7		5		9
5		9		6			4	8
	5				2		1	
7		6	3					
		3		1				

Hard # 727

3								
	8		7	5				
		9		3	6			8
					7	8	3	
		4		6		7		
	2	7	1					
5			2	1		3		
				8	5		6	
								1

Hard # 728

				1			7	
3			8				2	
			6		7	8		
	2	4	1					
7	8						1	9
					3	7	5	
		8	7		2			
	5				8			1
	9			5				

Hard # 729

		6						7
		4		1		5	6	
	5				4			8
	9							
2	3		6		5		9	4
							2	
5			3				8	
	8	9		7		1		
6						9		

Hard # 730

3	5							
		6	7					3
				2	5			4
1			2			8		
8	3						4	2
		7			8			9
7			6	8				
5					1	3		
							9	1

Hard # 731

		9						
			4			6	7	9
6	5			7	8			
2				9		5		
	1						9	
		4		5				1
			8	3			1	5
9	3	1			2			
						2		

Hard # 732

	5	9				4		
	3					9		7
7			4				6	5
			3	5				1
8				9	4			
1	8				6			3
9		7					8	
		4				1	7	

Hard # 733

4			7				3	
	3	2		4			8	
					3	2		4
		1			8			
5								6
			6			5		
7		5	2					
	2			9		1	7	
	4				7			5

Hard # 734

		1	3			9		
	4				9			
	7			2				8
	1		5	4				6
	8						4	
3				6	1		9	
8				1			2	
			6				5	
		5			2	3		

Hard # 735

6		2		9			7	
						6		
			4	6			1	
8						1		
3			6	1	4			8
		4						2
	5			4	6			
		3						
	6			8		7		9

Hard # 736

9								
		7			2		3	
	3			9		1		8
1			8			4		
	7		2		9		1	
		5			1			6
6		3		2			9	
	2		3			6		
								4

Hard # 737

	8			3			2	9
	5	9						
	2	1				8		
			4		8			
	9		2		6		4	
			1		3			
		2				4	7	
						3	9	
7	6			4			5	

Hard # 738

					3	7		
7		5					4	
		2	4		8		3	
8				9				7
	7						9	
4				1				6
	4		1		9	6		
	5					2		8
		8	2					

Hard # 739

8					4	2		
5		2	7		6		3	
	4				3			8
								5
		5				1		
4								
2			1				8	
	8		3		9	6		7
		7	4					3

Hard # 740

		5		1			2	
		4	5					
1				2		7		
	7			8	5	6		
8								5
		2	4	7			1	
		8		4				6
					9	4		
	6			3		5		

Hard # 741

	3							
			5			4		
6					8	1	5	7
	5			4			2	
8		9				3		4
	2			3			9	
5	1	2	7					9
		3			6			
							3	

Hard # 742

	6							
1		9	2					
2				6	7		4	
5	8		1		9			
	4						8	
			4		8		1	6
	5		7	3				2
					1	6		8
							7	

Hard # 743

	3			4			7	
	1	8						5
			3		9	6		
		5		6				7
	7						3	
3				7		4		
		3	2		1			
9						1	6	
	4			9			5	

Hard # 744

		2				3		
			5	8	3		7	9
				2				1
5			8	7				4
8				4	1			6
2				3				
7	8		4	1	5			
		1				4		

Hard # 745

			8			6		
	4				3		9	
3		2			6	7		
	9		6	7				
1								9
				1	4		6	
		8	4			5		3
	6		7				2	
		5			1			

Hard # 746

			2					6
	5				6			7
9				1	7		3	
	3				2	6		
		5				4		
		2	9				8	
	8		4	2				9
3			8				4	
5					3			

Hard # 747

3	9					5		
			4					
2	6					8		7
9				5	6		7	
	8						5	
	5		3	9				4
5		8					2	6
					2			
		1					8	5

Hard # 748

		6			5			
		1		9	2			3
5							9	2
7		8		4			2	
	9			3		4		1
8	5							6
1			8	5		7		
			4			5		

Hard # 749

						7	9	2
			1	2				8
	2	4						
	5	3	9		4			
		9				5		
			3		8	6	4	
						8	5	
7				4	2			
3	1	8						

Hard # 750

8	2			5				
			6			4		
		3		1			6	8
	8							9
	5	9				2	3	
2							7	
1	7			3		5		
		5			1			
				7			9	1

Hard # 751

	8			7			9	4
	9			5	2			1
	4							
			5	6	3	4		
		9	2	4	1			
							7	
7			3	2			4	
5	1			8			3	

Hard # 752

					5			
	3	9	4	7			6	
		2					1	4
4			8				7	
				9				
	5				1			8
9	8					4		
	2			6	8	7	5	
			5					

Hard # 753

	7	3	1					
9			5					
			6			9	4	
3						1	9	
1	8						7	6
	5	9						3
	9	7			3			
					8			5
					1	3	6	

Hard # 754

		6		1		8		
8			9					
	3	2			4	1		
	5							7
	9	4				6	5	
6							1	
		7	6			2	9	
					3			8
		3		7		5		

Hard # 755

		7	1					
8			4		2			
	6	3		5			8	
	7				4	3		
		1				7		
		2	6				1	
	3			7		6	5	
			2		6			8
					5	2		

Hard # 756

				7	1		8	
	4		6	9				
						1		5
		7				5		1
5	8						2	7
6		2				4		
8		1						
				4	9		5	
	9		8	5				

Hard # 757

7		6		1				
				2		4		7
	9		5		3			
2							7	3
		1				9		
9	7							4
			4		2		6	
6		4		5				
				3		8		1

Hard # 758

			7	6			8	3
6				8		7		4
					2			
			2					5
		3	8		4	6		
7					1			
			9					
3		5		7				6
4	1			2	3			

Hard # 759

		3		7			2	9
7	1				8			
							7	
8	7		2		6			
	5						8	
			8		7		9	3
	3							
			4				3	6
5	9			2		4		

Hard # 760

								3
2	3					8	9	5
		1	2					
	2		1		6		3	
9								8
	7		4		5		2	
					8	7		
7	9	3					8	2
4								

Hard # 761

			4		2			3
		2		9				
			7	1		4		9
	5					6		
	9			7			5	
		4					8	
7		3		4	1			
				5		1		
6			2		3			

Hard # 762

							6	
1	2		6		9			
			5			4		
8					1	2	4	9
5								3
7	4	9	3					1
		1			5			
			4		8		3	7
	8							

Hard # 763

							6	
			5	6	9		4	8
		4				7		5
7	8	9			4			
			3			8	9	7
1		7				2		
4	6		1	8	7			
	3							

Hard # 764

4	6			1			7	
								3
		8			5		6	
		2		9				
8		5				6		4
				2		1		
	2		4			3		
6								
	3			8			9	5

Hard # 765

	3		9		5			
		6						3
		5		2		4		1
				3	9		5	
7								6
	1		8	7				
3		4		9		2		
2						6		
			2		1		8	

Hard # 766

		1	9					
9	2	6			7			1
3							7	
4			7					
		7	2		6	8		
					9			3
	7							4
2			4			1	3	7
					8	9		

Hard # 767

	1	3	8		5			
	4	9		1				
8					7			
		4	6					
	9	6				5	8	
					8	3		
			5					2
				2		9	4	
			3		6	7	1	

Hard # 768

	7					9	5	
					5		8	4
	3		9		8			
			6	9				1
3				5	7			
			7		6		2	
5	1		3					
	2	9					6	

Hard # 769

		6						
			9		3			1
				1		2	4	
	9				8	6	1	
5								2
	2	3	6				9	
	5	9		6				
8			2		5			
						8		

Hard # 770

7	2	9			8			
		5	1			9		
				3				
8					6	3		5
4								8
1		2	3					7
				4				
		6			3	1		
			8			5	6	9

Hard # 771

4	6				7			
	8						7	2
5				6				4
8					6			
	3		1		5		8	
			3					7
3				2				8
1	7						5	
			9				1	3

Hard # 772

2		5	3					
			4					
6	1					2	4	
					1	9		6
	2						8	
5		3	8					
	9	1					7	2
					9			
					7	5		4

Hard # 773

		1		6				
		9		5			4	
			9		3		1	
			2				3	1
	4	8				5	2	
1	5				7			
	6		8		4			
	7			1		2		
				3		8		

Hard # 774

		6	9	1				4
				8				
7		1			3	5		
	6							2
	1	5				6	8	
8							5	
		8	6			7		3
				3				
2				5	9	4		

Hard # 775

	9			3	5			
8							2	
	1	3	9			7		
		6	5				1	
3								7
	7				4	8		
		2			6	1	7	
	8							4
			7	1			5	

Hard # 776

6	8		1	2				
		9		5				4
					7	1		
4	3		8					
	7						9	
					5		7	1
		3	7					
1				9		8		
				4	1		6	9

Hard # 777

	2			5				7
	9	6			4		5	
				7		9		
	8	7			9			2
5			8			6	1	
		8		3				
	5		6			8	7	
3				1			4	

Hard # 778

								8
					4	5		1
	2		1					6
	3		9	5		4		
	8						9	
		9		3	6		1	
6					9		2	
5		4	7					
2								

Hard # 779

8	2		4		1			
5	9			7				
		7		8				
1							9	8
			6		9			
2	4							6
				9		5		
				2			8	7
			1		6		2	3

Hard # 780

		5	1	9				
					2			6
			7	6		9	4	
1						3	9	
			8		3			
	7	2						8
	1	9		5	7			
5			2					
				4	9	6		

Hard # 781

			9				2	
								3
2			1	5			6	
	3	2		7			8	9
4								6
1	6			2		7	5	
	5			3	4			8
6								
	9				5			

Hard # 782

		4			8			2
							3	1
	5		4					
		3		7	9			5
		9				1		
6			2	4		8		
					6		2	
7	6							
8			3			7		

Hard # 783

1							6	2
			1		7	4		
6				5				
			7	4			3	5
		4				2		
8	3			2	6			
				3				9
		7	6		1			
5	8							6

Hard # 784

			5				9	3
			6	9		7		
					7		8	
	5	2		3			6	4
3	6			2		9	1	
	2		7					
		5		1	4			
6	4				9			

Hard # 785

					3	2		6
	2	9	6					
	5							1
			1	5				4
	7						2	
4				7	6			
2							3	
					8	7	1	
3		4	2					

Hard # 786

		1					9	
				4		5		2
			5		3	8		
3	8		9					
9				7				3
					5		1	7
		3	8		2			
4		9		5				
	5					6		

Hard # 787

8				6	4			1
9		4			1			6
		3				4		5
			5					
		6				2		
					7			
3		5				6		
6			9			1		3
2			1	3				4

Hard # 788

		2			4			
	3				8		9	
	9	5		2				
1					7		4	
		9		8		6		
	6		4					2
				5		3	6	
	5		6				8	
			9			5		

Hard # 789

3				7				9
	7		3	6		1		
					8			3
		9						4
	5		1		4		2	
7						6		
8			5					
		5		3	2		7	
2				4				1

Hard # 790

			1	2			9	
	8				4			
		9	8				2	3
6							5	4
	9						6	
4	7							1
2	4				3	8		
			7				3	
	3			6	1			

Hard # 791

5		9				8		2
	8			2				
			8	9	7			
		1			5			
2		7				4		3
			3			1		
			6	5	3			
				7			4	
6		5				2		1

Hard # 792

				5				9
		7	6			5		
4				1	2	7		
	2					1		
3			2		8			5
		6					9	
		8	7	9				4
		4			6	3		
2				4				

Hard # 793

							1	8
						2		
	2	3	7		4			
			6	5		8		7
8								2
7		6		1	8			
			5		1	4	3	
		7						
6	5							

Hard # 794

8			1	2		5		
	3		7					
	2			8		7		
7	5	6						8
2						9	5	1
		4		9			6	
					5		1	
		3		4	1			5

Hard # 795

6	7	5		2				9
	3			8				
		2	6					
5	1		3					
2								4
					8		1	6
					5	7		
				4			8	
3				1		6	9	5

Hard # 796

	4				3	8	1	
			8	1			2	
5								
		2			9	7		
	5		4		1		6	
		6	7			9		
								4
	9			4	7			
	6	4	5				3	

Hard # 797

1		5		3			4	
			8			5		
						7		3
			2		3	8		
	2						7	
		9	4		5			
4		8						
		1			2			
	3			1		6		7

Hard # 798

			4		6			2
						6		1
			2				7	4
	7	4					9	
			1		9			
	9					4	5	
5	1				3			
2		8						
6			7		8			

Hard # 799

			1		9		3	
	8		2					
4		3	6					
8				1		9	6	
5								3
	6	2		9				5
					1	6		9
					2		4	
	1		3		4			

Hard # 800

7		5		6	3			
	9		2					4
			8			3		
	1				6			
	6			3			8	
			7				9	
		6			8			
3					5		7	
			6	1		2		9

Hard # 801

	8			5				
5			8				6	1
					4	5		
1				9		3	2	
			1		2			
	4	5		7				9
		8	5					
9	1				7			3
				4			9	

Hard # 802

	8	5						
	2	9	1				6	
				5	3			
			4	6		3	5	
	7						9	
	5	6		3	7			
			9	4				
	3				1	9	2	
						1	8	

Hard # 803

	2	1					5	4
					5			1
					4	2		
9			5					8
	1		4		6		3	
2					7			9
		3	7					
8			9					
5	4					3	9	

Hard # 804

1	7				2		8	
					5	2	4	
8				9				
	5					3		
		3		2		5		
		1					6	
				3				9
	1	9	8					
	3		9				2	7

Hard # 805

		4	7		2			9
		6					1	2
	3		8					4
					1			
9	2						8	1
			3					
3					5		6	
5	7					2		
6			9		8	7		

Hard # 806

4							5	
		1		7	4			
8	9					4		
		2	5	6				3
	8						6	
3				4	1	9		
		4					1	6
			4	3		8		
	7							2

Hard # 807

6	9		8					3
		4	1	7		5		
					2			
2		3						
	4		3		5		7	
						9		4
			2					
		8		3	1	6		
3					9		4	7

Hard # 808

			1			5		
9	7		6					4
	6				2			
		3				2	1	7
				9				
6	8	4				9		
			7				8	
4					5		9	6
		6			4			

Hard # 809

	4					2		6
		1		4				
8				9			7	
			9				6	8
			1	6	5			
1	3				4			
	6			8				2
				3		8		
5		8					4	

Hard # 810

		6	2	8				
			1				2	
4				7				9
8		1	5					
	6	9				7	8	
					8	3		2
6				5				7
	7				6			
				4	1	5		

Hard # 811

					4	2		
	8		7				1	
	2			3			9	
8					2	1		
	6		1		3		7	
		1	6					5
	4			6			8	
	3				9		5	
		7	5					

Hard # 812

		9	3		8			4
1	2			5		6		
						2		
				8			5	
	3		5		9		4	
	7			4				
		1						
		8		7			1	6
7			1		5	9		

Hard # 813

5	8			9				
		4	5				2	
		3	2					
	4			5				6
8			7		4			1
6				2			8	
					2	6		
	1				7	4		
				3			7	2

Hard # 814

			1					5
	9	4		8		6		
2				6		3		
1	4					8		
5								2
		9					3	6
		6		4				3
		7		3		2	9	
8					7			

Hard # 815

				5				
	7	5					3	
8		6						9
	5		2			8	9	
7				3				1
	4	1			9		5	
9						4		5
	3					2	7	
				6				

Hard # 816

	3		4	6			2	1
						8		3
	1		7					
2	7		3	4				
				1	6		3	2
					1		6	
8		3						
1	6			2	8		9	

Hard # 817

			1	9				6
				4			3	
	1	4	7				2	
2						3		4
	7						1	
8		6						2
	6				1	7	8	
	9			6				
1				2	5			

Hard # 818

		8		2			7	
2		7	8		4	9		
1					8		5	
		3	9		2	1		
	2		6					3
		2	3		5	7		9
	1			9		8		

Hard # 819

					5	7		
			1	9		5		
5					2		9	4
2	7						1	
			8		6			
	3						8	5
1	8		3					9
		3		6	4			
		5	9					

Hard # 820

5			3		9	8		
	6		8					3
	7							
				1		5		
8	1			4			9	2
		7		8				
							2	
2					7		1	
		9	6		1			4

Hard # 821

5	4				8		2	
				7	3			
		6	4	5			1	
								9
9		2				4		5
3								
	1			8	7	3		
			5	4				
	6		3				8	2

Hard # 822

		9					2	
			9		8			
3	8	5	7					
6			3	1				2
		3				1		
7				8	2			5
					1	7	5	3
			8		9			
	7					2		

Hard # 823

7			4					
6	2		7	5				
	9		6		2			
1		6					4	
		8				2		
	3					1		8
			5		1		2	
				6	7		9	1
					8			3

Hard # 824

			2				5	1
9				5				
		6					4	3
					3	8		5
		8		4		3		
1		2	9					
3	8					5		
				3				9
6	4				8			

Hard # 825

4								
	9		7	2	4			
8			3				7	
	8				9	3	6	
5								1
	3	6	2				4	
	5				8			4
			1	9	7		3	
								8

Hard # 826

1		8			3			
	6	7					8	
				7	2			1
				3				2
4	5						3	9
7				9				
5			6	4				
	9					1	4	
			2			7		6

Hard # 827

					6			1
	7							5
	8			3	5			
	4	2						
	1	8	2		4	9	6	
						4	8	
			9	4			1	
7							9	
6			7					

Hard # 828

8		1	5			3		
6			4					
3		7	2					1
9			1			2		
		6			2			5
7					6	9		2
					1			7
		8			7	5		4

Hard # 829

		2					9	
	7		1	5		8		2
		8				1		5
				1		9		
			6		2			
		5		8				
6		7				2		
4		1		6	5		3	
	8					5		

Hard # 830

	7			6	2		3	
6				3		1		8
					8			
7	4						6	
			3		5			
	2						7	3
			2					
3		5		4				7
	6		1	5			4	

Hard # 831

	4				8	6		
8			5					
	3			2	7	8		
3				6				
9		7				2		1
				7				6
		2	7	3			4	
					4			8
		1	6				3	

Hard # 832

				5		1		3
		6	8			7		2
			7		4			
	9				6		7	4
2	1		4				6	
			9		7			
3		8			1	4		
9		4		6				

Hard # 833

	9			3	2		1	
	3		5			6		
					7	3		
9				4	8			6
5			3	6				7
		1	7					
		9			1		5	
	2		8	9			4	

Hard # 834

	4	8			1			5
				8				6
				3			4	
	8		1			2	5	
	1						8	
	5	9			3		7	
	2			5				
4				1				
7			6			5	2	

Hard # 835

3			6					
		5			8			
4			3	5			1	9
	9			4				2
		8				7		
5				8			4	
9	3			1	5			8
			2			3		
					6			1

Hard # 836

3	8	2	5		4			
1	7	5	2					
	3		7					2
		7				1		
6					8		9	
					2	3	6	8
			3		9	2	5	7

Hard # 837

	8			7	3		6	
5				4				
	7	2						3
	2				1			
		1	9		6	2		
			5				8	
6						3	5	
				9				4
	9		3	6			2	

Hard # 838

			7			4	6	
				6	1		5	
4								2
6		5		9			7	
	2						9	
	8			2		1		6
9								5
	3		6	4				
	7	8			3			

Hard # 839

		3			2			
		2				6		9
				1	5		4	
	2			6	3		7	
		8				5		
	1		5	2			6	
	8		4	7				
6		9				8		
			2			1		

Hard # 840

9				1				
7		4				6	8	
					2			
	3	9	5					6
	8			6			7	
1					9	5	3	
			7					
	7	8				3		9
				9				8

Hard # 841

		3	5		8			
6	2							
				7		2		
	3						6	5
5			6		4			1
4	9						8	
		1		9				
							2	4
			1		7	5		

Hard # 842

	2		5	4				
		6						
		3	8				4	5
	4			9		7		8
			2		8			
1		9		7			2	
6	1				4	3		
						1		
				8	2		5	

Hard # 843

			5					7
1		6						5
				7	6		2	4
			7	4				
	1		3		2		8	
				5	1			
9	3		1	2				
4						9		2
2					5			

Hard # 844

			8	9	1			2
	7							4
				3			5	
4	2	9						6
5								3
6						4	1	9
	4			8				
9							2	
8			2	6	7			

Hard # 845

					5	6		
		8	3	4		1		7
5			7					
		3	5				2	
				1				
	7				6	8		
					7			1
1		9		2	8	7		
		7	6					

Hard # 846

	8			9				1
			6	4	2			
		6					7	
		2	1					
5		1		6		3		8
					9	7		
	5					6		
			7	3	8			
7				5			2	

Hard # 847

				9				
4		5			1		3	
7	6		4	8				
					6	7		8
5		4	9					
				1	9		2	6
	9		7			3		4
				4				

Hard # 848

4			9				2	
3	7	2			8	1		
								3
7			3				9	
				4				
	3				1			2
9								
		3	6			4	5	8
	8				5			1

Hard # 849

	6		4			3		
				9		7		
3		5						2
	8	3	5					
			1		6			
					2	6	8	
5						9		1
		8		3				
		6			5		2	

Hard # 850

			5				7	
		4		3				
		3			8		2	
1		2	4	6		7		
				7				
		7		1	5	3		8
	3		6			4		
				2		5		
	9				7			

Hard # 851

		5	7				2	
			2	4				7
			1		5		4	
4		3				6		
		7				3		8
	1		8		4			
6				2	1			
	2				9	5		

Hard # 852

8	5	1			7			
				9			2	1
					3		6	
		3				1		2
			3		1			
9		6				3		
	4		9					
6	7			8				
			2			4	8	5

Hard # 853

		7			8		3	2
		8						
			5			1	9	
	2			8	1			9
4			6	3			1	
	1	5			2			
						4		
8	6		3			5		

Hard # 854

					2	1		
9		1	7					
	6	5						4
	1		6	4				3
3								2
4				5	3		9	
1						4	2	
					1	9		5
		7	3					

Hard # 855

		7		2	1			
	9	4	7					
8	5		6					
1				3		8		
	7						5	
		8		4				3
					8		4	9
					2	3	7	
			3	5		2		

Hard # 856

		8			2		4	
				7				5
						6	7	2
4					8	3		
		1	2		9	7		
		3	4					8
2	9	5						
1				9				
	4		5			9		

Hard # 857

			6			8		
						4		9
6				2	4	7		
	2	1			7			3
			3		6			
3			5			1	8	
		8	7	3				6
5		9						
		4			8			

Hard # 858

3			2					
				3	1	7		
8				9		2	5	
5	8	2						
		6				5		
						6	9	7
	3	1		5				2
		9	7	1				
					4			9

Hard # 859

					6	8		
3	5							
			7		3		6	1
2		9	5					
1				9				5
					4	3		9
5	4		3		9			
							8	7
		8	1					

Hard # 860

				8		3		
		5		7			1	
					3		9	4
		2			6			8
9								6
7			5			4		
4	7		2					
	2			4		1		
		1		9				

Hard # 861

			4	6				8
					3	1	9	
								3
				4	9	3		2
3	1						7	9
6		9	2	3				
2								
	5	3	8					
7				5	1			

Hard # 862

1							5	4
8			7	4				
9		5						
					1	2		5
		3				8		
6		8	9					
						5		2
				1	3			9
5	9							7

Hard # 863

						9		
		2		9			4	
		9	5				7	6
	3				2			8
5			4		7			2
2			8				3	
3	1				5	7		
	8			7		1		
		4						

Hard # 864

	4	9		8	6			
		5		2		1		7
								6
					9	6	3	
7								2
	3	2	5					
9								
8		3		9		7		
			6	5		8	1	

Hard # 865

				5	2			
8						6	4	
1		9			3			
		7				5		
	9		5		8		1	
		6				9		
			3			4		6
	7	5						8
			1	2				

Hard # 866

			2	9	1	3		
4	1		6					
	9			7				
		7					2	3
1								7
3	2					9		
				2			6	
					3		7	2
		6	8	5	7			

Hard # 867

			5	9	1			2
						3	8	
		4	7					
5	2			7		9		
		1		4			6	5
					9	7		
	6	8						
7			4	1	2			

Hard # 868

				9			6	
9	3	4	6	2				
			1					7
					1	7		4
		1				3		
5		2	3					
6					4			
				5	6	2	8	9
	9			1				

Hard # 869

	4		5				8	
		9		6				4
1			4					
	6	4		5				
	3			8			4	
				3		5	7	
					1			7
8				4		2		
	5				7		6	

Hard # 870

	2	8		5				
7			3			1		
		3			6			
	9		1					7
	1	4				6	8	
3					8		9	
			7			5		
		1			3			2
				1		4	3	

Hard # 871

	8			9			7	1
6	1					8		
					1			5
			7	1	9	5		
		9	8	4	6			
8			2					
		7					1	4
3	9			6			2	

Hard # 872

		9			7	6	1	
	1			8	6			
2		7						
4		1	5					6
6					1	8		3
						3		1
			1	9			2	
	7	5	3			4		

Hard # 873

				7		8		
9		2		8	1			
					4		5	2
						1	8	
2		8				3		5
	1	4						
1	6		7					
			6	1		9		4
		9		3				

Hard # 874

		9	3					
4							3	2
				8	7	6		
			8	3		7		
6				5				4
		4		6	9			
		6	5	7				
1	8							9
					1	4		

Hard # 875

	1	9						8
					8			
	8	2	1			4	9	
4		7		9				
			7		6			
				5		7		9
	9	4			1	5	3	
			2					
5						6	1	

Hard # 876

7		4						
		8	2		5			
5		1			6			
8		6		1			7	
2								3
	1			2		9		8
			3			7		1
			5		1	3		
						2		9

Hard # 877

	7					2	9	
					2			
9			5	1				6
		9	6				5	
2			8		1			9
	5				9	8		
1				7	4			3
			2					
	4	3					6	

Hard # 878

	3	6	1				5	
4				2				8
					9			
3	1						9	
		7				6		
	5						3	1
			9					
5				4				6
	7				3	8	1	

Hard # 879

			9	7		1	2	
						4		
		1	6				9	
					2		5	
	6	5		1		2	8	
	4		7					
	2				4	5		
		4						
	8	3		2	9			

Hard # 880

	4	5	1				2	
8	2		6					
			7				9	
1					7			
3								5
			9					7
	5				6			
					4		5	1
	8				3	6	7	

Hard # 881

2				9			7	
			3					
4	3	5	2					
		4						1
1	6		7		9		8	5
8						7		
					8	9	1	4
					3			
	8			5				3

Hard # 882

3								
		7			1	4		5
5	6		2					
			5	1				9
7		3				8		1
6				4	7			
					9		2	6
8		2	7			9		
								7

Hard # 883

	1					9		3
			9	5		7		
					4			6
2		6				8		1
7		3				4		2
1			7					
		7		8	5			
4		5					9	

Hard # 884

				5				4
	8	4	7					
		5	2	1	4			
4						9		6
		6				7		
1		8						5
			3	4	5	1		
					1	2	7	
8				2				

Hard # 885

		3	6					
	6			4				1
		1		5		6	7	
			9			7		
	4						3	
		2			8			
	3	7		1		4		
2				7			6	
					4	1		

Hard # 886

			7				6	5
	3			2			4	
2				6	1			
						4		6
		7	8		2	9		
3		8						
			1	5				9
	6			7			2	
5	9				8			

Hard # 887

		2				8	3	
	5			4	3	2		
					8		7	
2		5			9			
	6						2	
			8			7		4
	8		3					
		4	5	7			6	
	3	7				5		

Hard # 888

	5				8		6	
		9						4
		6			2	7		
	3		4				2	5
			1		9			
4	9				3		8	
		4	2			5		
3						2		
	2		6				3	

Hard # 889

	7					6		
		3			4			
			1			9		2
	4	8	9		1			
	2						3	
			6		2	5	9	
8		2			9			
			5			8		
		6					7	

Hard # 890

				6			7	4
1			8					
		8		5		6	1	
	4		7					
		7				5		
					1		6	
	5	6		3		2		
					6			9
2	7			8				

Hard # 891

	5	8	6		7		1	
		7		4	9			
								8
	4				6		5	
		9				2		
	7		3				8	
5								
		2	1			3		
	6		7		8	5	4	

Hard # 892

	3		7					6
	1	5	6					
					4	1		
6	7	1						8
			9		6			
9						6	7	2
		6	2					
					1	9	8	
4					7		6	

Hard # 893

			3	4			6	
				8				9
		8	6			1	4	
3		4					9	
	9					8		6
	6	2			8	7		
1				5				
	5			7	1			

Hard # 894

2				8	3			
		6				4		
	8				7		2	
4				2			1	
		7	1		4	3		
	3			7				9
	2		5				9	
		4				8		
			4	6				5

Hard # 895

		2					5	
		5		7			4	
		7		2	5	9		
6		1			9			
4								1
			8			4		7
		4	1	3		5		
	5			8		2		
	8					6		

Hard # 896

				5				
	7				6		9	5
2					4		6	
1	9						4	
		5	4		3	7		
	2						5	1
	1		5					6
9	3		6				8	
				2				

Hard # 897

3			7					
6	4	7					3	
							5	1
			8	5				9
		3	2		4	8		
1				7	3			
2	6							
	3					5	7	6
					9			8

Hard # 898

		1			7			5
				4				
	5	7	9	1	2			
		9					6	3
5								8
8	4					2		
			7	9	3	5	2	
				8				
1			5			3		

Hard # 899

	7					6	5	3
			3	2			9	7
								4
			2		6	4		
4								5
		8	4		7			
2								
9	4			8	1			
5	1	7					3	

Hard # 900

			2			8		
7						4		2
5		4		6		3		
9				8				
			1		6			
				5				7
		8		3		9		4
4		9						1
		3			7			

Hard # 901

						2		
1				2	9	3		5
	2	9						8
	5		7					
6	1						2	9
					4		1	
4						9	7	
9		2	3	1				4
		6						

Hard # 902

			3			4		
		3			4		1	
	4			8	5		9	
		1						
2	9						8	3
						5		
	7		2	9			4	
	6		8			9		
		5			7			

Hard # 903

	6					3		
5		4		3				9
		9					4	8
			2	8				
8			4		1			3
				7	3			
2	4					6		
9				1		7		4
		8					9	

Hard # 904

	2			4				9
						8		
	6		8	7			5	1
			3	9	2		6	
	9		7	1	8			
7	3			8	1		9	
		4						
5				2			3	

Hard # 905

		1	3					
				5	4		7	
	7			1		2		
						6		4
		5		9		7		
1		8						
		4		8			1	
	2		6	3				
					5	8		

Hard # 906

								9
2		3		6		8		4
		5			8			
			1			3		
1		2		5		4		6
		8			3			
			4			7		
5		6		2		1		3
9								

Hard # 907

			7					
		7					5	
5	1	8				4	9	7
	6			8				4
			2		5			
9				4			8	
6	3	1				5	2	9
	4					3		
					9			

Hard # 908

		6		4			7	
1		3			7			2
				6		8		
4					6			
	7	2				5	6	
			7					1
		9		1				
2			8			4		9
	8			5		1		

Hard # 909

			3				4	7
				7	8			2
		2					3	
				4		8		9
			6		1			
5		6		8				
	7					5		
9			4	6				
1	6				3			

Hard # 910

	7				2		5	
	9			5			8	
5		6				1		
		2	3		6			
6								8
			4		9	7		
		5				9		4
	8			1			7	
	3		6				1	

Hard # 911

3		7	8					
				3				
		9		5	6			8
		3				6		5
1	9						2	3
7		2				1		
4			2	8		5		
				4				
					7	3		1

Hard # 912

	5			8				
3			6				5	1
							8	4
	6			1	2	9		
			8		9			
		7	3	6			4	
5	1							
7	3				8			9
				9			6	

Hard # 913

			6				5	3
			1	5		9		
		2		9			8	
		4	7			2		
	5						6	
		7			9	3		
	8			2		1		
		3		7	4			
7	4				1			

Hard # 914

				3	5			
			1		2			4
2	7	6						
7			9				5	
		2				4		
	4				3			9
						5	1	7
4			2		8			
			6	5				

Hard # 915

				2			9	6
7	1					2		
					6		7	
		4		9				
1	3						6	2
				8		1		
	2		4					
		3					5	7
6	9			7				

Hard # 916

			1		5			4
	6		9				2	
5		4						9
		3	8				6	
9								7
	5				7	9		
4						3		1
	2				3		8	
8			4		9			

Hard # 917

	9					3		2
					1			
	4		8			7		6
1				3	7		5	
	2		6	8				1
4		9			8		7	
			1					
5		3					4	

Hard # 918

				4	8			9
					1		6	7
	8	5				3		2
			1					
7		4				5		8
					4			
5		6				7	9	
8	2		6					
4			5	9				

Hard # 919

	3							6
2	1		4				9	
		5	7		9			
4	5	1						
				3				
						9	8	1
			9		5	4		
	7				1		3	8
6							1	

Hard # 920

4		8					3	9
				8	5			
		2	4				6	
5		9	2					3
3					8	4		6
	4				2	6		
			1	4				
9	2					7		1

Hard # 921

5		8				4		
3	2							9
	1			5	2			
					9			7
	9		2		6		5	
6			1					
			6	1			3	
4							9	6
		5				2		8

Hard # 922

1		9		5				
							3	
	2	6	7			8		5
8					1	7		
5								9
		7	3					8
3		8			6	5	7	
	5							
				2		3		6

Hard # 923

				4	7		8	5
9						1		
8					5		4	
					9		2	
		7	5		4	3		
	2		3					
	9		8					6
		8						1
2	1		9	5				

Hard # 924

			8			3		9
6		1						
				3		2	4	
	4		5	2				
	5						9	
				1	4		5	
	1	5		7				
						5		3
8		2			6			

Hard # 925

	5				9			
	4	7	5					
	1	2	3	8		5		
						6		8
7								4
4		1						
		9		4	6	2	1	
					5	4	9	
			1				3	

Hard # 926

					4	2		
	4	3		9			8	
	7		2	6				
		1	7			9	3	
	9	8			2	1		
				3	5		2	
	1			7		5	6	
		5	6					

Hard # 927

		8	9		5			
1						2		
			8				1	7
			7	6			4	
6		3				8		2
	2			3	8			
4	5				3			
		9						6
			5		1	9		

Hard # 928

2							9	6
	4					8		3
	7				8			
		1	2		4		3	
		2				4		
	3		6		5	9		
			5				6	
8		4					1	
1	6							7

Hard # 929

		1	5		6	8		9
4		6						
				3	1			
							9	7
	9	3				2	1	
2	5							
			2	4				
						9		8
1		8	9		3	7		

Hard # 930

				3				2
8		9			7	6		
	1		4			5		
4					3			
9		1				8		4
			6					7
		4			9		2	
		3	2			1		5
5				6				

Hard # 931

1			2					7
				5		9		3
	7				9		2	
9	4					5		
			8		2			
		6					3	2
	2		7				8	
6		7		1				
8					3			4

Hard # 932

4			1				8	
3			9					5
6	1				3			
		1		4			6	
8								4
	5			8		3		
			7				5	9
7					1			6
	8				2			1

Hard # 933

1			6					9
6			1		4			5
		2				6		
		6	5					1
				2				
7					6	2		
		8				7		
2			9		5			4
9					1			6

Hard # 934

4		2	1					
			4			7	6	
				9	6	1	4	
								3
	4	6				5	1	
7								
	1	9	5	8				
	3	4			7			
					1	9		8

Hard # 935

7					3			4
		3			4		8	
			7				5	
2	1			7	6			
		9				4		
			8	4			6	1
	5				7			
	2		3			1		
9			1					8

Hard # 936

2	4	1					8	
		8				6	9	
			5	1				
				2	7	3		
	9						1	
		4	6	8				
				9	6			
	7	9				2		
	8					9	3	7

Hard # 937

6				5				
		9						
	7			6	9			1
	3		5	9				2
		5	3		6	9		
4				1	7		6	
5			7	4			8	
						6		
				2				5

Hard # 938

			3	9	6		4	
	6						3	
		4		1				9
					2	5		7
	9						6	
7		5	6					
9				5		3		
	4						7	
	8		2	4	3			

Hard # 939

8				4			1	
4					7		8	
					6		9	
				6		4		1
1								2
5		4		3				
	2		6					
	4		5					7
	7			1				6

Hard # 940

	2	3				9		
6		5	4				3	
					8			
7				1		5		
	8	2				3	7	
		4		5				6
			2					
	9				7	6		5
		7				2	1	

Hard # 941

				8		2	5	
	7				4		1	
3	5		9					
	2				7	6		
				9				
		5	8				4	
					3		6	9
	6		5				2	
	4	3		2				

Hard # 942

6	2			7			1	
					2		6	
4					3			5
		8				6	5	
5								9
	3	9				7		
9			6					2
	7		3					
	1			2			8	7

Hard # 943

		5		1		3		
2								8
		8			9			
4			3				5	
	3	2	4		7	9	6	
	1				2			4
			6			1		
1								5
		3		8		2		

Hard # 944

			4				5	6
	8	7				2		
4				1		3		
			3			8	1	
			6		7			
	7	2			1			
		4		5				3
		3				1	9	
1	6				9			

Hard # 945

		6			2			
	9	1		5				4
	3		6			9		
				9			3	
	1		8		7		9	
	5			2				
		7			9		8	
3				1		4	5	
			3			2		

Hard # 946

3		2		5		9		
	8		6		9		5	7
	7	6	4					2
2					1	5	7	
4	9		1		8		6	
		1		6		4		5

Hard # 947

					9	6	5	
7						8		
		2	8					
	1			5			6	2
	9						1	
6	3			7			8	
					3	7		
		6						1
	4	1	5					

Hard # 948

	4					1		6
1		7					3	
	3		6	7				
				2				7
		5	3		6	9		
6				5				
				8	3		1	
	7					8		2
4		2					9	

Hard # 949

	3						2	
6		5	8	2		4		
9					1	6		
				1				
	7	1				3	9	
				5				
		9	1					2
		2		4	7	9		5
	6						8	

Hard # 950

				3		1		9
			4		2			8
		2		6				
5						9	1	
9		7				4		6
	4	1						2
				9		3		
8			6		7			
7		5		8				

Hard # 951

	8							2
		7		3	2	1		
2			6	9				
3							7	
6		4				8		3
	2							5
				1	5			9
		6	7	4		3		
8							4	

Hard # 952

9		6			1	4		
	4						6	
		1	2				5	
	7		8	2				
8								6
				9	7		4	
	5				6	1		
	9						7	
		3	7			2		4

Hard # 953

			7		1	8		
		2					9	
7		6		9		1		
8				2				
		9	8		6	2		
				5				1
		5		3		7		2
	4					5		
		7	6		5			

Hard # 954

6				4		7	2	
	3		5					
		2	8					
	1	4			9			8
	5						1	
8			1			3	4	
					4	2		
					7		6	
	7	3		9				5

Hard # 955

		6			3		2	
			6			3		
1				2		4		8
	2	1			8			
	5						1	
			3			9	4	
4		7		8				3
		5			6			
	9		5			2		

Hard # 956

			5				8	9
			3					
				7	2		3	1
5			4			3	1	
		8				4		
	1	9			7			5
2	5		9	1				
					3			
1	7				5			

Hard # 957

			2				4	
4						7	3	
				5	9			
7			6		1	9		
	3	6				8	2	
		8	9		3			6
			3	1				
	7	1						4
	6				4			

Hard # 958

				5			1	
					1	8	4	5
7								2
			9	7			3	
		7	2		6	5		
	3			1	5			
8								9
4	1	6	3					
	2			8				

Hard # 959

			3				8	
					9	7		
8				1		5	2	6
			7				5	
		5	6		1	9		
	7				3			
2	8	1		7				3
		3	2					
	5				6			

Hard # 960

				7		9		
						7		3
9			8			2		1
2		8		4			3	
				6				
	7			2		1		8
8		3			5			7
4		9						
		2		8				

Hard # 961

			1	6				5
								8
4					2		1	
	5			9		2		7
		4		1		9		
2		8		3			5	
	7		3					9
6								
5				2	8			

Hard # 962

				5	3	4		
9						8		6
	2							7
	7			8	1	2		
		5	3	2			1	
1							6	
3		4						5
		8	9	4				

Hard # 963

		2	1					
	1			8				6
		5	4			8	2	
1			6		3			9
9			8		1			2
	8	7			6	4		
6				3			5	
					4	2		

Hard # 964

			9					
8		5			2			
				1		3	7	
	3			8			2	
7	6			5			9	3
	4			7			1	
	5	4		6				
			3			6		1
					5			

Hard # 965

			9			8	6	
9				2				
	2	6			7			
1	8					7		
		5		6		1		
		3					2	5
			3			6	7	
				5				9
	7	8			2			

Hard # 966

				1			7	8
8					6		1	3
	5	1				9		
				7	4			
		4				1		
			6	2				
		7				8	3	
5	2		4					6
6	9			8				

Hard # 967

		9	6				7	
	7					4	3	
				3				5
		3		6				
2		6				5		1
				5		6		
5				7				
	6	8					5	
	2				1	9		

Hard # 968

9				6		8		1
3			7					
7			2	1		9		
			6		4		2	
	6		1		3			
		2		3	7			6
					1			5
5		1		2				9

Hard # 969

8							9	
					2		5	
		6				3		4
9				3	7	6		
7			6		4			9
		8	5	9				7
5		4				7		
	8		2					
	3							8

Hard # 970

				8	5			
	5		3			4	6	
	9	7						2
		8		7				
7			2		6			5
				5		1		
2						6	5	
	6	4			8		9	
			1	6				

Hard # 971

4	8	2	9					
				1		7		
9			3					2
		8		2	6		7	
	6		8	3		4		
7					8			5
		3		5				
					3	1	2	7

Hard # 972

8			6	3				
		9	5			1	2	
		5						
4						7		
	9		7		4		8	
		1						6
						2		
	2	4			3	5		
				7	8			1

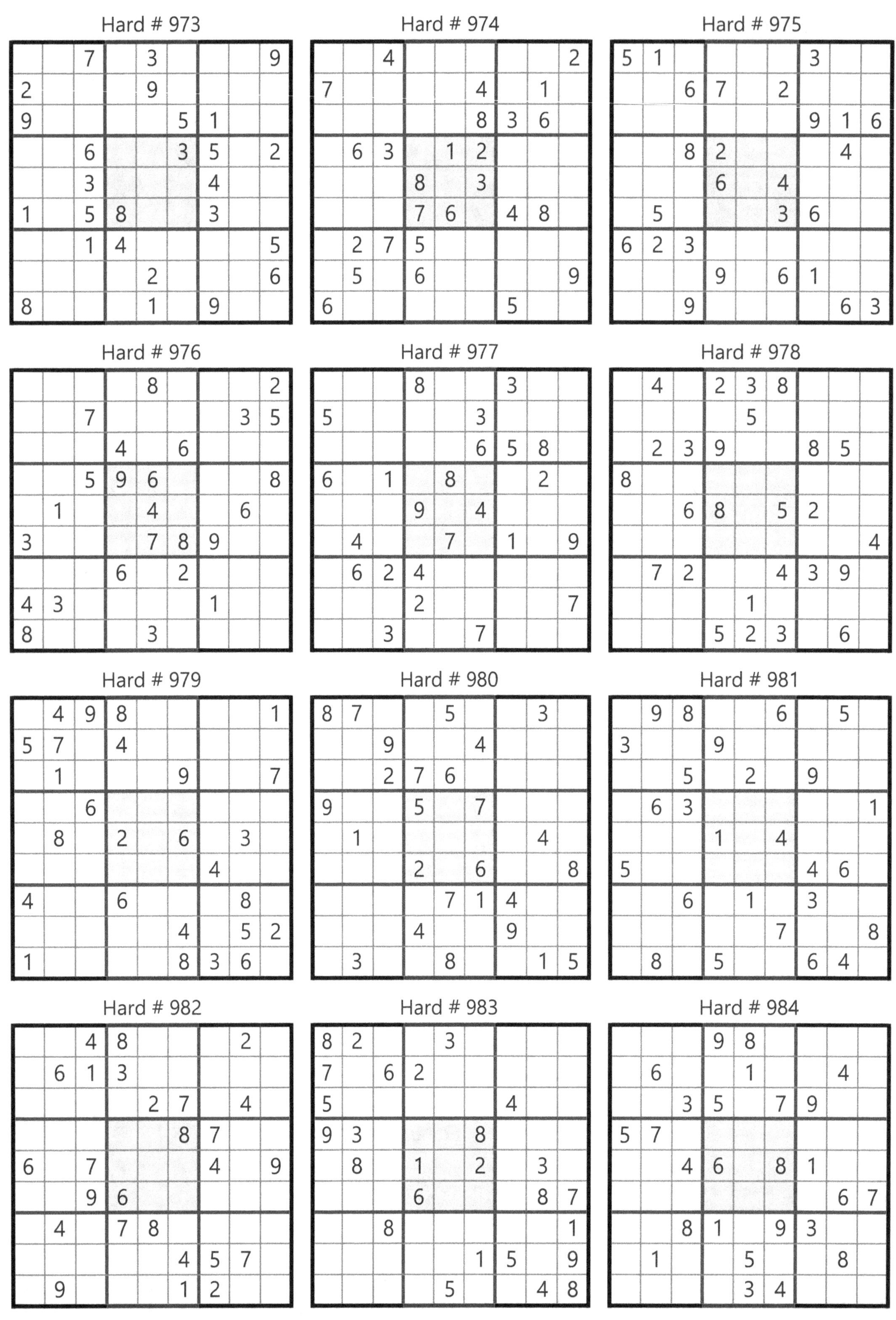
Hard # 973
Hard # 974
Hard # 975
Hard # 976
Hard # 977
Hard # 978
Hard # 979
Hard # 980
Hard # 981
Hard # 982
Hard # 983
Hard # 984

Hard # 985

			7			3	2	
				9				5
	1	9						
1			5		3			4
	2						5	
5			8		4			7
						6	8	
9				8				
	5	7			2			

Hard # 986

		2						
6			7			1		9
			6	2		7		
	6			5	2		8	
3								2
	2		1	9			6	
		4		6	8			
2		5			7			4
						3		

Hard # 987

6							2	
		3			2			
	7		8			5		
	4		7					9
8	9		5		3		6	7
3					6		8	
		8			7		9	
			1			3		
	1							2

Hard # 988

		5					1	
		2	8					
	6	9	1			7		
				2			3	
7			9		8			4
	5			7				
		1			5	6	2	
					6	8		
	9					5		

Hard # 989

	9	7		3				
6		3	9				4	2
			4				7	
9							5	
		2				8		
	7							1
	8				9			
2	6				4	7		8
				6		4	9	

Hard # 990

		7			9			
				2	6		8	7
	4	8						
	5	4			3			9
	6						1	
3			9			2	6	
						7	3	
4	3		2	7				
			5			4		

Hard # 991

			8		5	2		
		3						
	5	1		2			7	3
4				9				
		7	2		6	5		
				5				7
2	7			6		4	8	
						3		
		6	1		8			

Hard # 992

2			7	8				9
6							8	
	4			1	9			
				4			9	7
7								2
3	6			2				
			2	7			3	
	1							6
9				5	1			8

Hard # 993

		2	8				7	
	9		3				6	4
4						9		
1	4							
			4	5	6			
							5	2
		8						7
5	2				4		1	
	7			2	5			

Hard # 994

				4	5	1		
1	2				3			7
					7			5
2	6	9				3		
		7				9	4	2
9			8					
6			3				7	8
		1	7	2				

Hard # 995

8			3	5		4		
	5	3	4					
					7			
7	6						8	
2								1
	1						4	9
			5					
					6	3	7	
		4		9	2			5

Hard # 996

	2				7	6		
		1				8		
				8			1	
	4		8	7			5	
2			5		6			8
	9			2	1		3	
	7			5				
		4				9		
		9	2				7	

Hard # 997

3	5			9	7			
			3			5		
1					4	3		
5		3			6			
			2			8		6
		8	6					1
		4			3			
			7	8			2	9

Hard # 998

	1	3	2					
6			9		8			
7			6				4	
5		7			4			
			8			9		4
	4				1			7
			3		6			8
					7	2	3	

Hard # 999

	6		9					
1		3					7	
9				7			1	5
	4				8			2
6			7				3	
7	1			8				4
	8					2		3
					6		8	

Hard # 1000

						1	8	
	3	5	9					
		2		8				7
		8	6		5			
		7	2		4	8		
			8		7	3		
1				2		9		
					8	7	2	
	8	6						

Hard # 1001

	1	8		7				
4					6			
	7							3
		3			1	4		7
	8		6		5		1	
1		6	4			5		
8							5	
			9					1
				2		6	9	

Hard # 1002

6				4		7	5	
		3	1		9	6		
								3
		8			5			9
1								7
9			2			8		
8								
		1	6		4	9		
	5	4		3				8

Hard # 1003

3	8			9	4			
					1			9
		4		5			8	
	2							5
			2	4	3			
8							7	
	6			8		2		
7			5					
			4	3			1	8

Hard # 1004

2					9	4		
		6		1	4	9		
	5				8			
6								2
	8						1	
3								9
			5				6	
		4	3	2		5		
		2	9					1

Hard # 1005

		7	1					
9		3	7					
	8	6		5	4			
						5	3	
3				4				7
	2	8						
			8	2		4	5	
					7	2		8
					1	9		

Hard # 1006

3			4					
8		2					5	
		6		2	3			
	3	1	2	8	4			
			3	7	9	8	6	
			1	4		9		
	6					4		2
					6			3

Hard # 1007

	8		5					1
4				8		2	9	
			2			7		
	5	9						2
	1						3	
2						8	7	
		7			9			
	6	1		3				7
3					5		8	

Hard # 1008

			3			6		
6		5		7	2			
		9		4	5			
2								6
		6	9		7	3		
5								7
			5	2		7		
			1	8		9		2
		3			4			

Hard # 1009

9							8	5
3			5		4	7		
	1					4		
	4			9				
5			7		3			8
				2			6	
		3					5	
		2	6		8			9
1	9							7

Hard # 1010

			6				9	
7		2	1		5			3
				7			5	
		4			7			
6		9				7		2
			3			1		
	9			5				
8			4		2	6		9
	1				6			

Hard # 1011

	9			3				
	2		8		1			
	7	5					6	
	6		2	1		5		
9								2
		7		9	4		1	
	8					3	4	
			7		5		2	
				6			7	

Hard # 1012

				8		5		2
		6	7					1
	9						3	
1					4			7
		7				6		
9			1					5
	1						5	
8					1	9		
2		5		3				

Hard # 1013

8				4		7		5
1				3	2			6
5								
	1		6	9				
			3		8			
				2	1		5	
								9
3			1	5				2
7		4		6				8

Hard # 1014

8						4		5
				4	6			
2	6		5					
	4		3				5	
7		8				1		9
	1				8		2	
					5		9	8
			2	9				
6		2						1

Hard # 1015

				3	4		9	
	3							1
		8	6		2		5	
		6	9	5				
				8	1	7		
	9		1		3	6		
8							4	
	2		4	9				

Hard # 1016

2	3	4				6		
5					6			
6	1			7				2
							4	1
			6		3			
7	5							
3				2			1	7
			9					6
		2				9	8	3

Hard # 1017

		4	7					
	8		4	3			1	
5					6	4		
7		8					5	
	6						8	
	5					6		3
		7	9					1
	9			5	1		6	
					7	3		

Hard # 1018

9		3	7		2			
6					3			7
			5			1		
		4					7	3
	6						4	
7	3					2		
		8			6			
1			3					9
			9		4	5		6

Hard # 1019

				1		8		
	9	5			7	4		
7			3		9			
9	5							
3			1		4			5
							6	8
			6		3			1
		3	5			2	8	
		7		2				

Hard # 1020

			8		9			
7						1	8	
9		2		3	7			
4					2	3		
	7						9	
		5	3					4
			4	1		5		6
	4	1						7
			9		5			

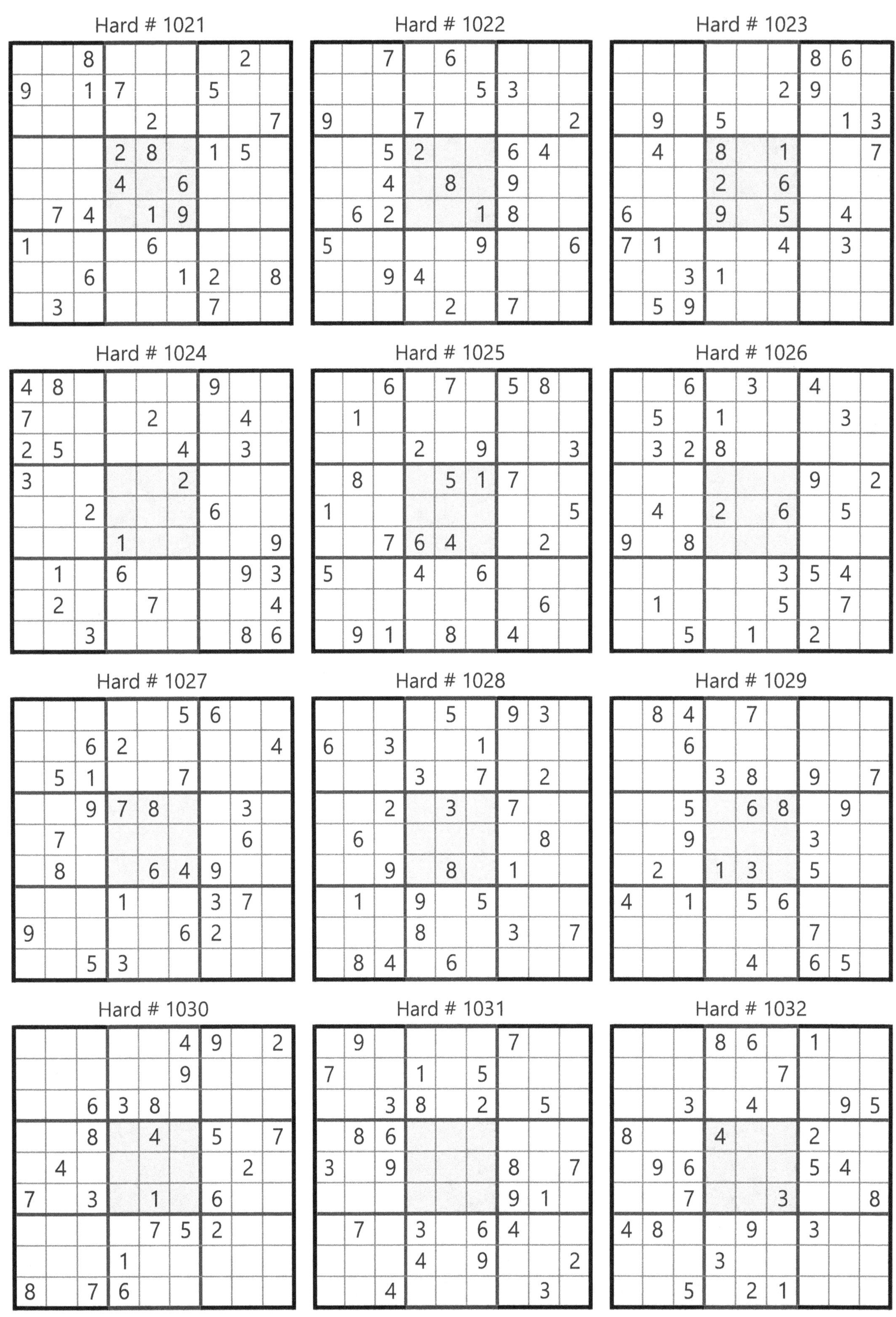
Hard # 1021
Hard # 1022
Hard # 1023
Hard # 1024
Hard # 1025
Hard # 1026
Hard # 1027
Hard # 1028
Hard # 1029
Hard # 1030
Hard # 1031
Hard # 1032

Hard # 1033

						2		
7			9	8				
4				6		3		5
	4		2	5				
2	5						6	1
				4	1		3	
3		5		1				6
				7	6			3
		8						

Hard # 1034

1		6		3			4	
9		2			5	7		
				2				6
	9	7	8		1	4	2	
5				7				
		3	7			6		4
	5			1		9		7

Hard # 1035

7			9			1		
		8		4				6
	1					9	2	
6			3	9	4			
			6	7	2			3
	8	5					3	
3				2		5		
		6			3			1

Hard # 1036

	7	3			4		1	
							7	
	4			7	3	8		5
4		8			9			
			8			6		2
5		4	1	2			6	
	6							
	8		6			7	4	

Hard # 1037

7					2			
	5			9				1
					5	8	2	
		7		3				4
9		4				1		2
3				1		5		
	6	3	9					
4				2			9	
			7					3

Hard # 1038

4			1					
				5		7		
	8				7	2	1	3
	2					8		
	9			4			3	
		7					6	
5	4	9	2				8	
		6		9				
					3			9

Hard # 1039

8			9					
1		9				5		
		3		7			4	2
				9	6		3	
		7				2		
	6		2	3				
7	4			2		3		
		8				7		4
					8			5

Hard # 1040

			9			1	8	
			4	2	7			
							6	4
			3	6		4		
	2	6				7	1	
		9		7	5			
2	6							
			6	8	3			
	7	8			9			

Hard # 1041

		1		6	2		7	
		2	4			5		
	8	5					2	
			6					3
	6						9	
8					1			
	5					3	1	
		3			9	7		
	9		3	5		4		

Hard # 1042

			7				6	3
5	6			4				
3					1		8	
	2					6		8
		8				7		
1		7					4	
	5		3					4
				2			7	5
2	1				4			

Hard # 1043

	3			2				5
6			9					
	8				3	1		
				7			5	3
9								8
4	7			6				
		4	3				8	
					1			6
2				8			3	

Hard # 1044

8							6	
7			1			8	2	
				2	9			3
	4	6		7				
5								8
				3		4	7	
6			2	8				
	3	4			1			6
	8							5

Hard # 1045

	8			1	7			
7		2	4					
9						8	4	
		5	7					
8	3						9	2
					6	1		
	7	8						4
					8	3		6
			2	4			8	

Hard # 1046

	8				4			
5		7						
9	2			3	7			
7					9			2
	5		4		2		9	
1			8					5
			9	4			5	8
						6		9
			6				4	

Hard # 1047

	6		7				4	
			3			7		
7	4			9		1		
5				2	6			9
2			5	3				6
		4		6			8	2
		2			4			
	8				3		9	

Hard # 1048

	1		9			6		
					2		1	
6				8		3		
4			6			5		
	6						3	
		3			8			7
		7		5				3
	2		3					
		8			7		9	

Hard # 1049

1	3	9						
				5				
6		2			9			
				3		1		5
	2	3	8		5	9	6	
5		6		4				
			3			2		8
				7				
						4	3	1

Hard # 1050

1	6	7		3			2	
			1			5		
			4					3
	1	2						
7	9						6	4
						2	8	
4					1			
		3			6			
	8			7		3	5	2

Hard # 1051

			4	7				
						1	6	7
		1	6	8			4	
		5					8	9
	6						5	
3	4					2		
	3			6	7	5		
5	1	4						
				9	4			

Hard # 1052

4				9				5
	1		7		5		3	6
		5				7		
		1					5	
			3		2			
	6					9		
		6				4		
9	4		1		8		7	
7				2				9

Hard # 1053

	6		7	5				2
			3	9				
		4			8			5
9	7					8		
	1						9	
		5					4	1
8			2			5		
				6	1			
2				3	5		6	

Hard # 1054

				7		4		
	7			1	8			
	9	5	4					
2	6				7			4
				2				
7			8				5	1
					2	9	7	
			5	4			8	
		2		9				

Hard # 1055

9			1					
2				9	4	7		
8			6		7			
	7	3			9		4	
	8		4			6	2	
			5		2			3
		5	7	4				9
					1			5

Hard # 1056

	4		3	2			5	
							7	
5			7			4		3
			9			5		4
			1		3			
4		3			6			
3		6			4			7
	9							
	8			9	2		4	

Hard # 1057

	5	6				8		
	9	4		1		3		7
			3					4
	2		1	4				
				3	2		4	
6					9			
4		1		8		6	5	
		9				7	3	

Hard # 1058

	9						2	6
				7		5	9	
			3				1	8
				4		2		3
	6						5	
1		2		5				
2	8				7			
	1	5		6				
4	3						8	

Hard # 1059

	1			2	5			
		6				8		
9			4	8			5	
		3						
	2		5		1		8	
						2		
	5			7	9			4
		1				6		
			8	6			7	

Hard # 1060

	5		8		4			
1	9		2					8
		7		5				
			3	6				5
7								1
4				1	2			
				4		1		
5					1		7	4
			9		8		3	

Hard # 1061

3	6		9		8		1	
			3		2			7
						8		6
	4							8
		5				2		
9							7	
1		4						
8			7		9			
	7		8		1		9	5

Hard # 1062

						5	7	6
2				9				
			3		5			9
	8	2		1		4		
	1						3	
		9		7		1	8	
3			4		1			
				6				1
7	2	1						

Hard # 1063

7			1			5		
4		3		6				
	2					6		
	1			9	2			
3	9						5	2
			4	1			9	
		2					3	
				4		7		9
		1			6			5

Hard # 1064

7			5	2				
	4		7					
	6	9			1	8		
			2	9		6		
	1						3	
		6		8	5			
		8	4			1	6	
					6		5	
				5	7			2

Hard # 1065

		3		4		7		2
		1	9		7			
	2			1			9	
	7		5				6	
	3				6		8	
	8			9			7	
			2		8	5		
3		9		5		8		

Hard # 1066

						9	8	
9					5			3
8	2				4			
	9			2	3	8	5	
	4	3	8	1			2	
			3				9	1
3			7					8
	6	7						

Hard # 1067

4				6				
		1					7	
8			1		7			2
	4					6	9	
				5				
	6	2					1	
7			2		8			4
	9					8		
				3				5

Hard # 1068

	9				5			
		2	1			6	3	
	7			6		2		
3				8				1
			5		2			
2				9				5
		4		1			7	
	5	6			4	1		
			9				4	

Hard # 1069

1	7					2		3
				2	3	9		
		4						1
	4				2	8		
			4		5			
		6	8				7	
8						7		
		2	6	9				
4		7					1	9

Hard # 1070

								3
				8	2		9	4
2		3	5				6	
					9		7	
		5		4		8		
	7		8					
	4				6	7		1
1	2		4	5				
6								

Hard # 1071

					3			9
8		7	4		5			
			2				7	
	4						9	
	9	3		4		1	6	
	2						8	
	7				6			
			9		8	3		6
9			5					

Hard # 1072

5			4					2
	6	4	1					
	2			9		5		
				6		1	3	
8								7
	3	6		2				
		2		4			7	
					6	3	8	
6					8			1

Hard # 1073

					8	3		5
							4	
	8		6	7				
	7			1				8
		6	7		5	1		
4				6			9	
				3	2		6	
	4							
6		1	9					

Hard # 1074

	4				6			
6		3		9				7
		7			2		1	
					5			9
7				8				5
9			7					
	2		6			5		
4				2		8		1
			5				6	

Hard # 1075

	1							2
	7			3		6		
5	2		8					
			4		3		2	
	5	6				9	8	
	3		9		5			
					4		3	6
		2		5			1	
1							5	

Hard # 1076

			7	1			8	6
					3		7	
6			5				4	
3						4		
	4		1		8		2	
		2						5
	9				6			3
	3		4					
7	2			8	9			

Hard # 1077

					9		2	6
			2	6		8	3	
1			8					
		9						3
7			1		8			5
3						2		
					6			9
	3	5		4	2			
8	7		9					

Hard # 1078

				4				6
					3		1	9
3		9	1					
				2	4		5	8
	2						9	
1	7		3	9				
					6	8		5
7	6		9					
2				1				

Hard # 1079

				6		5		8
8	4							
							3	9
		3	4		6		1	
	7			2			4	
	8		1		7	6		
7	5							
							9	6
4		8		1				

Hard # 1080

	5			7			2	
			6				8	1
						5	3	7
	6		7	5				9
7				8	3		5	
2	7	5						
9	1				8			
	8			2			1	

Hard # 1081

	5		3		1			4
		9			6	1		
	8			2				
						9	3	2
				4				
1	3	6						
				3			7	
		3	5			2		
8			1		7		9	

Hard # 1082

		2	4	5		8		
	6		9					
9		5			3			
		7	6					8
	5						7	
6					4	9		
			3			1		7
					5		2	
		8		4	1	5		

Hard # 1083

					3		4	
				1				2
8	6			2			5	
9			8			7		
4								6
		3			6			4
	5			4			2	9
6				9				
	7		5					

Hard # 1084

				5	7			
2			8			9		3
	8			9		7		
	5						7	
6		1				8		2
	3						6	
		9		7			2	
4		3			2			7
			4	3				

Hard # 1085

2	9					3		8
			9					7
	6			8			4	
	7					4		9
				1				
3		4					6	
	5			3			7	
1					8			
6		8					9	2

Hard # 1086

		1				2		
	3		2	6			5	
	4			5	3			
7		9	8					6
6					5	9		1
			5	9			7	
	9			8	7		2	
		2				3		

Hard # 1087

			8				6	
				5	2		4	3
		8	9					5
9			6					4
		1				2		
2					8			6
8					9	7		
4	7		2	8				
	3				5			

Hard # 1088

	8	4		6			9	
7			8			2		
	9		3		8		7	5
			6		1			
8	7		2		5		6	
		9			3			6
	3			5		4	8	

Hard # 1089

8	5		1					4
					5		2	
		2		3				7
			6	4			8	2
3	4			8	9			
4				5		7		
	9		3					
7					8		5	3

Hard # 1090

			2			6	5	
		2	8	4	5			
				7	6			
	2	3						
7	4						9	1
						5	2	
			4	8				
			5	6	1	9		
	7	4			3			

Hard # 1091

				4	3			1
	9							5
			2			6		
	2	7		3	4	9		
	4						3	
		3	1	6		5	2	
		8			5			
5							7	
2			4	9				

Hard # 1092

3			9					
			5			9	6	
2							5	
	9	3	4			1		
6								3
		8			1	7	9	
	7							1
	4	6			8			
					7			2

Hard # 1093

9				1	4			3
		1	5					
					8		9	2
				5		7	3	
				4				
	9	6		2				
7	5		9					
					1	5		
4			2	7				6

Hard # 1094

1		8		9				
	9	2			5			
			6	3		8		
	5		3					2
4								6
2					6		7	
		6		4	3			
			7			9	5	
				8		2		4

Hard # 1095

				9			6	
	1		6		8			
	9						5	7
	8	4			3			
		3	4		2	5		
			9			8	4	
7	2						3	
			3		1		9	
	6			4				

Hard # 1096

							7	1
					1		9	
5			3		6			
		4	8					9
8	6			9			4	3
2					4	1		
			7		3			8
	2		4					
6	7							

Hard # 1097

	1					4		
			1		5			9
	4		9			5		3
6			7	3				
		5				7		
				9	8			6
9		3			7		5	
7			3		2			
		2					8	

Hard # 1098

	7			8				
5	2		6					1
		1	4		3			
		7				8		
6	5						9	4
		9				2		
			1		5	4		
9					6		2	5
				3			1	

Hard # 1099

	1	3					9	
		5		2	7		3	
		4						
	6	8		5				
			9		6			
				3		2	5	
						7		
	2		4	6		5		
	5					1	2	

Hard # 1100

	3	6						
	5		7		6			
	9	1		8				
		4			8			
	7	8	6		3	9	1	
			1			5		
				6		4	9	
			8		5		7	
						1	2	

Hard # 1101

						1	9	
			8		4	7		
	7		5		2	8		
						3	2	
6	5						7	1
	4	2						
		7	4		5		3	
		9	6		8			
	2	4						

Hard # 1102

						5		3
5			6		3	9		
		8		1				
		2		5		3		9
		6				2		
8		1		9		6		
				8		4		
		9	4		7			6
1		5						

Hard # 1103

	3	7			5			
		2					7	9
6			1	7				
		5		8				6
			6		9			
3				5		1		
				4	6			8
8	4					3		
			8			2	9	

Hard # 1104

2		1			5			
		5		6			3	
6			1					
1						7	9	
	4	3				8	2	
	8	9						4
					9			7
	2			7		6		
			2			4		9

Hard # 1105

					5	8	4	1
								3
1	6				3			
6				8		9	3	
		7				5		
	8	9		2				6
			3				2	4
7								
8	1	2	9					

Hard # 1106

			4				9	3
4	5			6				
3		2					1	
					2			
	3		9		8		6	
			5					
	1					7		8
				8			2	9
5	2				7			

Hard # 1107

	3					6		7
			6			3		8
5					8	2		
			8	2				
		2	7		3	8		
				5	4			
		5	3					9
1		4			6			
9		3					2	

Hard # 1108

				8	5			2
						3	8	
2			7	6				
7		1			4			
8		3				2		5
			9			6		1
				7	1			9
	8	9						
4			3	2				

Hard # 1109

		1				2	7	
	7		9		8			
	6	3	4					
	1			6				
		2	7		3	5		
				8			4	
					6	3	2	
			3		1		5	
	9	8				6		

Hard # 1110

		4		5				1
2				6		7		
	6			2	8			
	4	9						6
1								2
5						8	3	
			6	3			8	
		2		1				3
9				4		1		

Hard # 1111

		1		2			3	
			8				6	
	7	5	9					
						3		2
		8	7		9	6		
4		3						
					4	9	5	
	3				8			
	8			1		7		

Hard # 1112

7	4		1					
	8				2			9
		5						
9		2			4	3		7
				5				
6		3	2			9		4
						6		
4			5				3	
					9		2	8

Hard # 1113

	2			6				
8	3				4		9	
				8	3	6		
9								5
			8	7	2			
4								8
		9	2	5				
	8		6				3	1
				3			7	

Hard # 1114

		7						4
	8	2		6	7			5
			9		1	6		
				5			4	
	5						2	
	6			9				
		6	1		8			
4			6	7		9	8	
3						2		

Hard # 1115

	6		5					9
		7			8			4
1								6
8					4	2		
	7			3			5	
		2	9					7
7								2
5			4			1		
3					9		8	

Hard # 1116

4					1			
	5	2				6		
		6	3				4	
		1		7	2			
	7			9			3	
			1	8		5		
	8				7	2		
		7				4	8	
			4					9

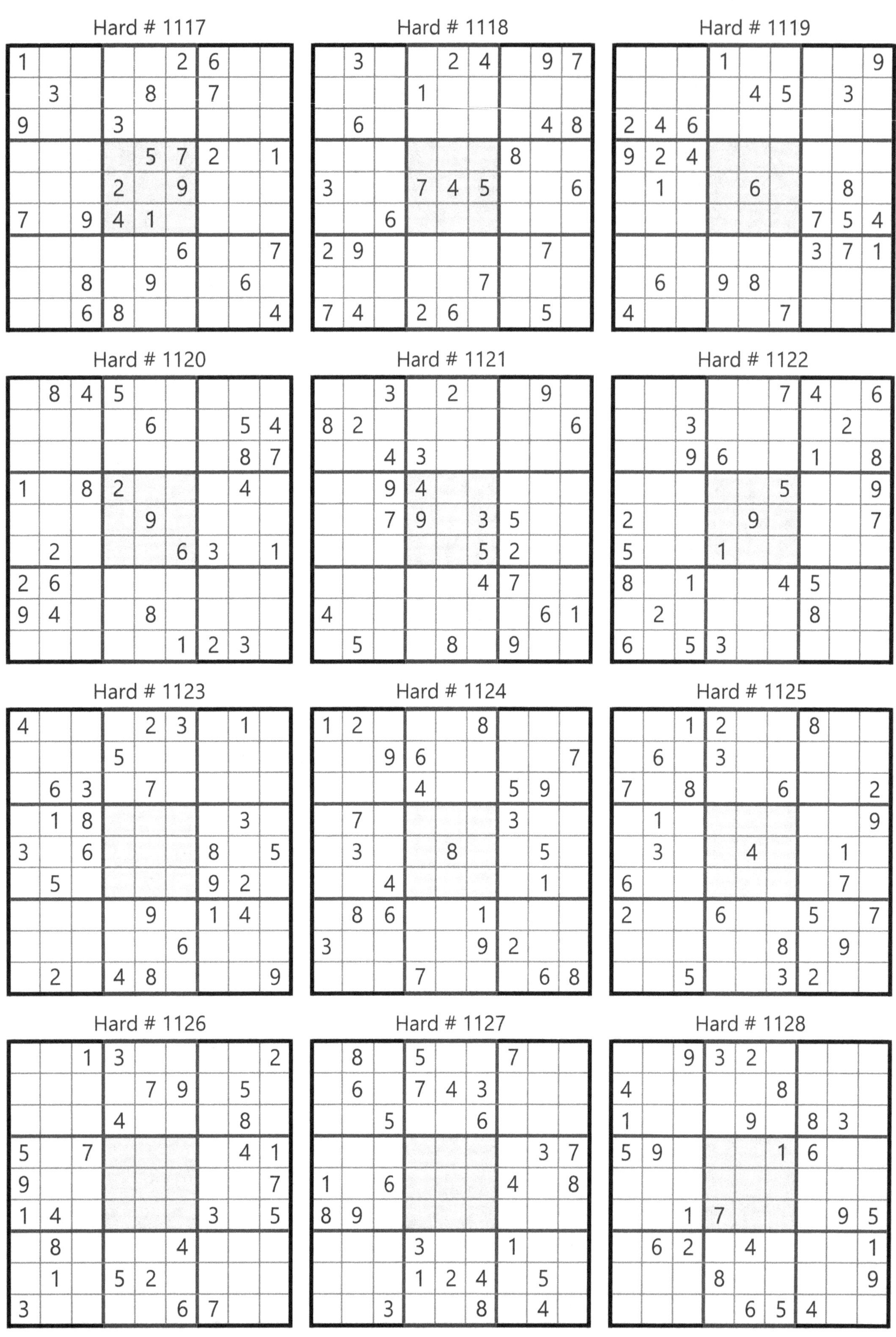

Hard # 1117

1					2	6		
	3			8		7		
9			3					
				5	7	2		1
			2		9			
7		9	4	1				
					6			7
		8		9			6	
		6	8					4

Hard # 1118

	3			2	4		9	7
			1					
	6						4	8
						8		
3			7	4	5			6
		6						
2	9						7	
					7			
7	4		2	6			5	

Hard # 1119

			1					9
				4	5		3	
2	4	6						
9	2	4						
	1			6			8	
						7	5	4
						3	7	1
	6		9	8				
4					7			

Hard # 1120

	8	4	5					
				6			5	4
							8	7
1		8	2				4	
				9				
	2				6	3		1
2	6							
9	4			8				
					1	2	3	

Hard # 1121

		3		2			9	
8	2							6
		4	3					
		9	4					
		7	9		3	5		
					5	2		
					4	7		
4							6	1
	5			8		9		

Hard # 1122

					7	4		6
		3					2	
		9	6			1		8
					5			9
2				9				7
5			1					
8		1			4	5		
	2					8		
6		5	3					

Hard # 1123

4				2	3		1	
			5					
	6	3		7				
	1	8					3	
3		6				8		5
	5					9	2	
				9		1	4	
					6			
	2		4	8				9

Hard # 1124

1	2				8			
		9	6					7
			4			5	9	
	7					3		
	3			8			5	
		4					1	
	8	6			1			
3					9	2		
			7				6	8

Hard # 1125

		1	2			8		
	6		3					
7		8			6			2
	1							9
	3			4			1	
6							7	
2			6			5		7
					8		9	
		5			3	2		

Hard # 1126

		1	3					2
				7	9		5	
			4				8	
5		7					4	1
9								7
1	4					3		5
	8				4			
	1		5	2				
3					6	7		

Hard # 1127

	8		5			7		
	6		7	4	3			
		5			6			
							3	7
1		6				4		8
8	9							
			3			1		
			1	2	4		5	
		3			8		4	

Hard # 1128

		9	3	2				
4					8			
1				9		8	3	
5	9				1	6		
		1	7				9	5
	6	2		4				1
			8					9
				6	5	4		

Hard # 1129

	1		4			7		5
		5		7	6			
						1		6
			9	5		8		4
8		3		2	4			
5		8						
			7	4		2		
9		4			1		3	

Hard # 1130

			2	7				4
			1			7		
7				9		8		
1				3			6	2
	5						4	
9	2			4				3
		9		6				1
		7			9			
5				1	7			

Hard # 1131

				2	6		3	
8			9			2		
								1
	8	6	7	9		4		
9								5
		3		5	2	9	7	
3								
		1			4			8
	2		3	6				

Hard # 1132

	8		2			9		
9		7				1		
						7	8	
	5	9		6				
2			4		7			5
				2		6	7	
	4	2						
		6				4		9
		3			8		1	

Hard # 1133

9				7	3	5		
		1	4					9
		2			5	3		
					7		8	1
3	2		6					
		6	7			2		
2					4	1		
		9	2	3				4

Hard # 1134

				7	8		4	
		4						5
3					4	8		
	4	6		8				
	8	5				9	1	
				2		5	8	
		1	4					8
4						2		
	7		9	6				

Hard # 1135

		2						
				6		8		3
	6				8		9	
		9	2			7		6
	7			4			3	
5		4			9	2		
	2		9				1	
3		5		2				
						5		

Hard # 1136

						3		
7			4	9				
			8		1	6	7	4
		2	5					6
1								2
9					8	4		
6	8	1	2		3			
				1	7			5
		7						

Hard # 1137

	2			4			9	
9	3							
			1			8		
		6		1				7
		1	8		4	3		
2				7		6		
		5			7			
							4	2
	1			8			3	

Hard # 1138

			7	9			8	1
8					6		4	
		5						6
		7	9					3
	5						2	
2					4	6		
4						2		
	8		1					7
5	3			6	7			

Hard # 1139

			6	1		2		
				3	2		1	5
			7			8		
	7				4	9		2
2		3	1				5	
		8			1			
6	9		3	2				
		1		4	5			

Hard # 1140

8	4			3			9	
	3		9					6
	2				5		3	
		9		6		4		
		2		5		1		
	9		6				7	
2					8		1	
	1			7			6	4

Hard # 1141

3	5				8			
				5			2	1
			7			3		
	6	7			5			
	9	2				6	4	
			8			2	9	
		6			2			
9	7			1				
			4				6	9

Hard # 1142

							4	5
2					9			
	5			3	6			9
6		4			2		7	
9								3
	2		3			9		6
7			6	4			5	
			1					8
5	6							

Hard # 1143

						4	1	8
9					5			
8			1		2			
7		1		5			3	
	3			6		7		9
			2		6			1
			7					6
3	6	4						

Hard # 1144

4								8
				9	1			
				7	5	2	4	
		7	9					3
2		3				4		7
6					3	5		
	4	5	1	8				
			3	5				
9								4

Hard # 1145

3						4		
	1	5		4		8		7
2							6	
	9	2			7			
			1		8			
			9			2	4	
	2							4
4		7		6		3	2	
		9						1

Hard # 1146

5				2		8		
2		8			9			7
		4			7			
	4		3				5	
				1				
	9				5		6	
			5			9		
3			2			7		4
		9		4				1

Hard # 1147

4				5			1	
1	5		3				9	
						4	8	
				4	7			
		6	9		2	8		
			5	8				
	6	7						
	8				5		6	7
	3			9				8

Hard # 1148

2				7	8			5
			4					
1						8	7	
	5				7	3		
		6		2		5		
		7	8				4	
	9	2						6
					5			
8			1	6				4

Hard # 1149

			8		2			3
						4		
5		9	4	7				
	2			8		9		
9	8						5	2
		4		6			8	
				2	5	6		4
		5						
3			1		8			

Hard # 1150

3		7	2		5			
	4						1	
		1			9	5		
				8	6			1
8								2
6			7	9				
		6	4			1		
	5						6	
			3		1	4		5

Hard # 1151

			3			5		
		9			6			3
					9	1	7	
5	7			6				
			4	8	2			
				3			1	8
	2	7	1					
9			5			6		
		1			3			

Hard # 1152

5	6			4				7
	7		6					9
8		2			5			
					6	1	8	
	4	8	7					
			3			6		8
2				7			3	
6				9			5	1

Hard # 1153

		7		5				6
			9		2			
5	3							
		8			6	9	4	
	7			9			3	
	6	5	4			7		
							8	3
			2		3			
4				6		5		

Hard # 1154

					2		7	
		8	6		5	2		
9		2		1			5	
1	5							
			5		7			
							6	9
	9			7		3		8
		7	8		3	1		
	1		4					

Hard # 1155

1	5	2						
		7			1		3	
				9				4
		8		1				9
	1		3		9		6	
3				6		4		
7				4				
	9		7			6		
						8	5	7

Hard # 1156

	7	6		9				
			7					2
4					8	7		
	8				4	3		
7								9
		9	5				8	
		2	8					1
1					3			
				7		4	6	

Hard # 1157

				5	3		2	1
	4		2		6	7		
		8						
				3			1	2
1								3
6	7			4				
						2		
		2	3		5		8	
7	3		9	2				

Hard # 1158

		7		9			2	6
			2			9		
3					5		1	
		4	3		7			2
7			6		8	5		
	3		4					8
		1			9			
8	6			3		1		

Hard # 1159

		2				9		
	5			1	6			
8					9		5	
		5						6
	1		8		7		3	
7						4		
	4		3					1
			2	9			8	
		8				5		

Hard # 1160

			5					
2	4		1			5		
		1		3	9			8
					3	6		7
		8				1		
5		9	6					
9			8	4		2		
		5			7		1	6
					5			

Hard # 1161

4		1	7	8				
	8		1					
		3			2			
6	4	7	9			5		
		5			4	6	3	7
			4			2		
					6		8	
				2	9	7		1

Hard # 1162

	3					4		6
8						9		
1			7	5				
	6			7	8			
		3				1		
			5	4			6	
				6	7			5
		5						1
2		7					8	

Hard # 1163

			5				9	
	2		1			3		
					8		2	5
		6		2				8
3		8				2		9
9				6		4		
4	8		6					
		1			3		7	
	6				5			

Hard # 1164

							5	
	5		1				7	
8					6	4		
		4	5	6		3		
		3	2		4	5		
		5		1	7	6		
		1	7					4
	6				1		2	
	9							

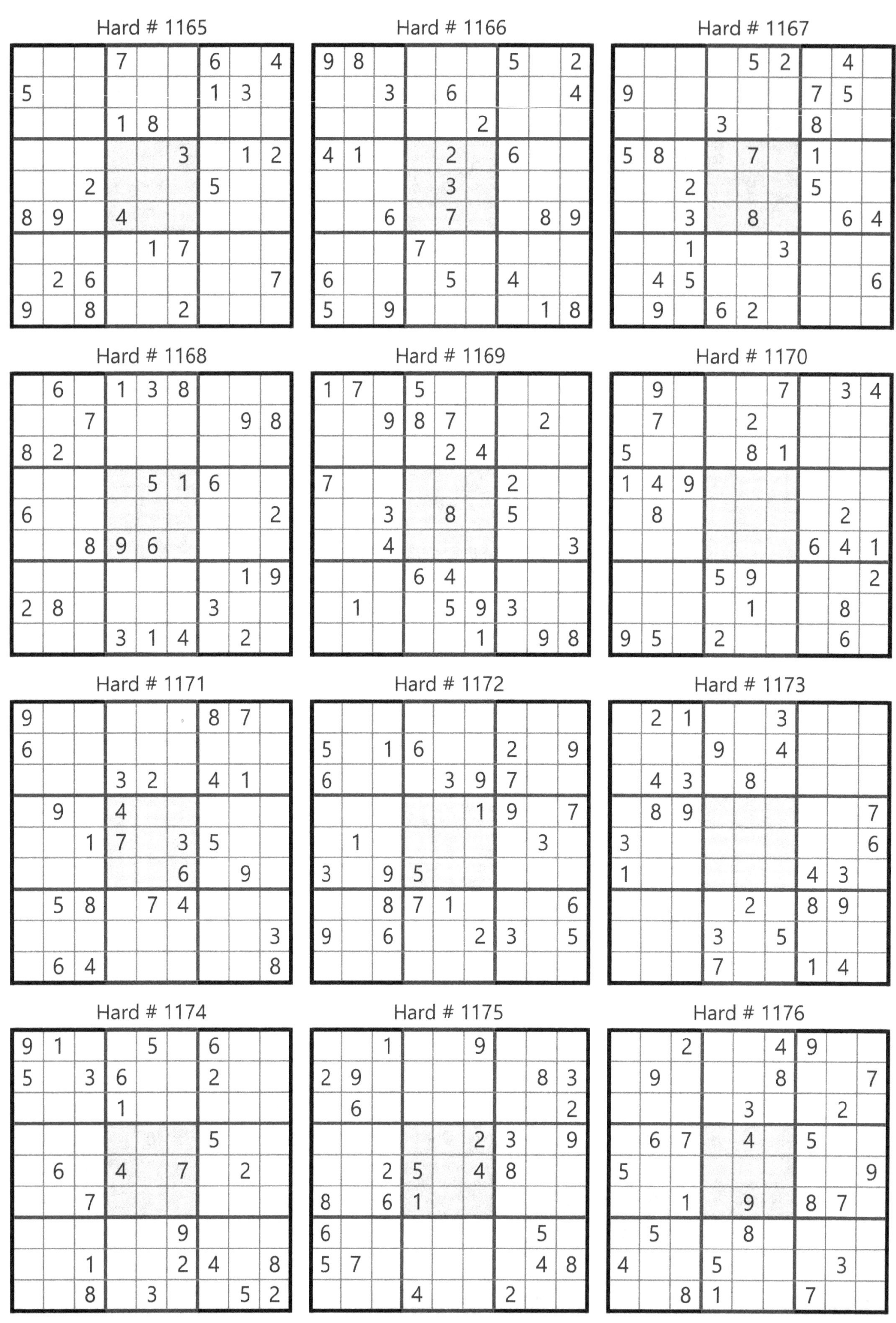

Hard # 1165

			7			6		4
5						1	3	
			1	8				
					3		1	2
		2				5		
8	9		4					
				1	7			
	2	6						7
9		8			2			

Hard # 1166

9	8					5		2
		3		6				4
					2			
4	1			2		6		
				3				
		6		7			8	9
			7					
6				5		4		
5		9					1	8

Hard # 1167

				5	2		4	
9						7	5	
			3			8		
5	8			7		1		
		2				5		
		3		8			6	4
		1			3			
	4	5						6
	9		6	2				

Hard # 1168

	6		1	3	8			
		7					9	8
8	2							
				5	1	6		
6								2
		8	9	6				
							1	9
2	8					3		
			3	1	4		2	

Hard # 1169

1	7		5					
		9	8	7			2	
				2	4			
7						2		
		3		8		5		
		4						3
			6	4				
	1			5	9	3		
					1		9	8

Hard # 1170

	9				7		3	4
	7			2				
5				8	1			
1	4	9						
	8						2	
						6	4	1
			5	9				2
				1			8	
9	5		2				6	

Hard # 1171

9						8	7	
6								
			3	2		4	1	
	9		4					
		1	7		3	5		
					6		9	
	5	8		7	4			
								3
	6	4						8

Hard # 1172

5		1	6			2		9
6				3	9	7		
					1	9		7
	1						3	
3		9	5					
		8	7	1				6
9		6			2	3		5

Hard # 1173

	2	1			3			
			9		4			
	4	3		8				
	8	9						7
3								6
1						4	3	
				2		8	9	
			3		5			
			7			1	4	

Hard # 1174

9	1			5		6		
5		3	6			2		
			1					
						5		
	6		4		7		2	
		7						
					9			
		1			2	4		8
		8		3			5	2

Hard # 1175

		1			9			
2	9						8	3
	6							2
					2	3		9
		2	5		4	8		
8		6	1					
6							5	
5	7						4	8
			4			2		

Hard # 1176

		2			4	9		
	9				8			7
				3			2	
	6	7		4		5		
5								9
		1		9		8	7	
	5			8				
4			5				3	
		8	1			7		

Hard # 1177

4		9	5	3			7	
		5						
2			8			5		
						6	3	
6				1				4
	2	3						
		8			7			6
						9		
	6			2	1	7		8

Hard # 1178

1					2		3	
	7			9				
6			4					5
		1	5			9		6
	5						4	
7		3			8	5		
3					6			1
				7			2	
	6		2					9

Hard # 1179

9				8				
			4		9		2	
6	4					1		
		8			5	4		
				2				
		3	1			2		
		2					5	4
	8		9		3			
				5				1

Hard # 1180

4			1				9	
				6			2	
6	5			4	3			
		3						
	1		2		5		3	
						7		
			4	2			1	9
	2			8				
	3				9			8

Hard # 1181

					7	4		9
7	9		1					
				3				
	8	3			2		1	
		4				5		
	2		4			8	9	
				7				
					5		6	2
5		2	6					

Hard # 1182

		6		1		9		
				7			3	4
2		4	3					1
			6					
	7			3			1	
					8			
4					7	5		2
8	6			5				
		1		9		3		

Hard # 1183

		8	5		2			
							7	
		9	1	3			5	
	3					1		8
6								2
2		1					4	
	6			1	8	5		
	5							
			2		4	9		

Hard # 1184

	1	6					7	3
		3	9	1				2
							4	
		9	4					
		2		3		1		
					8	2		
	6							
8				6	5	3		
9	3					6	8	

Hard # 1185

		2	6	4				
	3							9
5		4					1	
1	8			7	9			
			2	1			8	5
	4					1		3
2							4	
				2	8	7		

Hard # 1186

			5			8	4	
					8			9
4			6	3				
	5			6			3	
2			4		7			5
	7			8			1	
				7	4			1
9			2					
	2	8			6			

Hard # 1187

1	9				2			3
		2	6					
		8	4			9		
	8	5	1					
4								8
					4	5	7	
		7			1	6		
					3	7		
2			5				9	1

Hard # 1188

		2	4	6				
	4							6
	9				8			5
	1						5	8
7		3				4		2
2	6						1	
1			6				8	
5							9	
				1	5	2		

Hard # 1189

						7		2
			8				4	
		5	3		4	8		
6				4				5
8			6		7			9
9				8				4
		1	7		3	5		
	7				2			
3		6						

Hard # 1190

9		6			7		5	2
4		2				7		
					9			
					6			3
		9	2		1	5		
6			4					
			6					
		3				4		8
8	1		7			3		6

Hard # 1191

2							6	
	7	9	6					
		1	8			4		
	9		3		5			
3								7
			7		6		4	
		8			4	3		
					2	6	8	
	2							9

Hard # 1192

9			7				3	4
			8	3	6			
				1		5		
7		3					2	
	9						5	
	1					4		7
		5		9				
			4	2	7			
2	4				8			9

Hard # 1193

4	7		2			8		
	1		5		6			7
3						4		
		8		9			6	
	3			5		1		
		6						1
1			3		5		2	
		3			2		4	9

Hard # 1194

	3					6	9	1
7		2						
9			4					8
				7	4		8	
	9						6	
	4		2	5				
5					7			4
						1		9
3	1	4					7	

Hard # 1195

			6	2			1	
		6			5			2
		3		4				
						9		5
7	1						3	6
4		9						
				1		4		
9			8			7		
	2			6	4			

Hard # 1196

3					8			
	2				3		4	
		1		9				3
	7		8				2	4
		3				6		
8	4				5		1	
2				7		8		
	6		4				7	
			9					1

Hard # 1197

		2	9					4
6		7						3
5			1					6
		1		4				
2			7		5			1
				6		3		
4					2			5
7						1		2
3					8	6		

Hard # 1198

			3		7			
3					9		8	
4		9		8				2
		8	9					5
	9						3	
7					8	9		
8				2		5		4
	3		6					1
			8		1			

Hard # 1199

				5		4		
		5			1	9		7
					9		8	
	7		2			8	6	
				3				
	2	4			6		9	
	8		4					
2		9	3			7		
		7		9				

Hard # 1200

				4		3		
	3				6	7		
9		1				5		
			1				9	
2		7				1		8
	9				2			
		9				2		1
		2	9				6	
		3		7				

Hard # 1201

					7	9		
	2					8	7	
5	7			8				6
					5			
1	3	7				4	2	5
			7					
6				5			8	2
	5	1					6	
		9	2					

Hard # 1202

			9			7	3	4
	3			1	2	5		
	8					2	1	
2				9				6
	5	1					9	
		5	7	6			4	
1	2	3			8			

Hard # 1203

				9	8		7	
		6			7	3		9
7							1	
4			9			8		
	2						6	
		9			2			4
	1							5
8		3	4			7		
	6		3	5				

Hard # 1204

			3	4				2
							7	
	4	2		6	9	5		
	8					7		
		3	1		4	6		
		7					4	
		4	7	5		8	6	
	7							
1				9	6			

Hard # 1205

		3	2		7			
	8						6	
			4		9		2	5
			6		3	9		
	4						1	
		7	5		4			
2	7		1		6			
	6						9	
			9		5	6		

Hard # 1206

		9		3				7
8	3		5		1		4	
5	9			2				8
			4		5			
4				6			7	2
	5		9		2		6	3
3				8		9		

Hard # 1207

	1	5						2
						7		
	4		7	5		8		
			6	2			7	3
3	6			1	9			
		9		4	1		2	
		3						
5						9	3	

Hard # 1208

9					2	8		
1			8			4		
					9	6		3
					5			1
	7	1				2	3	
3			2					
8		5	1					
		6			8			7
		3	4					8

Hard # 1209

		7				1		
2	6		8	1				
			5				3	
3			4				1	
	2		7		5		4	
	9				6			3
	7				4			
				9	8		7	5
		9				6		

Hard # 1210

8				7				
	5			6		2		1
2		6	9					
		9					3	7
			6		7			
1	3					8		
					9	4		8
3		8		1			5	
				4				6

Hard # 1211

6		1						
	4				2			
	2	9				8		1
				1		9	7	
7			6		9			3
	9	2		8				
2		8				6	9	
			7				3	
						4		7

Hard # 1212

4					6	2		
	1		5	2				
	3	7						
		9		4				2
6		2				9		3
3				7		6		
						1	3	
				8	9		2	
		8	3					6

Hard # 1213

					4	5	9	
3						4	7	
				6	7			
2		1		3		6		
	4						1	
		6		5		3		8
			8	1				
	2	5						3
	3	9	5					

Hard # 1214

5			7				3	
				1		9		5
		8					4	
	2		6					3
		7	5		3	4		
8					7		9	
	5					2		
4		6		7				
	7				9			6

Hard # 1215

	2		6	5				
7		6	4			2		
8								
	3			1		6	5	
1								8
	6	2		4			9	
								9
		1			6	5		7
				2	9		1	

Hard # 1216

		7		4			9	
9			2					8
		8	6		7		5	
1								
8	2						1	7
								4
	3		8		9	4		
6					3			9
	5			6		3		

Hard # 1217

4								
8			3	6		7		
	6	1				2		5
						9		1
			2	1	4			
5		6						
2		8				6	5	
		3		4	2			7
								3

Hard # 1218

5		4				2		
7				2				9
		2	9		3			
			6				1	
		3				4		
	7				1			
			2		7	8		
4				8				5
		9				6		2

Hard # 1219

2	5							
					3			6
4		9	2			5		8
					6	4		
		2	3		4	8		
		1	9					
6		3			5	2		1
9			7					
							8	7

Hard # 1220

			7		3	5		
1							3	
	3	6		9				
			4					3
7		3	2		5	8		9
2					8			
				3		2	4	
	1							6
		2	9		7			

Hard # 1221

			7	2	9	4		
				8				2
					5	7	8	
	9							1
1	4						9	3
6							5	
	6	2	5					
4				3				
		7	1	9	4			

Hard # 1222

1		9				2	6	
			3			8		
				1	7			3
	1	6		2				
8								9
				8		3	1	
9			4	6				
		8			1			
	7	1				9		6

Hard # 1223

			3	4				1
9		2		6				7
		1					6	
			2	1		5		
			9		5			
		7		8	4			
	9					4		
5				9		2		3
8				2	3			

Hard # 1224

		2					8	
			1	2	4			3
		7					1	
					6		2	8
	2			3			9	
8	6		2					
	7					1		
4			7	9	5			
	9					6		

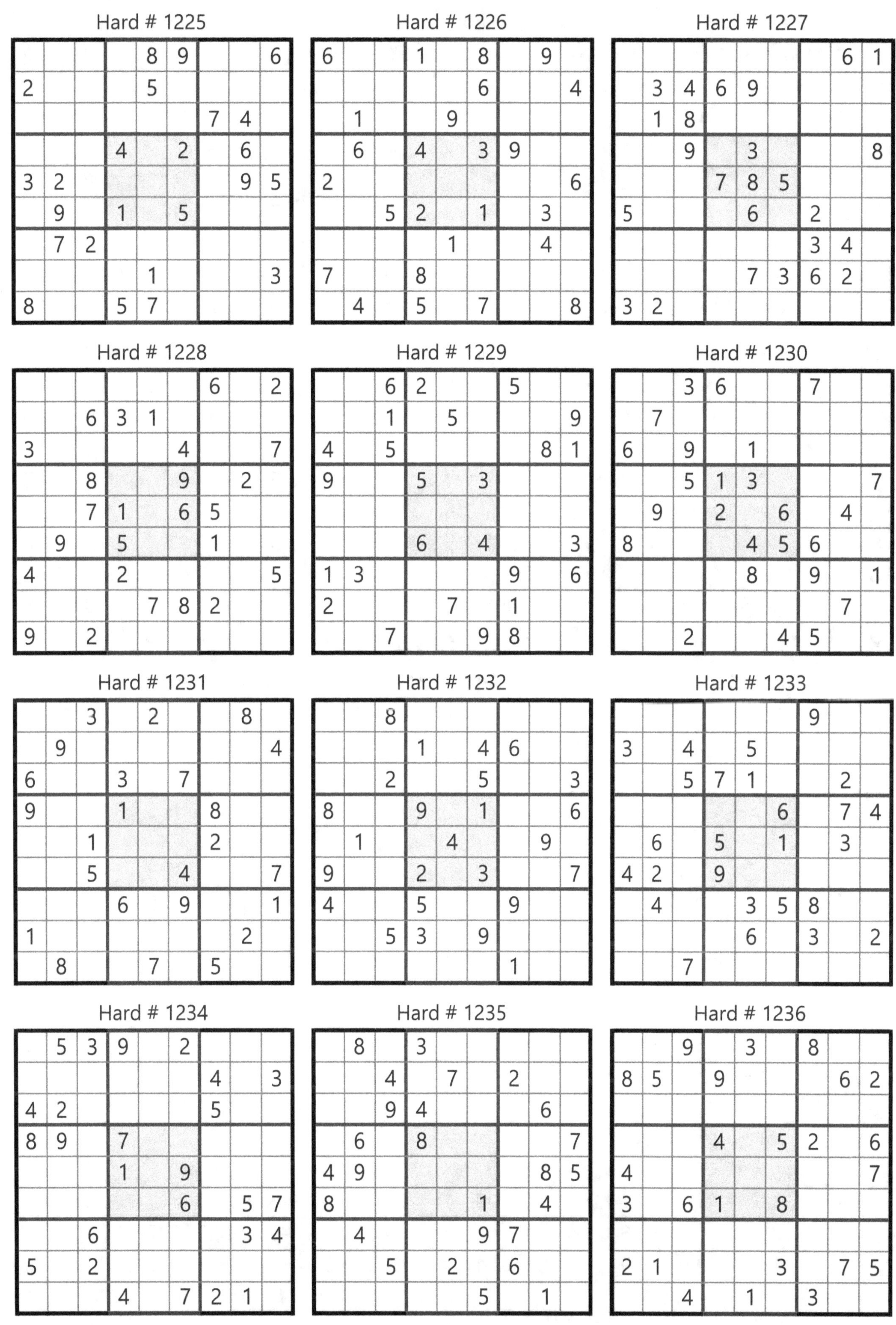

Hard # 1225

				8	9			6
2				5				
						7	4	
			4		2		6	
3	2						9	5
	9		1		5			
	7	2						
				1				3
8			5	7				

Hard # 1226

6			1		8		9	
					6			4
	1			9				
	6		4		3	9		
2								6
		5	2		1		3	
				1			4	
7			8					
	4		5		7			8

Hard # 1227

							6	1
	3	4	6	9				
	1	8						
		9		3				8
			7	8	5			
5				6		2		
						3	4	
				7	3	6	2	
3	2							

Hard # 1228

						6		2
		6	3	1				
3					4			7
		8			9		2	
		7	1		6	5		
	9		5			1		
4			2					5
				7	8	2		
9		2						

Hard # 1229

		6	2			5		
		1		5				9
4		5					8	1
9			5		3			
			6		4			3
1	3					9		6
2				7		1		
		7			9	8		

Hard # 1230

		3	6			7		
	7							
6		9		1				
		5	1	3				7
	9		2		6		4	
8				4	5	6		
				8		9		1
							7	
		2			4	5		

Hard # 1231

		3		2			8	
	9							4
6			3		7			
9			1			8		
		1				2		
		5			4			7
			6		9			1
1							2	
	8			7		5		

Hard # 1232

		8						
			1		4	6		
		2			5			3
8			9		1			6
	1			4			9	
9			2		3			7
4			5			9		
		5	3		9			
						1		

Hard # 1233

						9		
3		4		5				
		5	7	1			2	
					6		7	4
	6		5		1		3	
4	2		9					
	4			3	5	8		
				6		3		2
		7						

Hard # 1234

	5	3	9		2			
						4		3
4	2					5		
8	9		7					
			1		9			
					6		5	7
		6					3	4
5		2						
			4		7	2	1	

Hard # 1235

	8		3					
		4		7		2		
		9	4				6	
	6		8					7
4	9						8	5
8					1		4	
	4				9	7		
		5		2		6		
					5		1	

Hard # 1236

		9		3		8		
8	5		9				6	2
			4		5	2		6
4								7
3		6	1		8			
2	1				3		7	5
		4		1		3		

Hard # 1237

		9	4	6	8			
	5				3	2		
	7							
		5					7	4
9			6		1			2
2	3					1		
							6	
		1	5				2	
			2	3	6	8		

Hard # 1238

7		1					9	
3		8	7	4				
	6		3					
				7		8		
1		4				6		2
		6		3				
					7		8	
				5	8	2		6
	1					5		7

Hard # 1239

8				5		3		2
			9	4				
	4	6						
	9	8			4			7
		1				8		
3			8			2	1	
						4	6	
				7	5			
5		2		8				3

Hard # 1240

			5					3
		5		6		1		4
			9					5
1	4					8		
		2				6		
		8					9	2
8					4			
5		4		7		2		
9					1			

Hard # 1241

				6		8		7
					7	1		6
		8			3			
				1		5		2
3				8				4
4		5		9				
			6			9		
9		4	5					
8		3		2				

Hard # 1242

			6	7				
7		4		5				9
	1		9			2		
5	4		8					2
3					2		7	6
		2			7		1	
1				2		3		8
				6	8			

Hard # 1243

		3	1	8				6
	1		4	9			7	
	2							
1		2	5					
3								1
					1	8		9
							9	
	7			5	4		2	
5				3	9	4		

Hard # 1244

				2		4	1	
6		4			1		5	3
9	8				6			
		3				9		
			3				4	1
5	6		9			8		7
	4	7		5				

Hard # 1245

				7		9		
		7				4	3	
5	8			2		1		7
				5	9			
		1				7		
			2	3				
2		4		9			7	3
	7	8				2		
		9		6				

Hard # 1246

			7			8	5	
7			3	5	4			
6						4		
					1		2	
	2						3	
	4		8					
		4						6
			4	1	7			9
	5	7			6			

Hard # 1247

		9	1					
7				6	9	3		1
		4				8		
5				9	1			
				2				
			5	4				6
		3				4		
9		6	4	1				2
					3	7		

Hard # 1248

					7	4	6	9
6				9				
			5	6			7	
					1		5	7
		5				2		
2	6		3					
	2			7	4			
				3				8
9	4	1	6					

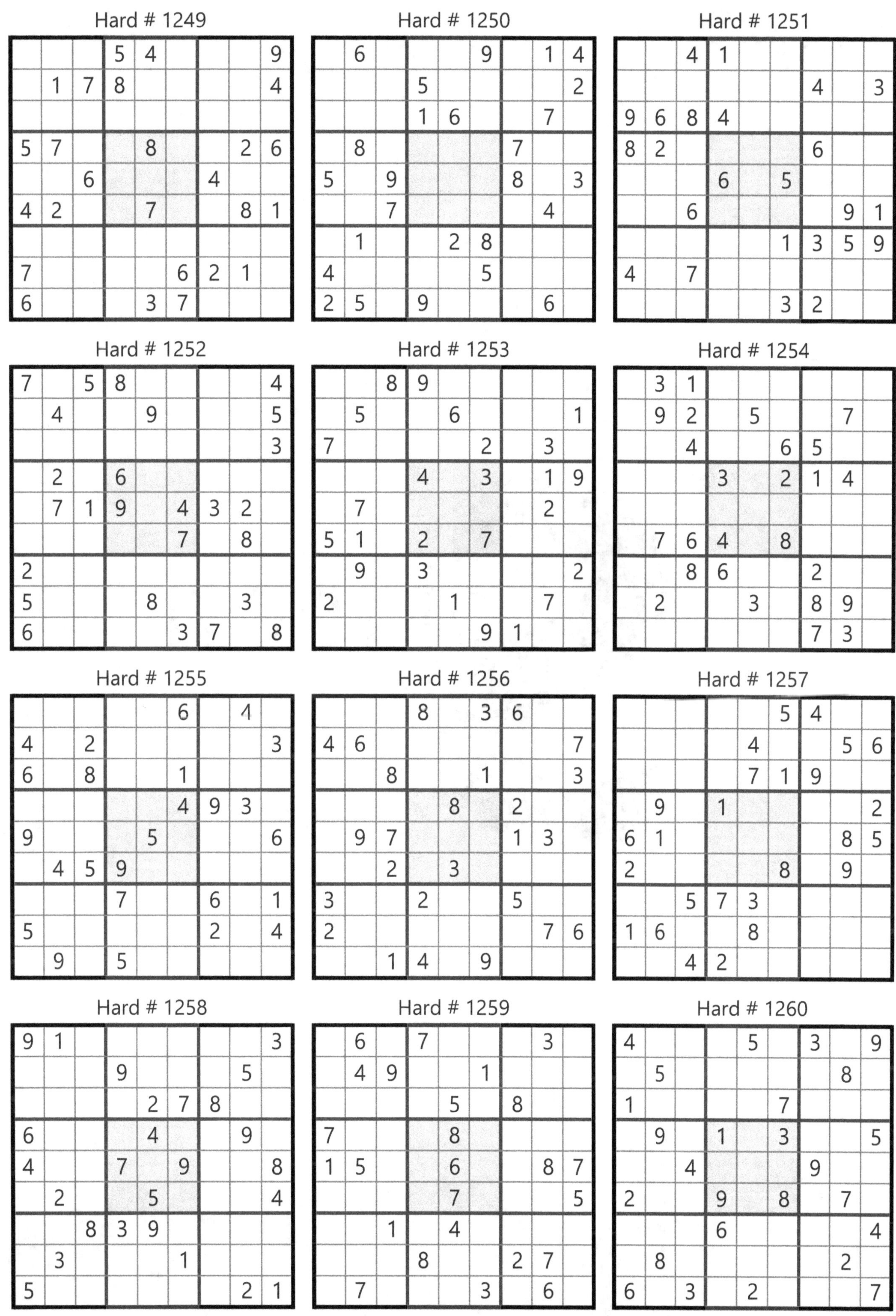

Hard # 1249

			5	4				9
	1	7	8					4
5	7			8			2	6
		6				4		
4	2			7			8	1
7					6	2	1	
6				3	7			

Hard # 1250

	6				9		1	4
			5					2
			1	6			7	
	8					7		
5		9				8		3
		7					4	
	1			2	8			
4					5			
2	5		9				6	

Hard # 1251

		4	1					
						4		3
9	6	8	4					
8	2					6		
			6		5			
		6					9	1
					1	3	5	9
4		7						
					3	2		

Hard # 1252

7		5	8					4
	4			9				5
								3
	2		6					
	7	1	9		4	3	2	
					7		8	
2								
5				8			3	
6					3	7		8

Hard # 1253

		8	9					
	5			6				1
7					2		3	
			4		3		1	9
	7						2	
5	1		2		7			
	9		3					2
2				1			7	
					9	1		

Hard # 1254

	3	1						
	9	2		5			7	
		4			6	5		
			3		2	1	4	
	7	6	4		8			
		8	6			2		
	2			3		8	9	
						7	3	

Hard # 1255

					6		4	
4		2						3
6		8			1			
					4	9	3	
9				5				6
	4	5	9					
			7			6		1
5						2		4
	9		5					

Hard # 1256

			8		3	6		
4	6							7
		8			1			3
				8		2		
	9	7				1	3	
		2		3				
3			2			5		
2							7	6
		1	4		9			

Hard # 1257

					5	4		
				4			5	6
				7	1	9		
	9		1					2
6	1						8	5
2					8		9	
		5	7	3				
1	6			8				
		4	2					

Hard # 1258

9	1							3
			9				5	
				2	7	8		
6				4			9	
4			7		9			8
	2			5				4
		8	3	9				
	3				1			
5							2	1

Hard # 1259

	6		7				3	
	4	9			1			
				5		8		
7				8				
1	5			6			8	7
				7				5
		1		4				
			8			2	7	
	7				3		6	

Hard # 1260

4				5		3		9
	5						8	
1					7			
	9		1		3			5
		4				9		
2			9		8		7	
			6					4
	8						2	
6		3		2				7

Solution

Solution # 1

9	1	8	6	2	7	5	3	4
7	3	6	4	5	1	8	2	9
5	2	4	9	3	8	7	1	6
6	7	9	2	4	5	3	8	1
2	4	1	7	8	3	6	9	5
3	8	5	1	9	6	2	4	7
8	9	2	5	7	4	1	6	3
1	5	3	8	6	9	4	7	2
4	6	7	3	1	2	9	5	8

Solution # 2

5	3	2	8	7	1	4	6	9
7	1	6	4	9	2	5	8	3
4	8	9	6	5	3	7	2	1
8	6	4	2	1	7	3	9	5
1	9	5	3	4	6	8	7	2
2	7	3	9	8	5	1	4	6
9	5	1	7	6	8	2	3	4
6	2	7	1	3	4	9	5	8
3	4	8	5	2	9	6	1	7

Solution # 3

3	9	2	8	7	4	6	1	5
7	6	1	5	3	9	4	8	2
5	8	4	6	1	2	7	9	3
8	1	9	4	6	3	2	5	7
6	7	3	2	8	5	1	4	9
4	2	5	1	9	7	3	6	8
9	4	7	3	5	6	8	2	1
1	3	6	9	2	8	5	7	4
2	5	8	7	4	1	9	3	6

Solution # 4

8	6	3	5	9	2	7	1	4
1	7	9	8	4	6	2	5	3
4	5	2	1	7	3	8	6	9
7	2	4	6	3	5	1	9	8
5	8	6	2	1	9	4	3	7
9	3	1	4	8	7	5	2	6
6	9	8	7	5	1	3	4	2
3	4	5	9	2	8	6	7	1
2	1	7	3	6	4	9	8	5

Solution # 5

3	7	1	8	4	9	5	2	6
8	6	9	1	2	5	7	3	4
2	4	5	6	3	7	9	1	8
4	8	2	5	7	1	3	6	9
1	9	7	3	8	6	2	4	5
5	3	6	2	9	4	1	8	7
6	5	8	7	1	3	4	9	2
9	2	3	4	5	8	6	7	1
7	1	4	9	6	2	8	5	3

Solution # 6

7	5	8	1	2	3	6	9	4
1	4	3	7	9	6	2	8	5
2	6	9	4	8	5	1	7	3
4	8	6	9	5	2	7	3	1
9	7	2	3	4	1	8	5	6
3	1	5	8	6	7	9	4	2
8	2	4	6	3	9	5	1	7
5	3	7	2	1	8	4	6	9
6	9	1	5	7	4	3	2	8

Solution # 7

4	9	6	1	5	3	7	2	8
8	1	2	7	6	4	9	3	5
3	5	7	8	2	9	4	1	6
2	7	8	9	4	1	6	5	3
5	4	3	6	7	2	8	9	1
9	6	1	5	3	8	2	4	7
7	8	4	2	1	5	3	6	9
1	3	9	4	8	6	5	7	2
6	2	5	3	9	7	1	8	4

Solution # 8

9	8	1	2	4	5	3	7	6
4	2	6	1	7	3	9	5	8
7	3	5	6	8	9	2	4	1
2	1	4	3	6	8	5	9	7
8	5	3	9	2	7	1	6	4
6	9	7	4	5	1	8	2	3
1	6	9	7	3	2	4	8	5
3	4	8	5	9	6	7	1	2
5	7	2	8	1	4	6	3	9

Solution # 9

4	3	5	8	6	9	2	1	7
9	6	8	1	2	7	4	5	3
1	2	7	5	4	3	9	6	8
2	4	6	7	3	5	1	8	9
7	5	1	9	8	4	6	3	2
3	8	9	6	1	2	5	7	4
8	1	2	3	9	6	7	4	5
6	7	4	2	5	8	3	9	1
5	9	3	4	7	1	8	2	6

Solution # 10

4	2	1	6	7	5	9	8	3
7	5	9	8	3	2	1	6	4
3	8	6	4	9	1	5	2	7
5	1	8	9	2	7	4	3	6
2	3	4	5	6	8	7	1	9
9	6	7	3	1	4	2	5	8
1	4	2	7	8	6	3	9	5
6	7	3	1	5	9	8	4	2
8	9	5	2	4	3	6	7	1

Solution # 11

9	4	3	7	5	6	1	8	2
2	8	6	1	3	9	4	5	7
1	5	7	2	8	4	6	9	3
6	1	5	9	7	2	8	3	4
4	2	9	8	1	3	5	7	6
3	7	8	6	4	5	9	2	1
8	3	1	5	6	7	2	4	9
7	6	2	4	9	8	3	1	5
5	9	4	3	2	1	7	6	8

Solution # 12

7	1	2	3	9	5	4	6	8
4	9	6	1	8	7	3	2	5
8	5	3	6	2	4	7	1	9
2	7	1	8	4	3	5	9	6
3	8	5	9	1	6	2	4	7
9	6	4	7	5	2	1	8	3
1	3	7	2	6	9	8	5	4
5	2	9	4	3	8	6	7	1
6	4	8	5	7	1	9	3	2

Solution # 13

2	8	7	1	5	9	4	3	6
9	6	3	7	8	4	2	1	5
4	1	5	2	3	6	7	9	8
8	5	4	3	7	2	1	6	9
7	9	1	6	4	8	5	2	3
6	3	2	9	1	5	8	7	4
1	2	8	5	9	3	6	4	7
3	4	6	8	2	7	9	5	1
5	7	9	4	6	1	3	8	2

Solution # 14

4	9	6	2	1	3	7	8	5
8	5	2	4	7	9	1	6	3
3	1	7	5	6	8	4	2	9
6	3	4	1	9	2	5	7	8
9	2	5	7	8	6	3	4	1
1	7	8	3	5	4	6	9	2
5	4	1	8	2	7	9	3	6
7	8	9	6	3	1	2	5	4
2	6	3	9	4	5	8	1	7

Solution # 15

9	7	2	8	3	1	6	5	4
8	4	5	7	2	6	1	3	9
6	3	1	4	9	5	7	8	2
5	6	9	3	8	7	4	2	1
3	8	4	9	1	2	5	6	7
1	2	7	5	6	4	3	9	8
4	1	3	2	5	8	9	7	6
2	9	6	1	7	3	8	4	5
7	5	8	6	4	9	2	1	3

Solution # 16

3	5	8	1	7	6	2	4	9
1	9	6	3	2	4	7	5	8
7	2	4	8	9	5	1	6	3
8	6	1	4	3	7	5	9	2
9	7	2	6	5	8	4	3	1
4	3	5	9	1	2	8	7	6
2	8	3	5	4	9	6	1	7
5	1	7	2	6	3	9	8	4
6	4	9	7	8	1	3	2	5

Solution # 17

8	5	6	1	3	9	7	2	4
1	3	7	8	4	2	5	6	9
4	2	9	6	5	7	1	8	3
6	7	4	5	9	8	2	3	1
5	1	3	2	6	4	8	9	7
2	9	8	7	1	3	4	5	6
7	6	1	9	2	5	3	4	8
9	4	5	3	8	1	6	7	2
3	8	2	4	7	6	9	1	5

Solution # 18

2	1	7	9	3	5	8	6	4
3	9	8	7	6	4	5	1	2
6	4	5	8	1	2	7	3	9
7	2	9	4	8	3	6	5	1
4	8	3	1	5	6	2	9	7
1	5	6	2	9	7	4	8	3
9	6	4	3	2	8	1	7	5
5	3	2	6	7	1	9	4	8
8	7	1	5	4	9	3	2	6

Solution # 19

4	5	2	6	1	7	9	3	8
9	6	1	8	3	2	4	7	5
7	3	8	4	5	9	2	1	6
6	2	3	7	9	4	8	5	1
5	7	9	2	8	1	3	6	4
8	1	4	5	6	3	7	9	2
2	4	6	9	7	5	1	8	3
3	9	5	1	2	8	6	4	7
1	8	7	3	4	6	5	2	9

Solution # 20

4	1	6	2	9	3	8	7	5
8	2	5	6	4	7	1	9	3
9	3	7	5	8	1	6	2	4
3	6	9	4	7	8	5	1	2
1	7	8	3	2	5	4	6	9
2	5	4	1	6	9	3	8	7
6	9	3	7	1	4	2	5	8
5	8	1	9	3	2	7	4	6
7	4	2	8	5	6	9	3	1

Solution # 21

6	4	9	3	1	8	7	5	2
3	5	7	2	9	6	4	1	8
8	1	2	7	5	4	3	6	9
5	9	1	8	7	3	2	4	6
7	6	3	5	4	2	9	8	1
2	8	4	9	6	1	5	3	7
1	2	5	4	8	9	6	7	3
9	7	6	1	3	5	8	2	4
4	3	8	6	2	7	1	9	5

Solution # 22

8	1	9	5	2	3	4	6	7
4	6	5	7	8	1	3	9	2
3	2	7	4	9	6	8	5	1
6	5	1	2	3	4	9	7	8
7	3	2	9	6	8	5	1	4
9	8	4	1	5	7	6	2	3
1	4	8	6	7	5	2	3	9
2	7	6	3	4	9	1	8	5
5	9	3	8	1	2	7	4	6

Solution # 23

1	7	2	4	3	9	8	6	5
6	3	9	8	5	2	4	7	1
8	5	4	7	6	1	3	2	9
5	4	3	2	1	6	7	9	8
7	6	1	9	4	8	2	5	3
9	2	8	3	7	5	6	1	4
2	9	5	6	8	3	1	4	7
4	8	6	1	9	7	5	3	2
3	1	7	5	2	4	9	8	6

Solution # 24

1	4	7	2	9	5	8	6	3
5	2	3	6	4	8	9	1	7
6	8	9	7	1	3	2	4	5
9	7	8	3	2	1	6	5	4
2	6	5	8	7	4	1	3	9
4	3	1	5	6	9	7	8	2
7	1	6	4	5	2	3	9	8
3	5	2	9	8	6	4	7	1
8	9	4	1	3	7	5	2	6

Solution # 25

1	4	8	6	5	9	3	2	7
2	9	7	4	3	1	8	5	6
3	5	6	8	7	2	1	9	4
7	2	5	1	8	3	4	6	9
9	8	3	7	4	6	5	1	2
6	1	4	9	2	5	7	8	3
5	6	1	3	9	4	2	7	8
4	7	2	5	6	8	9	3	1
8	3	9	2	1	7	6	4	5

Solution # 26

1	3	4	6	2	8	5	9	7
8	5	6	9	3	7	1	4	2
9	2	7	1	4	5	3	8	6
7	4	8	3	9	1	6	2	5
2	1	5	8	6	4	7	3	9
3	6	9	5	7	2	4	1	8
5	7	1	4	8	9	2	6	3
6	8	2	7	1	3	9	5	4
4	9	3	2	5	6	8	7	1

Solution # 27

4	3	7	8	5	6	2	9	1
2	5	1	4	3	9	8	6	7
8	9	6	1	7	2	4	5	3
1	6	2	9	4	5	3	7	8
9	7	4	3	1	8	6	2	5
5	8	3	2	6	7	1	4	9
6	4	5	7	8	1	9	3	2
3	1	9	5	2	4	7	8	6
7	2	8	6	9	3	5	1	4

Solution # 28

6	1	3	9	4	7	8	5	2
8	4	7	5	1	2	3	9	6
5	2	9	3	6	8	7	1	4
3	5	1	2	7	6	9	4	8
9	7	8	4	3	1	2	6	5
4	6	2	8	5	9	1	3	7
1	8	4	7	9	5	6	2	3
2	9	5	6	8	3	4	7	1
7	3	6	1	2	4	5	8	9

Solution # 29

2	6	8	5	4	1	9	3	7
3	7	5	9	8	2	4	1	6
1	4	9	6	7	3	8	5	2
9	5	3	1	6	7	2	4	8
6	1	4	8	2	9	5	7	3
8	2	7	4	3	5	1	6	9
4	3	2	7	1	8	6	9	5
7	9	1	2	5	6	3	8	4
5	8	6	3	9	4	7	2	1

Solution # 30

3	8	4	2	5	1	7	6	9
2	7	5	4	9	6	8	1	3
9	6	1	8	3	7	4	2	5
1	2	3	7	4	5	9	8	6
6	4	7	9	8	2	5	3	1
5	9	8	1	6	3	2	4	7
7	3	9	6	2	4	1	5	8
4	1	6	5	7	8	3	9	2
8	5	2	3	1	9	6	7	4

Solution # 31

9	8	6	3	7	2	5	4	1
5	2	4	8	9	1	6	7	3
7	3	1	4	6	5	2	8	9
8	4	9	7	5	3	1	6	2
3	5	2	1	4	6	8	9	7
1	6	7	9	2	8	4	3	5
4	9	8	5	1	7	3	2	6
6	1	3	2	8	9	7	5	4
2	7	5	6	3	4	9	1	8

Solution # 32

1	7	5	4	6	8	9	2	3
6	9	8	7	3	2	4	5	1
3	2	4	1	9	5	7	8	6
4	6	7	9	5	1	2	3	8
5	1	9	8	2	3	6	7	4
2	8	3	6	4	7	1	9	5
8	3	1	2	7	4	5	6	9
9	5	2	3	1	6	8	4	7
7	4	6	5	8	9	3	1	2

Solution # 33

6	8	5	9	1	4	2	7	3
2	4	3	8	7	5	9	1	6
9	7	1	3	2	6	8	4	5
8	9	2	7	3	1	5	6	4
3	6	4	5	8	2	1	9	7
5	1	7	6	4	9	3	8	2
4	2	8	1	6	3	7	5	9
1	5	6	2	9	7	4	3	8
7	3	9	4	5	8	6	2	1

Solution # 34

9	8	1	7	5	3	2	6	4
2	7	4	8	1	6	9	5	3
3	5	6	9	4	2	7	8	1
1	9	5	6	3	7	4	2	8
8	6	2	1	9	4	3	7	5
4	3	7	2	8	5	1	9	6
5	4	9	3	2	8	6	1	7
7	1	3	5	6	9	8	4	2
6	2	8	4	7	1	5	3	9

Solution # 35

9	6	8	1	4	3	2	7	5
3	2	4	7	5	9	6	1	8
5	1	7	6	2	8	3	4	9
7	8	5	3	6	2	4	9	1
6	4	2	9	1	7	8	5	3
1	3	9	5	8	4	7	6	2
2	9	6	8	7	5	1	3	4
4	5	1	2	3	6	9	8	7
8	7	3	4	9	1	5	2	6

Solution # 36

3	7	4	5	1	2	9	6	8
5	8	1	6	9	4	3	2	7
9	2	6	8	7	3	5	1	4
7	6	3	4	2	9	8	5	1
1	5	8	3	6	7	4	9	2
2	4	9	1	5	8	7	3	6
8	3	5	2	4	1	6	7	9
6	1	7	9	8	5	2	4	3
4	9	2	7	3	6	1	8	5

Solution # 37

9	1	6	8	3	7	2	4	5
8	4	2	6	5	9	7	3	1
7	5	3	2	4	1	8	6	9
6	2	1	4	9	8	3	5	7
4	7	5	1	2	3	9	8	6
3	8	9	7	6	5	4	1	2
2	6	8	5	7	4	1	9	3
5	9	4	3	1	2	6	7	8
1	3	7	9	8	6	5	2	4

Solution # 38

1	6	9	8	2	3	7	4	5
4	5	2	6	7	9	8	1	3
7	8	3	5	1	4	2	6	9
6	7	8	4	9	1	3	5	2
5	3	1	7	8	2	6	9	4
9	2	4	3	6	5	1	8	7
8	9	5	2	3	6	4	7	1
2	4	6	1	5	7	9	3	8
3	1	7	9	4	8	5	2	6

Solution # 39

1	7	6	2	8	3	9	5	4
8	5	2	4	6	9	7	1	3
9	3	4	7	1	5	2	8	6
4	8	5	3	9	7	1	6	2
2	1	7	8	4	6	5	3	9
3	6	9	1	5	2	8	4	7
7	9	8	6	3	1	4	2	5
5	4	3	9	2	8	6	7	1
6	2	1	5	7	4	3	9	8

Solution # 40

8	4	1	7	3	5	2	9	6
6	5	7	2	9	4	1	8	3
9	2	3	6	1	8	4	7	5
3	1	2	8	5	6	9	4	7
5	8	9	4	7	1	6	3	2
4	7	6	3	2	9	8	5	1
7	3	8	1	4	2	5	6	9
1	9	4	5	6	7	3	2	8
2	6	5	9	8	3	7	1	4

Solution # 41

3	6	9	1	5	7	8	4	2
2	1	4	9	8	6	3	5	7
5	8	7	4	2	3	1	6	9
1	5	8	6	7	4	2	9	3
4	9	6	3	1	2	7	8	5
7	2	3	8	9	5	4	1	6
6	4	5	7	3	1	9	2	8
8	3	1	2	6	9	5	7	4
9	7	2	5	4	8	6	3	1

Solution # 42

9	3	1	5	7	4	8	2	6
8	7	6	1	2	3	9	5	4
4	5	2	8	6	9	7	1	3
7	4	3	2	9	5	1	6	8
6	8	9	4	3	1	2	7	5
2	1	5	7	8	6	4	3	9
3	2	8	9	5	7	6	4	1
1	6	7	3	4	8	5	9	2
5	9	4	6	1	2	3	8	7

Solution # 43

1	9	4	5	6	8	7	3	2
8	7	6	9	3	2	4	1	5
2	3	5	1	4	7	8	6	9
9	2	1	4	8	6	3	5	7
7	4	3	2	1	5	6	9	8
6	5	8	3	7	9	1	2	4
5	8	7	6	9	1	2	4	3
3	6	9	8	2	4	5	7	1
4	1	2	7	5	3	9	8	6

Solution # 44

3	5	7	4	8	6	1	9	2
2	6	1	7	5	9	8	4	3
4	8	9	2	1	3	6	5	7
8	2	4	3	9	1	5	7	6
1	7	3	6	4	5	9	2	8
5	9	6	8	7	2	3	1	4
7	4	5	1	6	8	2	3	9
9	3	8	5	2	7	4	6	1
6	1	2	9	3	4	7	8	5

Solution # 45

2	9	8	4	7	3	5	1	6
7	6	1	5	8	2	3	4	9
3	4	5	9	6	1	2	8	7
4	8	6	1	2	7	9	3	5
5	7	9	3	4	6	8	2	1
1	2	3	8	9	5	7	6	4
9	5	4	6	3	8	1	7	2
6	3	2	7	1	9	4	5	8
8	1	7	2	5	4	6	9	3

Solution # 46

5	9	1	3	8	7	6	2	4
6	7	8	2	5	4	3	1	9
4	2	3	1	6	9	8	7	5
8	5	4	9	2	6	1	3	7
3	1	2	7	4	8	9	5	6
9	6	7	5	3	1	4	8	2
1	4	5	6	7	3	2	9	8
2	3	6	8	9	5	7	4	1
7	8	9	4	1	2	5	6	3

Solution # 47

6	9	2	4	5	1	7	8	3
5	1	7	3	8	2	4	9	6
3	4	8	6	9	7	2	5	1
8	7	9	2	1	3	6	4	5
1	6	4	8	7	5	9	3	2
2	5	3	9	6	4	1	7	8
4	8	6	5	2	9	3	1	7
7	3	5	1	4	6	8	2	9
9	2	1	7	3	8	5	6	4

Solution # 48

4	6	9	8	3	2	5	7	1
3	1	2	6	7	5	4	8	9
8	5	7	1	9	4	3	6	2
5	7	3	4	6	1	2	9	8
9	2	6	7	5	8	1	3	4
1	4	8	9	2	3	7	5	6
6	8	4	5	1	7	9	2	3
2	9	5	3	4	6	8	1	7
7	3	1	2	8	9	6	4	5

Solution # 49

4	3	8	1	7	2	6	9	5
1	6	2	8	5	9	7	3	4
5	9	7	4	3	6	8	1	2
3	7	9	6	8	5	4	2	1
8	5	4	2	1	3	9	7	6
2	1	6	9	4	7	5	8	3
6	8	1	7	2	4	3	5	9
9	2	3	5	6	8	1	4	7
7	4	5	3	9	1	2	6	8

Solution # 50

3	6	1	5	2	4	7	9	8
9	7	4	1	8	6	5	3	2
8	2	5	7	9	3	1	4	6
6	4	7	2	3	8	9	5	1
1	3	2	9	6	5	4	8	7
5	8	9	4	1	7	2	6	3
2	1	3	8	4	9	6	7	5
4	5	6	3	7	2	8	1	9
7	9	8	6	5	1	3	2	4

Solution # 51

4	2	7	9	5	6	3	1	8
3	1	6	8	7	4	5	9	2
8	5	9	3	2	1	6	7	4
7	4	2	5	1	3	8	6	9
6	8	5	7	9	2	1	4	3
9	3	1	6	4	8	7	2	5
2	6	4	1	3	5	9	8	7
1	7	3	4	8	9	2	5	6
5	9	8	2	6	7	4	3	1

Solution # 52

8	6	1	5	7	3	4	2	9
3	9	5	1	2	4	8	6	7
2	7	4	8	9	6	5	1	3
5	8	9	2	3	7	6	4	1
6	3	7	4	1	5	2	9	8
4	1	2	9	6	8	7	3	5
1	5	8	6	4	9	3	7	2
7	2	6	3	8	1	9	5	4
9	4	3	7	5	2	1	8	6

Solution # 53

1	4	7	9	3	5	8	6	2
6	8	9	2	4	1	3	7	5
2	3	5	7	8	6	1	4	9
5	6	1	3	9	2	7	8	4
3	9	8	4	6	7	2	5	1
4	7	2	5	1	8	9	3	6
7	2	6	8	5	9	4	1	3
9	1	3	6	7	4	5	2	8
8	5	4	1	2	3	6	9	7

Solution # 54

3	9	4	7	1	5	8	6	2
8	1	5	6	9	2	3	7	4
2	6	7	4	3	8	5	1	9
6	4	8	5	2	9	7	3	1
7	2	3	1	8	6	4	9	5
1	5	9	3	4	7	6	2	8
9	3	6	2	5	4	1	8	7
4	8	1	9	7	3	2	5	6
5	7	2	8	6	1	9	4	3

Solution # 55

3	5	8	4	1	2	6	9	7
1	9	4	3	6	7	2	8	5
2	6	7	5	9	8	3	4	1
5	4	9	2	7	1	8	6	3
8	1	2	6	3	4	5	7	9
6	7	3	8	5	9	4	1	2
4	8	1	7	2	3	9	5	6
9	2	6	1	4	5	7	3	8
7	3	5	9	8	6	1	2	4

Solution # 56

7	9	5	6	2	8	1	4	3
8	1	4	3	9	5	2	6	7
3	6	2	1	7	4	8	9	5
1	7	6	5	8	9	3	2	4
2	5	8	4	3	1	9	7	6
4	3	9	7	6	2	5	8	1
6	2	7	8	1	3	4	5	9
9	4	3	2	5	6	7	1	8
5	8	1	9	4	7	6	3	2

Solution # 57

4	2	1	8	6	7	9	5	3
6	7	9	1	3	5	4	2	8
5	8	3	2	9	4	7	1	6
8	4	6	9	5	3	1	7	2
9	3	2	7	8	1	6	4	5
7	1	5	4	2	6	8	3	9
2	9	7	5	1	8	3	6	4
1	6	8	3	4	2	5	9	7
3	5	4	6	7	9	2	8	1

Solution # 58

6	2	3	7	4	1	8	9	5
4	8	5	9	2	6	1	3	7
7	1	9	5	8	3	6	4	2
8	5	7	6	9	4	2	1	3
3	9	6	2	1	5	4	7	8
2	4	1	3	7	8	5	6	9
9	6	8	4	3	2	7	5	1
5	7	2	1	6	9	3	8	4
1	3	4	8	5	7	9	2	6

Solution # 59

8	1	9	5	4	7	6	3	2
4	5	6	1	3	2	9	7	8
2	3	7	8	9	6	5	1	4
9	6	8	7	1	3	2	4	5
5	2	1	9	8	4	7	6	3
7	4	3	6	2	5	8	9	1
1	9	4	2	6	8	3	5	7
3	8	5	4	7	9	1	2	6
6	7	2	3	5	1	4	8	9

Solution # 60

1	2	9	4	5	7	8	3	6
7	3	5	8	9	6	4	1	2
8	4	6	1	2	3	9	5	7
9	1	2	3	6	5	7	4	8
6	8	3	7	4	9	1	2	5
4	5	7	2	1	8	3	6	9
2	7	1	5	8	4	6	9	3
5	6	8	9	3	1	2	7	4
3	9	4	6	7	2	5	8	1

Solution # 61

8	1	9	6	7	3	4	2	5
3	2	6	9	4	5	1	8	7
7	4	5	1	8	2	9	3	6
4	5	1	2	3	9	7	6	8
6	8	3	7	5	4	2	1	9
2	9	7	8	6	1	5	4	3
1	6	8	5	2	7	3	9	4
9	7	4	3	1	8	6	5	2
5	3	2	4	9	6	8	7	1

Solution # 62

8	9	1	3	4	7	6	5	2
4	7	2	6	1	5	8	3	9
5	6	3	8	9	2	4	7	1
2	4	9	7	5	6	3	1	8
1	3	5	4	2	8	7	9	6
7	8	6	1	3	9	2	4	5
9	5	4	2	6	3	1	8	7
3	2	8	9	7	1	5	6	4
6	1	7	5	8	4	9	2	3

Solution # 63

8	2	5	1	4	3	7	6	9
9	4	3	5	6	7	8	2	1
7	6	1	9	8	2	3	4	5
1	3	8	4	7	6	5	9	2
4	5	6	8	2	9	1	7	3
2	9	7	3	1	5	6	8	4
3	1	2	6	9	8	4	5	7
5	8	9	7	3	4	2	1	6
6	7	4	2	5	1	9	3	8

Solution # 64

9	7	2	8	4	1	5	6	3
6	1	8	9	3	5	7	4	2
5	3	4	2	6	7	9	8	1
2	9	7	6	5	3	8	1	4
1	8	5	4	7	2	3	9	6
4	6	3	1	8	9	2	5	7
7	4	1	5	2	8	6	3	9
8	2	9	3	1	6	4	7	5
3	5	6	7	9	4	1	2	8

Solution # 65

4	3	8	7	1	9	6	2	5
1	7	2	6	8	5	4	3	9
9	5	6	4	3	2	1	7	8
3	6	5	2	7	1	8	9	4
7	4	9	8	5	6	3	1	2
2	8	1	3	9	4	5	6	7
6	9	3	5	2	8	7	4	1
8	2	4	1	6	7	9	5	3
5	1	7	9	4	3	2	8	6

Solution # 66

7	8	6	4	1	5	9	2	3
1	5	3	7	2	9	4	6	8
2	4	9	6	8	3	1	7	5
6	1	7	8	3	4	2	5	9
8	9	2	1	5	7	6	3	4
4	3	5	2	9	6	8	1	7
3	7	4	9	6	1	5	8	2
5	2	1	3	4	8	7	9	6
9	6	8	5	7	2	3	4	1

Solution # 67

3	5	8	2	1	7	9	4	6
1	6	2	9	4	3	5	7	8
7	4	9	8	5	6	2	3	1
5	2	3	1	7	4	8	6	9
8	7	6	3	2	9	4	1	5
9	1	4	5	6	8	7	2	3
6	3	7	4	9	5	1	8	2
2	8	5	7	3	1	6	9	4
4	9	1	6	8	2	3	5	7

Solution # 68

1	8	6	4	7	9	3	5	2
4	7	5	8	2	3	9	6	1
9	2	3	5	1	6	4	8	7
8	4	1	3	6	7	2	9	5
3	9	2	1	5	4	8	7	6
6	5	7	9	8	2	1	4	3
5	3	4	7	9	1	6	2	8
7	6	9	2	3	8	5	1	4
2	1	8	6	4	5	7	3	9

Solution # 69

9	8	7	4	5	3	6	2	1
3	4	1	2	6	9	7	5	8
5	2	6	1	8	7	4	9	3
1	5	4	7	9	6	3	8	2
8	7	2	3	4	1	9	6	5
6	9	3	8	2	5	1	7	4
2	3	8	9	7	4	5	1	6
7	1	5	6	3	2	8	4	9
4	6	9	5	1	8	2	3	7

Solution # 70

7	4	3	8	6	9	5	2	1
6	8	9	2	1	5	4	7	3
1	5	2	4	7	3	6	8	9
3	6	7	1	9	8	2	5	4
8	2	1	5	4	6	3	9	7
5	9	4	3	2	7	8	1	6
9	7	8	6	3	2	1	4	5
4	3	5	9	8	1	7	6	2
2	1	6	7	5	4	9	3	8

Solution # 71

3	6	4	9	7	5	8	1	2
5	7	2	8	1	3	4	9	6
9	8	1	2	6	4	5	7	3
1	4	9	5	3	6	2	8	7
7	3	6	1	2	8	9	5	4
8	2	5	7	4	9	3	6	1
6	1	8	4	9	2	7	3	5
2	9	7	3	5	1	6	4	8
4	5	3	6	8	7	1	2	9

Solution # 72

9	8	4	7	6	3	2	5	1
1	7	6	2	5	8	9	4	3
3	2	5	1	9	4	8	6	7
2	9	8	3	4	1	6	7	5
6	5	1	8	7	9	4	3	2
7	4	3	6	2	5	1	9	8
5	1	9	4	8	7	3	2	6
4	3	2	5	1	6	7	8	9
8	6	7	9	3	2	5	1	4

Solution # 73

3	4	6	7	1	2	5	8	9
2	8	5	9	3	4	7	1	6
9	7	1	6	5	8	4	3	2
7	3	2	4	9	1	8	6	5
6	5	9	8	7	3	2	4	1
4	1	8	2	6	5	9	7	3
5	9	7	1	4	6	3	2	8
1	2	4	3	8	9	6	5	7
8	6	3	5	2	7	1	9	4

Solution # 74

2	7	1	4	9	8	6	3	5
8	6	9	7	3	5	1	2	4
4	5	3	6	1	2	8	7	9
9	1	2	8	6	7	4	5	3
5	3	8	1	2	4	7	9	6
7	4	6	3	5	9	2	8	1
1	9	5	2	8	6	3	4	7
3	8	4	9	7	1	5	6	2
6	2	7	5	4	3	9	1	8

Solution # 75

9	7	4	5	8	2	3	1	6
2	1	3	7	4	6	9	5	8
5	8	6	9	1	3	7	4	2
8	2	1	6	3	9	4	7	5
7	3	9	4	5	8	6	2	1
4	6	5	1	2	7	8	3	9
3	4	8	2	6	5	1	9	7
6	5	7	3	9	1	2	8	4
1	9	2	8	7	4	5	6	3

Solution # 76

9	8	1	7	4	3	5	6	2
7	2	5	1	9	6	3	4	8
4	6	3	5	8	2	1	9	7
1	3	9	4	2	8	6	7	5
6	4	2	9	7	5	8	1	3
8	5	7	6	3	1	9	2	4
3	7	8	2	1	9	4	5	6
5	1	4	8	6	7	2	3	9
2	9	6	3	5	4	7	8	1

Solution # 77

1	3	4	5	9	7	6	8	2
2	5	6	3	4	8	1	9	7
9	8	7	1	2	6	4	5	3
6	1	8	7	3	4	5	2	9
7	9	5	8	1	2	3	6	4
3	4	2	6	5	9	8	7	1
4	6	9	2	8	1	7	3	5
8	2	3	4	7	5	9	1	6
5	7	1	9	6	3	2	4	8

Solution # 78

5	7	4	3	8	2	1	9	6
3	9	2	6	4	1	8	7	5
8	1	6	7	5	9	4	2	3
9	5	8	4	1	6	2	3	7
1	6	7	8	2	3	5	4	9
4	2	3	5	9	7	6	1	8
6	4	9	2	3	5	7	8	1
2	3	5	1	7	8	9	6	4
7	8	1	9	6	4	3	5	2

Solution # 79

5	6	3	9	4	2	8	7	1
2	8	1	7	6	3	4	5	9
9	7	4	1	8	5	6	2	3
3	4	7	5	1	6	2	9	8
6	1	2	4	9	8	7	3	5
8	5	9	2	3	7	1	6	4
1	3	6	8	2	9	5	4	7
7	9	8	6	5	4	3	1	2
4	2	5	3	7	1	9	8	6

Solution # 80

8	4	5	9	3	6	2	7	1
2	7	3	8	1	5	9	6	4
9	1	6	2	4	7	8	3	5
5	6	4	3	8	9	1	2	7
1	3	8	4	7	2	6	5	9
7	9	2	5	6	1	3	4	8
4	8	9	6	5	3	7	1	2
6	5	7	1	2	8	4	9	3
3	2	1	7	9	4	5	8	6

Solution # 81

3	1	8	5	6	9	4	7	2
2	4	6	3	7	1	5	9	8
5	9	7	2	4	8	3	6	1
9	7	3	1	2	6	8	5	4
1	6	5	7	8	4	9	2	3
4	8	2	9	3	5	7	1	6
7	3	1	4	9	2	6	8	5
6	2	4	8	5	7	1	3	9
8	5	9	6	1	3	2	4	7

Solution # 82

7	9	5	4	2	6	1	8	3
8	6	4	1	5	3	9	2	7
1	2	3	7	8	9	4	6	5
6	3	2	5	9	8	7	1	4
4	5	7	2	6	1	8	3	9
9	1	8	3	7	4	2	5	6
2	8	6	9	4	5	3	7	1
5	4	1	8	3	7	6	9	2
3	7	9	6	1	2	5	4	8

Solution # 83

2	3	8	9	4	5	6	1	7
5	7	6	2	3	1	8	9	4
4	1	9	7	6	8	5	3	2
9	8	5	1	7	2	3	4	6
1	2	4	6	5	3	9	7	8
3	6	7	8	9	4	1	2	5
7	5	1	4	8	9	2	6	3
8	4	2	3	1	6	7	5	9
6	9	3	5	2	7	4	8	1

Solution # 84

6	8	2	9	3	5	7	4	1
9	4	7	2	8	1	5	3	6
3	5	1	7	6	4	8	9	2
2	1	3	4	7	6	9	5	8
4	7	9	5	2	8	1	6	3
8	6	5	1	9	3	4	2	7
5	9	6	3	1	7	2	8	4
7	3	4	8	5	2	6	1	9
1	2	8	6	4	9	3	7	5

Solution # 85

3	5	8	7	2	1	4	9	6
4	2	9	8	6	5	7	1	3
7	1	6	9	3	4	8	5	2
5	3	4	1	7	6	9	2	8
1	9	7	3	8	2	5	6	4
8	6	2	5	4	9	1	3	7
9	4	3	6	1	7	2	8	5
6	7	1	2	5	8	3	4	9
2	8	5	4	9	3	6	7	1

Solution # 86

1	7	6	5	3	8	9	2	4
3	9	2	7	6	4	5	8	1
8	5	4	2	1	9	6	7	3
5	2	3	6	4	1	8	9	7
6	4	1	9	8	7	2	3	5
9	8	7	3	2	5	1	4	6
7	1	9	4	5	2	3	6	8
2	6	5	8	7	3	4	1	9
4	3	8	1	9	6	7	5	2

Solution # 87

4	6	1	5	2	3	7	9	8
5	2	7	8	1	9	4	6	3
3	9	8	6	7	4	1	5	2
2	8	6	1	5	7	3	4	9
7	3	9	4	8	6	5	2	1
1	4	5	3	9	2	8	7	6
8	1	4	9	6	5	2	3	7
6	7	3	2	4	8	9	1	5
9	5	2	7	3	1	6	8	4

Solution # 88

5	6	9	1	2	3	7	8	4
2	3	7	8	4	5	9	1	6
1	4	8	9	7	6	3	5	2
8	7	5	2	6	9	4	3	1
6	9	2	4	3	1	8	7	5
3	1	4	5	8	7	6	2	9
9	8	1	7	5	4	2	6	3
4	2	6	3	1	8	5	9	7
7	5	3	6	9	2	1	4	8

Solution # 89

4	6	3	7	5	8	9	2	1
7	9	5	3	1	2	8	6	4
1	8	2	4	9	6	3	5	7
3	1	4	8	7	5	6	9	2
2	5	8	1	6	9	4	7	3
9	7	6	2	3	4	1	8	5
8	2	9	5	4	3	7	1	6
5	4	7	6	8	1	2	3	9
6	3	1	9	2	7	5	4	8

Solution # 90

4	3	6	5	9	7	8	1	2
2	7	8	1	3	6	4	5	9
1	9	5	4	8	2	6	7	3
7	5	4	3	2	8	9	6	1
6	8	9	7	5	1	3	2	4
3	1	2	9	6	4	7	8	5
9	2	7	6	4	5	1	3	8
8	4	1	2	7	3	5	9	6
5	6	3	8	1	9	2	4	7

Solution # 91

7	5	6	1	4	8	9	3	2
1	4	9	2	3	7	8	6	5
8	2	3	9	6	5	1	4	7
3	9	7	8	1	6	5	2	4
4	8	5	7	9	2	3	1	6
2	6	1	3	5	4	7	9	8
6	3	4	5	8	1	2	7	9
5	1	2	6	7	9	4	8	3
9	7	8	4	2	3	6	5	1

Solution # 92

8	4	2	6	9	3	1	7	5
3	7	6	8	1	5	9	2	4
5	1	9	7	4	2	8	3	6
4	9	7	1	6	8	2	5	3
6	2	8	5	3	9	7	4	1
1	3	5	2	7	4	6	9	8
9	6	4	3	2	1	5	8	7
7	8	3	9	5	6	4	1	2
2	5	1	4	8	7	3	6	9

Solution # 93

9	8	1	4	3	6	2	5	7
7	5	6	1	2	8	9	3	4
2	3	4	5	7	9	1	6	8
4	1	9	2	5	3	7	8	6
8	2	5	6	4	7	3	1	9
3	6	7	8	9	1	4	2	5
1	9	2	7	6	5	8	4	3
6	7	8	3	1	4	5	9	2
5	4	3	9	8	2	6	7	1

Solution # 94

9	3	8	4	5	6	7	2	1
6	2	7	3	8	1	4	5	9
5	4	1	2	7	9	8	6	3
8	1	6	5	2	7	3	9	4
4	9	5	8	1	3	2	7	6
2	7	3	6	9	4	1	8	5
3	6	9	7	4	2	5	1	8
1	5	2	9	3	8	6	4	7
7	8	4	1	6	5	9	3	2

Solution # 95

1	9	3	6	7	2	4	8	5
4	6	5	1	8	3	7	2	9
2	8	7	4	5	9	3	6	1
5	2	8	9	3	1	6	7	4
3	1	6	7	2	4	5	9	8
9	7	4	8	6	5	1	3	2
7	5	1	2	9	6	8	4	3
8	4	9	3	1	7	2	5	6
6	3	2	5	4	8	9	1	7

Solution # 96

7	6	8	9	4	2	3	1	5
2	9	1	6	3	5	4	8	7
5	4	3	7	1	8	9	6	2
1	3	4	8	7	9	2	5	6
9	7	2	4	5	6	8	3	1
8	5	6	1	2	3	7	4	9
4	8	5	2	6	7	1	9	3
3	2	9	5	8	1	6	7	4
6	1	7	3	9	4	5	2	8

Solution # 97

5	7	6	8	1	9	3	4	2
1	3	4	2	6	7	8	9	5
2	9	8	3	4	5	6	1	7
9	8	5	1	7	2	4	3	6
4	6	3	9	5	8	2	7	1
7	2	1	4	3	6	9	5	8
8	1	7	6	9	3	5	2	4
3	4	2	5	8	1	7	6	9
6	5	9	7	2	4	1	8	3

Solution # 98

6	4	9	3	2	5	8	1	7
7	1	2	8	9	6	4	5	3
3	8	5	1	7	4	9	6	2
2	3	7	5	1	9	6	8	4
5	6	1	4	8	7	3	2	9
4	9	8	6	3	2	5	7	1
1	5	6	7	4	3	2	9	8
9	7	4	2	6	8	1	3	5
8	2	3	9	5	1	7	4	6

Solution # 99

4	7	3	6	8	5	9	1	2
1	5	8	7	9	2	4	6	3
9	2	6	4	1	3	5	7	8
8	9	7	5	4	1	3	2	6
3	4	5	2	7	6	8	9	1
6	1	2	9	3	8	7	4	5
2	6	4	8	5	9	1	3	7
7	8	1	3	2	4	6	5	9
5	3	9	1	6	7	2	8	4

Solution # 100

8	6	1	3	5	2	9	4	7
5	3	9	8	7	4	6	1	2
7	2	4	1	6	9	8	3	5
2	5	8	4	9	1	7	6	3
9	7	3	6	2	8	1	5	4
1	4	6	7	3	5	2	8	9
4	8	7	9	1	3	5	2	6
3	9	5	2	8	6	4	7	1
6	1	2	5	4	7	3	9	8

Solution # 101

4	3	7	6	9	2	5	8	1
6	5	9	7	8	1	2	3	4
1	2	8	3	4	5	6	7	9
7	6	3	5	1	8	9	4	2
5	4	1	9	2	3	8	6	7
8	9	2	4	6	7	1	5	3
9	8	4	2	3	6	7	1	5
2	1	5	8	7	4	3	9	6
3	7	6	1	5	9	4	2	8

Solution # 102

1	9	3	6	4	5	7	8	2
4	6	2	7	9	8	1	3	5
7	8	5	1	3	2	9	6	4
9	7	1	8	6	4	2	5	3
8	5	4	2	7	3	6	1	9
2	3	6	5	1	9	4	7	8
6	4	9	3	5	1	8	2	7
3	1	8	9	2	7	5	4	6
5	2	7	4	8	6	3	9	1

Solution # 103

3	7	1	9	6	2	5	8	4
9	8	2	1	4	5	6	3	7
5	4	6	7	8	3	9	1	2
8	9	7	4	3	1	2	6	5
1	5	3	6	2	9	7	4	8
2	6	4	5	7	8	1	9	3
7	1	9	8	5	4	3	2	6
6	3	8	2	1	7	4	5	9
4	2	5	3	9	6	8	7	1

Solution # 104

4	9	1	5	3	8	7	6	2
3	7	5	6	4	2	8	9	1
8	6	2	1	7	9	4	5	3
6	5	4	3	8	1	2	7	9
1	8	9	2	5	7	3	4	6
7	2	3	9	6	4	1	8	5
9	3	8	4	2	6	5	1	7
2	1	7	8	9	5	6	3	4
5	4	6	7	1	3	9	2	8

Solution # 105

9	1	8	6	4	5	2	7	3
6	7	3	1	2	9	5	4	8
2	4	5	7	3	8	1	6	9
3	6	7	2	5	1	8	9	4
1	5	9	4	8	3	7	2	6
8	2	4	9	7	6	3	1	5
5	9	2	8	6	7	4	3	1
7	8	6	3	1	4	9	5	2
4	3	1	5	9	2	6	8	7

Solution # 106

8	9	2	4	1	3	7	5	6
3	7	4	5	6	9	2	1	8
5	1	6	2	8	7	9	3	4
1	2	5	8	9	6	3	4	7
9	8	3	7	4	5	1	6	2
4	6	7	1	3	2	5	8	9
6	5	9	3	7	4	8	2	1
2	4	8	9	5	1	6	7	3
7	3	1	6	2	8	4	9	5

Solution # 107

9	8	6	4	7	2	1	3	5
7	1	5	8	9	3	4	6	2
2	4	3	6	1	5	9	7	8
1	3	4	7	8	9	5	2	6
6	5	7	3	2	1	8	9	4
8	9	2	5	6	4	3	1	7
3	6	8	9	5	7	2	4	1
5	2	9	1	4	6	7	8	3
4	7	1	2	3	8	6	5	9

Solution # 108

3	8	2	4	7	9	6	1	5
5	1	4	2	3	6	9	8	7
6	7	9	5	8	1	3	2	4
9	5	3	6	4	2	1	7	8
8	4	6	9	1	7	5	3	2
1	2	7	8	5	3	4	6	9
4	6	8	1	2	5	7	9	3
7	9	5	3	6	8	2	4	1
2	3	1	7	9	4	8	5	6

Solution # 109

2	9	8	6	4	5	3	7	1
7	5	3	8	1	9	4	2	6
6	4	1	2	3	7	9	8	5
1	3	5	4	7	6	2	9	8
9	6	4	3	8	2	5	1	7
8	2	7	5	9	1	6	3	4
5	1	6	7	2	3	8	4	9
3	8	9	1	6	4	7	5	2
4	7	2	9	5	8	1	6	3

Solution # 110

6	9	1	7	8	2	5	4	3
5	3	8	9	4	1	7	6	2
7	2	4	3	5	6	8	9	1
3	1	6	4	7	8	9	2	5
4	7	2	5	6	9	1	3	8
9	8	5	1	2	3	4	7	6
8	6	9	2	1	7	3	5	4
1	4	7	6	3	5	2	8	9
2	5	3	8	9	4	6	1	7

Solution # 111

2	7	6	8	1	4	5	9	3
8	5	9	6	7	3	2	1	4
3	4	1	5	2	9	6	7	8
7	9	8	2	4	6	3	5	1
6	2	3	7	5	1	8	4	9
5	1	4	3	9	8	7	6	2
4	8	7	1	6	2	9	3	5
1	3	5	9	8	7	4	2	6
9	6	2	4	3	5	1	8	7

Solution # 112

7	8	2	3	6	1	5	9	4
1	9	5	7	4	8	3	6	2
3	6	4	2	9	5	1	8	7
9	3	1	6	8	4	7	2	5
4	2	6	5	1	7	9	3	8
8	5	7	9	3	2	4	1	6
5	1	9	8	7	6	2	4	3
2	4	8	1	5	3	6	7	9
6	7	3	4	2	9	8	5	1

Solution # 113

1	9	8	6	5	2	4	3	7
7	5	3	4	8	1	6	2	9
4	6	2	7	3	9	1	5	8
9	2	7	1	4	5	8	6	3
5	4	6	3	9	8	7	1	2
8	3	1	2	7	6	9	4	5
2	1	5	8	6	7	3	9	4
6	7	4	9	2	3	5	8	1
3	8	9	5	1	4	2	7	6

Solution # 114

7	5	8	1	4	9	6	2	3
2	4	6	7	3	8	5	1	9
1	9	3	6	2	5	8	7	4
6	7	4	3	5	2	1	9	8
8	3	5	9	1	7	4	6	2
9	1	2	8	6	4	3	5	7
4	6	1	2	7	3	9	8	5
3	2	9	5	8	1	7	4	6
5	8	7	4	9	6	2	3	1

Solution # 115

6	4	3	5	8	1	2	9	7
9	5	2	4	7	3	8	6	1
8	1	7	6	9	2	5	4	3
7	8	4	2	3	5	6	1	9
1	9	5	8	6	7	4	3	2
2	3	6	1	4	9	7	8	5
4	7	9	3	2	8	1	5	6
3	6	1	7	5	4	9	2	8
5	2	8	9	1	6	3	7	4

Solution # 116

9	7	6	3	4	1	8	5	2
4	3	2	8	6	5	7	9	1
8	5	1	9	2	7	6	4	3
7	8	9	5	3	2	4	1	6
2	4	3	7	1	6	5	8	9
1	6	5	4	9	8	2	3	7
5	1	8	2	7	3	9	6	4
3	9	7	6	8	4	1	2	5
6	2	4	1	5	9	3	7	8

Solution # 117

9	1	7	6	2	5	3	4	8
5	2	6	8	4	3	1	9	7
8	3	4	1	7	9	5	6	2
2	7	9	4	3	8	6	1	5
6	8	3	7	5	1	9	2	4
1	4	5	2	9	6	8	7	3
3	9	2	5	1	4	7	8	6
7	6	1	3	8	2	4	5	9
4	5	8	9	6	7	2	3	1

Solution # 118

7	3	4	9	5	1	2	6	8
6	8	5	7	2	3	1	4	9
1	9	2	4	6	8	7	3	5
4	1	3	8	9	2	6	5	7
9	2	6	3	7	5	4	8	1
8	5	7	1	4	6	9	2	3
5	4	9	6	8	7	3	1	2
3	6	8	2	1	9	5	7	4
2	7	1	5	3	4	8	9	6

Solution # 119

1	7	2	3	6	9	8	5	4
3	6	4	8	5	2	1	7	9
8	9	5	1	4	7	6	3	2
4	3	9	2	8	5	7	1	6
6	2	8	7	3	1	9	4	5
7	5	1	4	9	6	2	8	3
5	4	6	9	7	8	3	2	1
9	1	7	5	2	3	4	6	8
2	8	3	6	1	4	5	9	7

Solution # 120

1	7	8	3	6	5	2	9	4
3	2	9	7	8	4	5	1	6
4	6	5	2	9	1	3	7	8
9	8	7	4	5	3	1	6	2
5	4	1	6	2	9	8	3	7
6	3	2	1	7	8	9	4	5
8	5	4	9	1	7	6	2	3
7	9	6	5	3	2	4	8	1
2	1	3	8	4	6	7	5	9

Solution # 121

5	8	9	4	1	2	6	7	3
1	3	4	7	6	5	9	8	2
7	2	6	3	8	9	4	5	1
3	4	1	8	5	6	7	2	9
2	6	8	9	4	7	3	1	5
9	5	7	1	2	3	8	6	4
6	9	3	5	7	1	2	4	8
8	1	2	6	9	4	5	3	7
4	7	5	2	3	8	1	9	6

Solution # 122

4	5	6	8	9	3	7	1	2
7	9	8	4	2	1	5	6	3
1	3	2	5	6	7	8	9	4
5	8	4	1	3	9	6	2	7
9	1	7	6	4	2	3	8	5
6	2	3	7	8	5	9	4	1
3	6	1	9	5	4	2	7	8
2	4	9	3	7	8	1	5	6
8	7	5	2	1	6	4	3	9

Solution # 123

1	5	8	2	6	7	4	9	3
9	7	2	3	4	5	6	8	1
3	4	6	8	1	9	5	7	2
7	6	3	9	5	8	2	1	4
2	8	5	1	3	4	7	6	9
4	1	9	7	2	6	8	3	5
6	9	4	5	8	1	3	2	7
8	3	7	4	9	2	1	5	6
5	2	1	6	7	3	9	4	8

Solution # 124

9	2	7	8	6	4	1	3	5
8	5	1	9	2	3	7	6	4
4	6	3	7	5	1	2	8	9
5	9	8	1	3	2	4	7	6
6	3	2	4	7	5	9	1	8
7	1	4	6	9	8	5	2	3
2	4	9	3	1	6	8	5	7
3	7	5	2	8	9	6	4	1
1	8	6	5	4	7	3	9	2

Solution # 125

5	1	7	2	4	8	3	6	9
3	2	4	9	6	5	8	7	1
6	8	9	3	1	7	4	5	2
8	3	5	6	7	9	2	1	4
9	4	6	1	3	2	7	8	5
1	7	2	5	8	4	9	3	6
2	9	8	7	5	6	1	4	3
7	6	3	4	9	1	5	2	8
4	5	1	8	2	3	6	9	7

Solution # 126

1	6	4	5	7	9	8	3	2
8	5	7	2	3	4	1	9	6
9	2	3	1	6	8	7	4	5
6	3	1	9	4	7	5	2	8
4	9	5	8	1	2	3	6	7
7	8	2	3	5	6	4	1	9
5	1	6	7	2	3	9	8	4
3	4	8	6	9	5	2	7	1
2	7	9	4	8	1	6	5	3

Solution # 127

7	6	3	1	4	9	8	2	5
5	1	4	8	7	2	6	9	3
9	8	2	3	6	5	7	4	1
2	7	1	4	9	8	5	3	6
4	9	8	6	5	3	1	7	2
3	5	6	2	1	7	4	8	9
8	3	5	7	2	6	9	1	4
1	2	9	5	8	4	3	6	7
6	4	7	9	3	1	2	5	8

Solution # 128

1	5	8	7	6	4	3	9	2
7	3	6	9	5	2	1	4	8
2	4	9	8	3	1	7	5	6
3	6	1	5	2	8	4	7	9
9	8	2	3	4	7	6	1	5
5	7	4	1	9	6	8	2	3
8	1	3	2	7	9	5	6	4
4	9	7	6	8	5	2	3	1
6	2	5	4	1	3	9	8	7

Solution # 129

7	2	8	1	5	3	9	4	6
5	1	4	9	6	7	8	2	3
6	3	9	4	2	8	1	7	5
2	8	3	6	9	4	7	5	1
9	4	5	7	8	1	6	3	2
1	7	6	2	3	5	4	8	9
8	6	2	5	4	9	3	1	7
4	5	7	3	1	6	2	9	8
3	9	1	8	7	2	5	6	4

Solution # 130

1	4	3	8	5	7	9	2	6
6	7	9	1	2	4	8	5	3
8	5	2	3	9	6	4	1	7
3	2	4	5	8	1	7	6	9
9	8	7	2	6	3	1	4	5
5	6	1	4	7	9	3	8	2
4	9	8	6	3	2	5	7	1
2	3	5	7	1	8	6	9	4
7	1	6	9	4	5	2	3	8

Solution # 131

8	4	9	1	6	3	7	5	2
5	7	3	9	4	2	6	8	1
1	2	6	8	5	7	9	4	3
3	9	4	7	2	5	8	1	6
2	1	7	6	8	9	4	3	5
6	8	5	3	1	4	2	9	7
9	6	8	5	7	1	3	2	4
7	5	2	4	3	8	1	6	9
4	3	1	2	9	6	5	7	8

Solution # 132

3	8	4	6	1	5	2	7	9
6	2	1	8	9	7	5	3	4
5	7	9	3	4	2	1	8	6
1	6	2	5	8	4	3	9	7
4	3	5	9	7	1	8	6	2
8	9	7	2	6	3	4	5	1
7	1	8	4	5	9	6	2	3
9	5	3	1	2	6	7	4	8
2	4	6	7	3	8	9	1	5

Solution # 133

9	7	8	3	6	5	2	1	4
6	1	5	4	7	2	3	8	9
2	3	4	9	1	8	5	6	7
3	9	6	8	2	4	1	7	5
5	4	1	7	9	6	8	3	2
7	8	2	1	5	3	9	4	6
1	2	3	6	4	9	7	5	8
8	6	9	5	3	7	4	2	1
4	5	7	2	8	1	6	9	3

Solution # 134

5	8	6	4	1	3	9	2	7
4	7	9	2	6	5	3	8	1
2	1	3	8	9	7	4	5	6
8	4	1	7	2	9	5	6	3
6	9	2	5	3	8	1	7	4
7	3	5	6	4	1	2	9	8
1	2	4	9	8	6	7	3	5
9	5	8	3	7	4	6	1	2
3	6	7	1	5	2	8	4	9

Solution # 135

8	7	4	5	6	9	3	1	2
9	3	6	4	1	2	8	7	5
5	2	1	8	7	3	4	6	9
2	1	3	9	5	8	7	4	6
4	6	8	7	2	1	5	9	3
7	5	9	3	4	6	1	2	8
6	4	2	1	3	5	9	8	7
1	8	5	6	9	7	2	3	4
3	9	7	2	8	4	6	5	1

Solution # 136

9	6	7	4	1	2	5	8	3
4	5	8	9	6	3	2	1	7
2	1	3	7	5	8	6	4	9
6	9	1	2	8	5	3	7	4
3	2	5	1	4	7	9	6	8
7	8	4	6	3	9	1	2	5
8	4	9	5	2	1	7	3	6
1	7	6	3	9	4	8	5	2
5	3	2	8	7	6	4	9	1

Solution # 137

3	8	6	2	5	4	7	9	1
7	9	4	1	3	6	8	2	5
1	2	5	9	7	8	6	4	3
8	1	3	6	9	7	2	5	4
9	5	2	8	4	1	3	6	7
6	4	7	3	2	5	1	8	9
4	3	1	5	6	2	9	7	8
2	7	8	4	1	9	5	3	6
5	6	9	7	8	3	4	1	2

Solution # 138

1	2	4	5	7	6	9	8	3
7	3	9	4	2	8	6	1	5
6	8	5	3	9	1	2	7	4
8	9	7	2	1	5	3	4	6
3	4	2	8	6	9	1	5	7
5	1	6	7	3	4	8	2	9
2	7	1	6	4	3	5	9	8
9	5	3	1	8	7	4	6	2
4	6	8	9	5	2	7	3	1

Solution # 139

1	3	7	9	6	2	8	4	5
9	4	6	1	5	8	3	2	7
5	8	2	7	4	3	1	9	6
6	2	3	8	7	4	5	1	9
4	1	8	5	3	9	7	6	2
7	5	9	2	1	6	4	3	8
2	9	4	3	8	7	6	5	1
3	7	1	6	2	5	9	8	4
8	6	5	4	9	1	2	7	3

Solution # 140

5	9	8	2	7	3	1	4	6
3	1	6	8	5	4	9	2	7
4	2	7	9	6	1	5	8	3
6	5	9	3	4	8	2	7	1
1	7	3	6	2	5	4	9	8
8	4	2	1	9	7	3	6	5
7	8	4	5	1	9	6	3	2
2	3	1	4	8	6	7	5	9
9	6	5	7	3	2	8	1	4

Solution # 141

4	7	5	8	9	6	1	2	3
8	2	9	1	7	3	6	5	4
6	1	3	5	2	4	9	8	7
5	6	2	7	4	1	8	3	9
3	9	7	2	6	8	5	4	1
1	8	4	9	3	5	7	6	2
7	4	1	6	5	2	3	9	8
2	5	8	3	1	9	4	7	6
9	3	6	4	8	7	2	1	5

Solution # 142

5	3	1	2	4	9	7	6	8
9	6	4	1	7	8	5	2	3
7	2	8	3	5	6	1	4	9
8	9	3	7	6	2	4	5	1
2	1	5	9	3	4	6	8	7
4	7	6	8	1	5	9	3	2
6	8	9	5	2	7	3	1	4
1	4	7	6	8	3	2	9	5
3	5	2	4	9	1	8	7	6

Solution # 143

1	4	5	7	8	6	9	2	3
8	3	9	5	4	2	7	6	1
2	7	6	3	1	9	8	4	5
9	8	4	6	7	1	5	3	2
3	2	1	8	9	5	4	7	6
6	5	7	4	2	3	1	8	9
4	9	2	1	3	8	6	5	7
5	1	8	2	6	7	3	9	4
7	6	3	9	5	4	2	1	8

Solution # 144

1	3	9	8	6	4	5	2	7
5	8	2	9	7	3	6	1	4
7	4	6	2	1	5	3	8	9
8	6	1	7	4	2	9	5	3
9	5	7	6	3	8	1	4	2
3	2	4	1	5	9	8	7	6
4	9	3	5	2	1	7	6	8
2	7	5	3	8	6	4	9	1
6	1	8	4	9	7	2	3	5

Solution # 145

3	8	6	1	4	9	7	5	2
7	5	1	6	2	8	9	3	4
4	2	9	7	3	5	8	6	1
6	4	8	2	5	7	3	1	9
2	3	5	8	9	1	4	7	6
9	1	7	3	6	4	2	8	5
1	7	2	4	8	6	5	9	3
8	9	4	5	1	3	6	2	7
5	6	3	9	7	2	1	4	8

Solution # 146

1	3	2	4	7	5	6	9	8
5	8	4	9	6	1	3	2	7
6	7	9	3	8	2	1	4	5
9	4	1	2	3	7	5	8	6
2	6	7	1	5	8	9	3	4
3	5	8	6	9	4	7	1	2
7	1	5	8	4	3	2	6	9
8	9	3	7	2	6	4	5	1
4	2	6	5	1	9	8	7	3

Solution # 147

7	9	5	8	2	6	4	1	3
2	8	3	4	9	1	7	5	6
4	1	6	7	3	5	8	2	9
6	7	8	3	5	4	1	9	2
5	4	1	2	6	9	3	7	8
9	3	2	1	8	7	5	6	4
8	6	9	5	1	3	2	4	7
3	5	4	9	7	2	6	8	1
1	2	7	6	4	8	9	3	5

Solution # 148

9	3	5	4	7	2	8	6	1
1	7	6	8	5	9	3	2	4
4	8	2	6	1	3	7	5	9
7	5	4	3	2	1	9	8	6
2	9	8	7	6	5	4	1	3
6	1	3	9	4	8	5	7	2
5	4	1	2	3	7	6	9	8
3	2	9	5	8	6	1	4	7
8	6	7	1	9	4	2	3	5

Solution # 149

3	5	7	8	6	2	1	4	9
9	4	8	1	3	7	2	6	5
6	1	2	5	9	4	8	3	7
1	9	6	2	4	3	5	7	8
7	2	3	9	8	5	6	1	4
5	8	4	7	1	6	9	2	3
4	3	5	6	2	8	7	9	1
8	6	9	4	7	1	3	5	2
2	7	1	3	5	9	4	8	6

Solution # 150

1	5	6	3	2	7	9	4	8
9	4	3	8	6	1	5	2	7
8	7	2	5	4	9	6	3	1
6	8	1	4	9	5	3	7	2
2	9	4	6	7	3	1	8	5
7	3	5	2	1	8	4	6	9
3	2	8	1	5	6	7	9	4
4	1	7	9	3	2	8	5	6
5	6	9	7	8	4	2	1	3

Solution # 151

5	4	7	1	9	8	3	2	6
9	3	8	7	2	6	5	1	4
1	6	2	3	4	5	8	9	7
4	8	5	9	1	7	2	6	3
3	7	6	2	8	4	1	5	9
2	1	9	5	6	3	4	7	8
8	9	4	6	5	1	7	3	2
6	5	3	4	7	2	9	8	1
7	2	1	8	3	9	6	4	5

Solution # 152

1	7	2	9	5	6	8	4	3
5	8	9	4	3	7	1	6	2
3	4	6	8	1	2	5	7	9
2	6	5	1	7	3	9	8	4
4	3	1	6	9	8	7	2	5
7	9	8	2	4	5	3	1	6
6	1	3	5	8	4	2	9	7
8	2	7	3	6	9	4	5	1
9	5	4	7	2	1	6	3	8

Solution # 153

2	5	3	6	8	4	1	9	7
4	8	9	1	2	7	6	5	3
7	6	1	3	9	5	4	8	2
5	3	4	2	1	9	7	6	8
8	1	7	4	3	6	5	2	9
9	2	6	5	7	8	3	4	1
1	4	8	9	6	3	2	7	5
3	9	5	7	4	2	8	1	6
6	7	2	8	5	1	9	3	4

Solution # 154

7	6	9	1	4	5	3	8	2
1	4	8	2	3	7	9	5	6
5	3	2	9	8	6	7	1	4
6	9	1	8	2	4	5	7	3
2	8	7	5	6	3	1	4	9
4	5	3	7	9	1	6	2	8
9	2	5	6	1	8	4	3	7
8	1	4	3	7	9	2	6	5
3	7	6	4	5	2	8	9	1

Solution # 155

1	7	5	6	8	4	3	9	2
2	4	8	3	7	9	1	6	5
6	3	9	1	2	5	4	8	7
7	8	1	2	4	3	6	5	9
3	6	2	9	5	8	7	4	1
9	5	4	7	1	6	8	2	3
4	1	6	5	3	2	9	7	8
5	9	3	8	6	7	2	1	4
8	2	7	4	9	1	5	3	6

Solution # 156

4	3	2	7	8	9	6	1	5
8	9	1	4	6	5	3	2	7
7	6	5	1	2	3	4	8	9
9	5	3	8	4	1	2	7	6
6	2	4	3	5	7	1	9	8
1	7	8	6	9	2	5	4	3
2	4	7	5	3	8	9	6	1
3	8	6	9	1	4	7	5	2
5	1	9	2	7	6	8	3	4

Solution # 157

3	8	7	4	6	1	2	5	9
9	6	5	3	7	2	4	8	1
4	1	2	8	5	9	3	6	7
6	5	4	1	8	7	9	3	2
8	2	3	9	4	5	1	7	6
7	9	1	6	2	3	8	4	5
1	3	6	7	9	4	5	2	8
5	4	8	2	1	6	7	9	3
2	7	9	5	3	8	6	1	4

Solution # 158

7	9	8	1	6	3	4	2	5
5	2	3	4	7	9	1	6	8
6	1	4	2	5	8	3	7	9
3	7	2	6	8	1	9	5	4
9	5	6	3	4	2	8	1	7
4	8	1	7	9	5	6	3	2
1	4	5	8	2	6	7	9	3
8	3	9	5	1	7	2	4	6
2	6	7	9	3	4	5	8	1

Solution # 159

3	7	8	4	1	9	6	5	2
5	9	1	6	3	2	8	4	7
4	2	6	7	5	8	9	1	3
8	4	7	9	6	5	2	3	1
2	6	9	1	4	3	5	7	8
1	5	3	8	2	7	4	6	9
6	3	2	5	9	1	7	8	4
7	1	5	2	8	4	3	9	6
9	8	4	3	7	6	1	2	5

Solution # 160

2	5	6	8	3	1	7	9	4
8	9	3	5	4	7	1	2	6
4	7	1	6	2	9	3	8	5
6	2	5	1	9	3	8	4	7
7	3	8	4	6	5	9	1	2
9	1	4	7	8	2	6	5	3
3	4	7	2	1	8	5	6	9
1	6	9	3	5	4	2	7	8
5	8	2	9	7	6	4	3	1

Solution # 161

1	4	2	9	3	5	8	7	6
9	6	5	4	8	7	3	2	1
7	3	8	2	1	6	5	4	9
4	2	7	1	5	9	6	3	8
5	1	3	6	4	8	7	9	2
8	9	6	7	2	3	1	5	4
3	7	4	8	9	1	2	6	5
6	8	9	5	7	2	4	1	3
2	5	1	3	6	4	9	8	7

Solution # 162

5	7	4	3	1	2	8	6	9
8	3	6	4	7	9	1	2	5
1	2	9	6	5	8	4	3	7
2	4	8	9	6	5	3	7	1
6	9	1	7	8	3	2	5	4
7	5	3	1	2	4	6	9	8
3	6	7	5	4	1	9	8	2
9	1	2	8	3	7	5	4	6
4	8	5	2	9	6	7	1	3

Solution # 163

9	3	7	6	4	5	1	2	8
2	5	1	8	9	3	4	6	7
6	4	8	1	2	7	9	5	3
1	7	6	9	5	4	8	3	2
4	9	3	7	8	2	6	1	5
8	2	5	3	1	6	7	9	4
5	6	9	2	7	8	3	4	1
3	8	4	5	6	1	2	7	9
7	1	2	4	3	9	5	8	6

Solution # 164

4	1	7	5	8	3	6	2	9
2	8	9	7	4	6	5	1	3
5	3	6	9	1	2	7	8	4
9	2	8	6	5	4	3	7	1
6	7	3	1	2	9	8	4	5
1	4	5	8	3	7	2	9	6
8	6	2	3	9	1	4	5	7
7	5	1	4	6	8	9	3	2
3	9	4	2	7	5	1	6	8

Solution # 165

1	3	4	8	5	2	7	6	9
7	8	6	1	4	9	5	2	3
5	9	2	6	7	3	1	8	4
8	1	5	3	2	7	4	9	6
3	6	9	4	1	8	2	5	7
4	2	7	9	6	5	3	1	8
6	5	3	2	8	4	9	7	1
9	7	8	5	3	1	6	4	2
2	4	1	7	9	6	8	3	5

Solution # 166

2	1	4	5	6	8	7	9	3
5	3	7	1	4	9	8	6	2
8	6	9	7	3	2	4	5	1
7	5	1	2	8	6	9	3	4
4	8	3	9	7	5	1	2	6
9	2	6	4	1	3	5	8	7
3	7	5	8	2	1	6	4	9
1	9	2	6	5	4	3	7	8
6	4	8	3	9	7	2	1	5

Solution # 167

1	7	9	8	5	4	3	6	2
3	2	4	1	7	6	5	9	8
5	8	6	9	3	2	1	7	4
9	3	1	4	6	5	8	2	7
8	4	2	3	1	7	6	5	9
6	5	7	2	9	8	4	3	1
7	9	3	5	8	1	2	4	6
4	6	8	7	2	3	9	1	5
2	1	5	6	4	9	7	8	3

Solution # 168

7	8	3	1	4	6	2	5	9
4	6	9	5	8	2	3	1	7
1	2	5	9	7	3	6	8	4
5	1	4	7	2	8	9	3	6
8	7	6	3	1	9	4	2	5
9	3	2	4	6	5	1	7	8
3	4	7	8	9	1	5	6	2
2	5	8	6	3	4	7	9	1
6	9	1	2	5	7	8	4	3

Solution # 169

8	9	5	7	1	3	6	2	4
4	7	1	9	2	6	8	3	5
2	3	6	8	5	4	7	9	1
3	8	7	4	6	5	9	1	2
6	4	2	1	8	9	5	7	3
1	5	9	3	7	2	4	8	6
9	2	8	5	4	1	3	6	7
5	6	3	2	9	7	1	4	8
7	1	4	6	3	8	2	5	9

Solution # 170

6	7	8	5	2	4	3	1	9
2	5	9	8	3	1	6	7	4
3	4	1	7	9	6	8	2	5
8	1	7	3	4	9	2	5	6
4	6	3	2	1	5	9	8	7
5	9	2	6	7	8	1	4	3
7	2	4	1	6	3	5	9	8
9	8	6	4	5	2	7	3	1
1	3	5	9	8	7	4	6	2

Solution # 171

2	3	9	6	4	8	7	5	1
8	6	1	7	5	9	3	4	2
4	7	5	1	3	2	8	9	6
9	4	6	8	2	3	5	1	7
7	5	3	4	1	6	9	2	8
1	8	2	5	9	7	6	3	4
5	2	8	3	6	1	4	7	9
3	1	7	9	8	4	2	6	5
6	9	4	2	7	5	1	8	3

Solution # 172

9	2	4	6	7	3	5	8	1
8	3	5	4	9	1	6	7	2
7	1	6	8	5	2	3	4	9
5	7	1	3	4	9	8	2	6
2	4	3	1	8	6	7	9	5
6	8	9	7	2	5	4	1	3
3	6	8	2	1	4	9	5	7
4	9	2	5	6	7	1	3	8
1	5	7	9	3	8	2	6	4

Solution # 173

9	6	2	3	1	4	5	8	7
7	4	3	8	5	2	9	6	1
1	5	8	6	7	9	3	4	2
4	1	7	5	2	8	6	9	3
2	3	5	4	9	6	1	7	8
6	8	9	1	3	7	2	5	4
8	2	4	9	6	1	7	3	5
3	9	1	7	4	5	8	2	6
5	7	6	2	8	3	4	1	9

Solution # 174

5	1	6	2	4	3	9	8	7
3	8	2	7	9	6	4	1	5
7	9	4	1	8	5	6	3	2
2	7	9	3	1	8	5	4	6
6	5	8	9	7	4	1	2	3
4	3	1	6	5	2	7	9	8
8	2	7	4	6	9	3	5	1
9	6	5	8	3	1	2	7	4
1	4	3	5	2	7	8	6	9

Solution # 175

9	3	5	1	8	4	7	2	6
7	1	6	3	2	5	4	8	9
2	4	8	9	7	6	1	3	5
6	8	3	7	9	1	5	4	2
4	9	1	8	5	2	6	7	3
5	2	7	6	4	3	8	9	1
8	6	4	2	1	9	3	5	7
3	7	2	5	6	8	9	1	4
1	5	9	4	3	7	2	6	8

Solution # 176

3	8	2	1	6	5	4	7	9
6	9	4	8	3	7	1	5	2
5	1	7	9	4	2	8	6	3
8	6	5	2	1	4	9	3	7
2	4	9	3	7	8	5	1	6
7	3	1	6	5	9	2	8	4
9	2	6	5	8	3	7	4	1
4	5	3	7	2	1	6	9	8
1	7	8	4	9	6	3	2	5

Solution # 177

3	4	8	6	2	9	1	5	7
2	1	6	8	7	5	4	3	9
7	5	9	4	1	3	8	2	6
6	8	3	2	5	7	9	1	4
1	2	4	9	8	6	5	7	3
9	7	5	3	4	1	6	8	2
8	9	1	7	6	2	3	4	5
5	3	2	1	9	4	7	6	8
4	6	7	5	3	8	2	9	1

Solution # 178

9	5	2	6	8	3	7	1	4
1	7	6	2	9	4	5	3	8
8	3	4	1	5	7	6	9	2
7	4	1	9	3	8	2	5	6
6	9	3	4	2	5	1	8	7
2	8	5	7	1	6	3	4	9
3	6	9	8	7	1	4	2	5
4	1	8	5	6	2	9	7	3
5	2	7	3	4	9	8	6	1

Solution # 179

4	9	3	5	2	7	6	8	1
7	8	6	1	3	4	9	2	5
5	2	1	8	9	6	7	3	4
8	1	5	3	7	9	4	6	2
3	4	7	6	5	2	1	9	8
2	6	9	4	8	1	5	7	3
1	3	4	9	6	8	2	5	7
6	7	8	2	1	5	3	4	9
9	5	2	7	4	3	8	1	6

Solution # 180

1	4	8	6	5	9	7	3	2
2	6	5	3	8	7	1	4	9
9	3	7	4	2	1	8	6	5
3	8	9	7	1	4	5	2	6
4	7	2	5	6	8	9	1	3
5	1	6	2	9	3	4	8	7
7	2	1	8	3	5	6	9	4
8	5	3	9	4	6	2	7	1
6	9	4	1	7	2	3	5	8

Solution # 181

9	3	7	5	4	6	1	2	8
5	2	6	7	8	1	3	4	9
1	4	8	3	9	2	6	7	5
4	7	5	6	2	3	9	8	1
3	8	2	9	1	7	5	6	4
6	1	9	8	5	4	7	3	2
7	9	1	2	6	8	4	5	3
2	6	4	1	3	5	8	9	7
8	5	3	4	7	9	2	1	6

Solution # 182

7	9	2	1	5	6	3	4	8
4	3	6	9	2	8	1	5	7
5	1	8	3	7	4	9	2	6
6	4	1	5	8	9	2	7	3
2	5	3	6	1	7	8	9	4
8	7	9	2	4	3	6	1	5
3	8	7	4	9	1	5	6	2
1	2	4	8	6	5	7	3	9
9	6	5	7	3	2	4	8	1

Solution # 183

9	8	1	3	6	2	4	5	7
2	4	6	7	9	5	1	8	3
7	3	5	8	1	4	6	2	9
8	5	9	2	4	1	3	7	6
4	6	3	5	7	9	8	1	2
1	7	2	6	8	3	9	4	5
6	1	8	9	2	7	5	3	4
5	2	4	1	3	6	7	9	8
3	9	7	4	5	8	2	6	1

Solution # 184

4	9	1	7	6	3	2	8	5
5	2	3	1	8	9	6	4	7
8	7	6	4	2	5	1	9	3
1	4	5	6	9	7	3	2	8
3	8	9	5	1	2	7	6	4
7	6	2	3	4	8	9	5	1
6	1	8	9	7	4	5	3	2
2	5	7	8	3	6	4	1	9
9	3	4	2	5	1	8	7	6

Solution # 185

8	5	6	9	2	3	7	4	1
9	2	7	6	1	4	8	3	5
1	3	4	8	5	7	2	6	9
6	4	8	2	3	5	9	1	7
3	9	2	7	8	1	6	5	4
5	7	1	4	9	6	3	8	2
2	8	5	3	4	9	1	7	6
4	6	3	1	7	2	5	9	8
7	1	9	5	6	8	4	2	3

Solution # 186

7	5	8	1	9	3	6	4	2
6	1	4	2	8	7	5	9	3
9	2	3	4	5	6	1	7	8
3	7	1	9	2	4	8	5	6
8	9	5	7	6	1	3	2	4
2	4	6	5	3	8	9	1	7
1	3	2	6	4	9	7	8	5
5	6	7	8	1	2	4	3	9
4	8	9	3	7	5	2	6	1

Solution # 187

2	8	1	3	4	9	5	6	7
7	4	3	8	6	5	9	1	2
6	9	5	1	7	2	4	8	3
8	5	4	7	3	1	6	2	9
9	6	7	4	2	8	1	3	5
1	3	2	9	5	6	7	4	8
4	2	9	6	8	7	3	5	1
3	7	8	5	1	4	2	9	6
5	1	6	2	9	3	8	7	4

Solution # 188

5	1	6	4	8	2	9	3	7
8	3	9	6	7	1	4	5	2
7	2	4	3	5	9	8	1	6
3	4	7	8	1	5	2	6	9
2	6	1	9	4	3	7	8	5
9	8	5	2	6	7	1	4	3
6	7	3	1	9	4	5	2	8
4	5	8	7	2	6	3	9	1
1	9	2	5	3	8	6	7	4

Solution # 189

5	7	9	3	8	1	2	6	4
2	8	1	6	4	5	9	3	7
3	4	6	7	9	2	1	5	8
6	3	4	9	2	8	5	7	1
7	1	8	5	6	3	4	9	2
9	5	2	1	7	4	3	8	6
8	6	5	4	1	9	7	2	3
4	9	7	2	3	6	8	1	5
1	2	3	8	5	7	6	4	9

Solution # 190

6	4	7	3	2	5	8	9	1
2	3	1	6	9	8	4	7	5
5	8	9	7	1	4	2	6	3
1	9	3	2	4	7	6	5	8
4	2	6	8	5	3	9	1	7
7	5	8	1	6	9	3	4	2
9	7	4	5	8	2	1	3	6
8	1	5	4	3	6	7	2	9
3	6	2	9	7	1	5	8	4

Solution # 191

1	3	2	4	6	7	8	5	9
4	8	6	5	9	1	3	2	7
9	7	5	2	8	3	4	6	1
6	5	3	8	7	4	9	1	2
2	9	8	3	1	5	7	4	6
7	4	1	9	2	6	5	8	3
8	1	9	7	4	2	6	3	5
5	2	4	6	3	9	1	7	8
3	6	7	1	5	8	2	9	4

Solution # 192

8	9	5	4	7	6	2	3	1
7	2	1	8	3	5	6	4	9
4	6	3	2	9	1	7	8	5
6	7	4	1	8	3	9	5	2
2	1	9	5	4	7	3	6	8
5	3	8	6	2	9	1	7	4
3	5	6	9	1	4	8	2	7
1	8	7	3	5	2	4	9	6
9	4	2	7	6	8	5	1	3

Solution # 193

1	9	8	4	7	3	6	2	5
4	3	2	6	1	5	9	7	8
5	6	7	9	2	8	1	3	4
2	7	1	5	8	6	3	4	9
9	8	4	2	3	7	5	6	1
3	5	6	1	9	4	7	8	2
6	2	3	8	5	9	4	1	7
8	4	5	7	6	1	2	9	3
7	1	9	3	4	2	8	5	6

Solution # 194

4	2	7	6	1	3	8	9	5
1	8	3	7	9	5	4	6	2
6	5	9	4	8	2	1	7	3
3	1	4	9	6	7	5	2	8
5	6	2	3	4	8	7	1	9
9	7	8	2	5	1	3	4	6
2	3	1	8	7	9	6	5	4
8	4	5	1	2	6	9	3	7
7	9	6	5	3	4	2	8	1

Solution # 195

3	9	2	7	1	5	8	4	6
6	8	4	3	9	2	1	7	5
1	5	7	4	8	6	3	9	2
2	7	8	5	3	9	6	1	4
5	6	9	8	4	1	2	3	7
4	3	1	6	2	7	5	8	9
9	4	3	2	6	8	7	5	1
7	1	6	9	5	3	4	2	8
8	2	5	1	7	4	9	6	3

Solution # 196

9	6	7	1	5	4	8	3	2
4	2	3	6	8	7	9	5	1
8	5	1	3	2	9	4	7	6
6	1	4	5	7	8	3	2	9
3	7	5	9	6	2	1	4	8
2	8	9	4	3	1	7	6	5
1	3	2	7	9	6	5	8	4
5	9	6	8	4	3	2	1	7
7	4	8	2	1	5	6	9	3

Solution # 197

4	8	1	6	3	7	9	5	2
5	3	9	4	1	2	6	8	7
2	6	7	9	5	8	1	4	3
3	4	6	1	8	5	2	7	9
1	9	5	7	2	4	3	6	8
8	7	2	3	9	6	5	1	4
6	1	8	2	4	3	7	9	5
9	5	3	8	7	1	4	2	6
7	2	4	5	6	9	8	3	1

Solution # 198

8	3	5	9	1	6	7	4	2
7	9	4	8	2	5	3	1	6
6	1	2	3	7	4	8	5	9
2	8	7	1	3	9	5	6	4
3	4	6	2	5	7	1	9	8
9	5	1	4	6	8	2	3	7
4	2	8	5	9	1	6	7	3
5	7	9	6	8	3	4	2	1
1	6	3	7	4	2	9	8	5

Solution # 199

4	1	9	8	3	7	5	6	2
6	8	3	2	5	4	7	9	1
7	5	2	1	6	9	4	8	3
2	4	7	6	1	8	9	3	5
8	9	1	3	7	5	6	2	4
3	6	5	4	9	2	8	1	7
9	2	4	5	8	1	3	7	6
1	7	6	9	4	3	2	5	8
5	3	8	7	2	6	1	4	9

Solution # 200

4	9	2	7	5	8	1	6	3
3	5	6	1	9	4	2	8	7
7	1	8	3	6	2	9	4	5
2	3	1	9	8	5	4	7	6
6	7	9	4	1	3	5	2	8
5	8	4	2	7	6	3	9	1
1	2	5	6	4	7	8	3	9
8	4	7	5	3	9	6	1	2
9	6	3	8	2	1	7	5	4

Solution # 201

7	4	5	8	1	6	2	9	3
6	9	3	7	2	4	8	1	5
1	2	8	3	9	5	6	4	7
2	3	9	5	6	1	4	7	8
5	1	7	2	4	8	9	3	6
4	8	6	9	7	3	1	5	2
3	6	4	1	5	2	7	8	9
8	7	2	4	3	9	5	6	1
9	5	1	6	8	7	3	2	4

Solution # 202

2	1	5	7	9	8	4	6	3
4	8	6	3	1	2	7	9	5
3	7	9	4	6	5	1	2	8
6	3	7	2	8	9	5	1	4
5	2	1	6	4	7	8	3	9
8	9	4	5	3	1	2	7	6
9	5	8	1	7	6	3	4	2
7	6	3	8	2	4	9	5	1
1	4	2	9	5	3	6	8	7

Solution # 203

4	8	2	1	3	6	9	5	7
3	7	5	8	4	9	6	1	2
6	9	1	7	2	5	8	3	4
7	6	9	5	1	8	2	4	3
1	5	3	2	6	4	7	9	8
2	4	8	9	7	3	5	6	1
9	3	7	4	5	2	1	8	6
8	2	6	3	9	1	4	7	5
5	1	4	6	8	7	3	2	9

Solution # 204

1	4	6	9	8	7	3	2	5
2	7	9	3	5	4	8	6	1
8	3	5	1	2	6	9	4	7
3	1	7	4	6	5	2	9	8
9	2	4	8	7	3	5	1	6
5	6	8	2	1	9	4	7	3
6	9	2	7	3	8	1	5	4
7	8	1	5	4	2	6	3	9
4	5	3	6	9	1	7	8	2

Solution # 205

4	6	8	3	5	1	7	9	2
3	1	7	8	2	9	4	5	6
9	5	2	6	7	4	8	1	3
1	4	6	7	9	8	2	3	5
2	7	5	1	4	3	6	8	9
8	9	3	2	6	5	1	4	7
6	8	1	5	3	2	9	7	4
5	2	9	4	8	7	3	6	1
7	3	4	9	1	6	5	2	8

Solution # 206

4	6	9	7	3	1	8	2	5
2	3	1	5	6	8	4	7	9
8	5	7	4	9	2	1	3	6
3	8	4	1	2	5	9	6	7
9	1	5	6	4	7	2	8	3
7	2	6	9	8	3	5	1	4
6	9	8	2	7	4	3	5	1
1	7	2	3	5	9	6	4	8
5	4	3	8	1	6	7	9	2

Solution # 207

4	9	3	8	6	1	5	7	2
6	1	7	4	5	2	8	3	9
8	5	2	3	9	7	6	1	4
9	7	6	1	3	5	4	2	8
1	3	4	9	2	8	7	6	5
2	8	5	6	7	4	1	9	3
5	6	1	2	8	9	3	4	7
7	4	9	5	1	3	2	8	6
3	2	8	7	4	6	9	5	1

Solution # 208

5	7	6	1	3	8	9	2	4
1	2	8	9	4	7	5	6	3
9	3	4	6	5	2	1	8	7
6	1	5	7	2	4	8	3	9
7	4	2	3	8	9	6	5	1
3	8	9	5	6	1	4	7	2
8	9	3	2	1	5	7	4	6
4	6	7	8	9	3	2	1	5
2	5	1	4	7	6	3	9	8

Solution # 209

4	7	1	2	9	8	6	3	5
8	5	9	4	3	6	7	2	1
3	2	6	5	1	7	4	9	8
9	1	4	6	5	2	3	8	7
2	6	8	1	7	3	9	5	4
5	3	7	8	4	9	2	1	6
7	8	3	9	6	5	1	4	2
6	4	2	3	8	1	5	7	9
1	9	5	7	2	4	8	6	3

Solution # 210

4	9	6	3	5	7	8	1	2
3	1	8	9	4	2	5	6	7
7	5	2	1	8	6	4	3	9
9	8	1	2	3	5	6	7	4
6	4	7	8	9	1	3	2	5
2	3	5	6	7	4	1	9	8
5	2	9	4	6	3	7	8	1
8	7	3	5	1	9	2	4	6
1	6	4	7	2	8	9	5	3

Solution # 211

9	1	7	3	2	6	8	4	5
2	3	6	8	5	4	1	9	7
8	4	5	9	1	7	2	6	3
4	9	8	6	3	5	7	2	1
6	7	1	4	8	2	5	3	9
3	5	2	7	9	1	4	8	6
7	2	9	1	4	3	6	5	8
1	8	4	5	6	9	3	7	2
5	6	3	2	7	8	9	1	4

Solution # 212

7	3	2	1	8	9	6	4	5
6	1	4	2	5	3	7	8	9
5	9	8	4	6	7	3	1	2
4	6	1	9	7	2	8	5	3
2	5	3	8	1	6	4	9	7
8	7	9	5	3	4	1	2	6
1	8	7	6	9	5	2	3	4
3	2	5	7	4	8	9	6	1
9	4	6	3	2	1	5	7	8

Solution # 213

5	9	4	3	1	6	7	8	2
1	6	3	2	7	8	9	5	4
2	7	8	9	5	4	6	3	1
7	2	5	6	4	1	3	9	8
3	4	6	8	9	7	1	2	5
8	1	9	5	2	3	4	6	7
9	8	1	4	3	2	5	7	6
4	3	2	7	6	5	8	1	9
6	5	7	1	8	9	2	4	3

Solution # 214

3	7	2	8	6	5	1	4	9
8	6	9	4	1	7	5	3	2
5	1	4	9	3	2	8	7	6
4	3	5	7	8	9	2	6	1
2	9	7	1	5	6	4	8	3
1	8	6	3	2	4	7	9	5
7	4	3	5	9	1	6	2	8
9	2	1	6	7	8	3	5	4
6	5	8	2	4	3	9	1	7

Solution # 215

8	5	3	9	1	6	7	4	2
2	9	7	4	8	5	3	6	1
1	6	4	2	3	7	8	9	5
6	4	8	1	2	3	9	5	7
3	7	1	6	5	9	4	2	8
5	2	9	8	7	4	6	1	3
7	8	6	5	4	2	1	3	9
9	1	2	3	6	8	5	7	4
4	3	5	7	9	1	2	8	6

Solution # 216

7	8	1	9	2	3	4	6	5
3	2	5	6	4	1	8	9	7
9	6	4	5	7	8	1	3	2
6	1	8	7	3	2	9	5	4
2	9	7	8	5	4	6	1	3
5	4	3	1	9	6	2	7	8
8	5	9	4	6	7	3	2	1
1	7	2	3	8	9	5	4	6
4	3	6	2	1	5	7	8	9

Solution # 217

8	2	4	3	1	7	6	9	5
9	7	3	8	6	5	2	4	1
1	6	5	2	4	9	3	8	7
3	9	6	5	7	2	4	1	8
7	4	8	1	3	6	9	5	2
2	5	1	9	8	4	7	6	3
4	3	7	6	5	1	8	2	9
5	8	2	4	9	3	1	7	6
6	1	9	7	2	8	5	3	4

Solution # 218

1	8	4	6	5	9	3	2	7
9	7	6	2	8	3	1	5	4
3	5	2	7	4	1	9	6	8
6	1	8	4	9	2	7	3	5
5	9	3	1	7	6	4	8	2
2	4	7	8	3	5	6	9	1
7	2	1	9	6	8	5	4	3
8	3	9	5	1	4	2	7	6
4	6	5	3	2	7	8	1	9

Solution # 219

1	8	2	7	5	4	9	6	3
7	5	3	9	8	6	1	4	2
9	6	4	2	3	1	8	5	7
4	1	7	8	9	5	2	3	6
8	3	5	4	6	2	7	1	9
2	9	6	1	7	3	5	8	4
3	7	9	5	4	8	6	2	1
5	4	1	6	2	7	3	9	8
6	2	8	3	1	9	4	7	5

Solution # 220

8	2	1	4	5	9	3	7	6
5	4	3	6	7	2	9	8	1
7	6	9	3	8	1	2	5	4
4	8	6	5	2	3	7	1	9
3	7	2	1	9	8	6	4	5
1	9	5	7	4	6	8	2	3
9	3	4	2	1	7	5	6	8
6	1	7	8	3	5	4	9	2
2	5	8	9	6	4	1	3	7

Solution # 221

7	9	2	4	6	1	3	5	8
1	3	8	2	7	5	6	9	4
6	4	5	8	9	3	7	1	2
3	2	9	6	5	8	1	4	7
5	6	1	7	3	4	8	2	9
8	7	4	9	1	2	5	6	3
2	5	6	3	8	9	4	7	1
4	1	3	5	2	7	9	8	6
9	8	7	1	4	6	2	3	5

Solution # 222

3	4	2	1	9	8	5	6	7
1	6	5	7	4	2	8	3	9
9	7	8	6	5	3	2	1	4
8	9	4	5	2	6	1	7	3
5	2	1	9	3	7	6	4	8
6	3	7	4	8	1	9	5	2
7	5	9	8	6	4	3	2	1
4	8	3	2	1	5	7	9	6
2	1	6	3	7	9	4	8	5

Solution # 223

6	8	2	5	4	1	7	9	3
9	1	5	8	7	3	4	6	2
3	7	4	9	2	6	5	8	1
1	5	9	4	6	2	8	3	7
8	4	3	1	5	7	6	2	9
2	6	7	3	8	9	1	4	5
7	9	8	2	1	4	3	5	6
5	2	1	6	3	8	9	7	4
4	3	6	7	9	5	2	1	8

Solution # 224

1	5	8	9	4	6	7	2	3
2	4	7	8	3	1	5	6	9
9	6	3	5	2	7	1	4	8
7	2	6	1	9	8	3	5	4
4	8	1	3	5	2	9	7	6
3	9	5	7	6	4	8	1	2
6	1	9	4	7	3	2	8	5
5	7	4	2	8	9	6	3	1
8	3	2	6	1	5	4	9	7

Solution # 225

9	6	1	3	4	2	8	5	7
2	3	4	7	5	8	9	1	6
8	5	7	9	6	1	4	3	2
5	7	6	8	1	9	2	4	3
3	9	2	5	7	4	6	8	1
4	1	8	2	3	6	7	9	5
1	8	3	6	9	7	5	2	4
7	2	5	4	8	3	1	6	9
6	4	9	1	2	5	3	7	8

Solution # 226

1	8	6	5	2	7	4	9	3
3	9	2	6	4	1	7	8	5
7	4	5	9	8	3	6	2	1
2	3	1	4	9	8	5	7	6
5	6	4	1	7	2	9	3	8
9	7	8	3	5	6	1	4	2
6	1	9	8	3	4	2	5	7
8	5	7	2	1	9	3	6	4
4	2	3	7	6	5	8	1	9

Solution # 227

7	6	9	4	2	8	5	1	3
3	2	4	5	1	7	9	8	6
5	8	1	9	3	6	2	7	4
8	4	5	3	9	2	1	6	7
6	9	7	8	4	1	3	5	2
2	1	3	7	6	5	8	4	9
1	5	6	2	7	3	4	9	8
9	3	8	6	5	4	7	2	1
4	7	2	1	8	9	6	3	5

Solution # 228

1	5	6	9	2	4	8	7	3
8	9	4	6	3	7	2	1	5
3	7	2	1	5	8	4	9	6
5	1	7	2	4	3	9	6	8
4	6	8	7	1	9	3	5	2
9	2	3	8	6	5	7	4	1
6	8	9	5	7	2	1	3	4
7	3	1	4	8	6	5	2	9
2	4	5	3	9	1	6	8	7

Solution # 229

3	9	1	4	8	5	2	6	7
2	7	4	9	3	6	8	5	1
8	5	6	1	2	7	4	9	3
1	8	5	6	4	3	9	7	2
6	2	7	8	1	9	3	4	5
9	4	3	5	7	2	1	8	6
7	1	9	2	6	4	5	3	8
4	6	2	3	5	8	7	1	9
5	3	8	7	9	1	6	2	4

Solution # 230

2	3	6	4	9	7	8	1	5
9	8	1	3	6	5	4	7	2
4	5	7	1	2	8	9	3	6
8	6	5	7	4	2	3	9	1
7	9	3	8	1	6	5	2	4
1	2	4	9	5	3	6	8	7
5	1	9	2	3	4	7	6	8
6	7	2	5	8	9	1	4	3
3	4	8	6	7	1	2	5	9

Solution # 231

8	7	6	5	1	4	9	3	2
1	2	4	7	9	3	8	6	5
9	3	5	2	8	6	1	4	7
2	5	3	8	4	9	7	1	6
6	1	8	3	5	7	4	2	9
4	9	7	6	2	1	5	8	3
3	6	9	4	7	8	2	5	1
7	8	2	1	3	5	6	9	4
5	4	1	9	6	2	3	7	8

Solution # 232

9	1	5	4	8	6	2	7	3
3	6	4	1	7	2	8	5	9
8	7	2	3	9	5	6	1	4
5	2	3	7	1	9	4	6	8
7	4	6	5	2	8	3	9	1
1	8	9	6	4	3	5	2	7
6	3	8	9	5	7	1	4	2
4	5	7	2	3	1	9	8	6
2	9	1	8	6	4	7	3	5

Solution # 233

1	5	3	6	9	2	8	4	7
8	7	2	5	4	1	3	6	9
4	9	6	7	8	3	5	1	2
5	6	9	1	2	8	4	7	3
7	8	4	9	3	5	1	2	6
2	3	1	4	6	7	9	8	5
6	4	5	8	7	9	2	3	1
3	1	8	2	5	6	7	9	4
9	2	7	3	1	4	6	5	8

Solution # 234

2	1	5	4	9	8	3	6	7
7	8	4	3	1	6	5	2	9
9	3	6	5	7	2	4	8	1
5	7	8	1	6	3	9	4	2
3	6	1	9	2	4	8	7	5
4	2	9	7	8	5	6	1	3
1	4	2	6	5	9	7	3	8
8	9	3	2	4	7	1	5	6
6	5	7	8	3	1	2	9	4

Solution # 235

4	3	1	2	7	9	8	6	5
7	2	5	4	8	6	3	9	1
9	6	8	3	1	5	7	4	2
2	5	7	8	4	1	9	3	6
1	8	9	5	6	3	4	2	7
3	4	6	7	9	2	5	1	8
6	1	4	9	5	8	2	7	3
8	7	3	1	2	4	6	5	9
5	9	2	6	3	7	1	8	4

Solution # 236

1	4	9	3	6	2	8	5	7
7	6	2	1	8	5	9	3	4
3	5	8	9	7	4	6	2	1
8	3	1	5	4	6	2	7	9
4	2	6	8	9	7	3	1	5
9	7	5	2	3	1	4	8	6
6	8	3	7	5	9	1	4	2
2	9	7	4	1	8	5	6	3
5	1	4	6	2	3	7	9	8

Solution # 237

7	1	4	9	3	8	6	5	2
8	5	3	6	1	2	9	7	4
9	6	2	5	7	4	8	1	3
4	9	7	8	5	1	2	3	6
1	2	6	4	9	3	5	8	7
5	3	8	2	6	7	4	9	1
6	8	1	7	4	9	3	2	5
3	4	9	1	2	5	7	6	8
2	7	5	3	8	6	1	4	9

Solution # 238

9	2	5	8	7	1	3	6	4
1	3	4	9	2	6	8	7	5
7	8	6	5	4	3	1	9	2
8	6	3	7	9	4	2	5	1
2	1	7	3	6	5	4	8	9
5	4	9	2	1	8	7	3	6
6	9	1	4	8	7	5	2	3
4	5	8	6	3	2	9	1	7
3	7	2	1	5	9	6	4	8

Solution # 239

8	3	7	5	9	2	4	1	6
6	4	9	3	1	7	8	2	5
5	1	2	6	8	4	7	3	9
9	7	1	8	2	6	3	5	4
4	5	6	9	3	1	2	7	8
2	8	3	4	7	5	9	6	1
7	2	4	1	6	8	5	9	3
1	9	8	2	5	3	6	4	7
3	6	5	7	4	9	1	8	2

Solution # 240

5	2	3	1	7	9	6	8	4
7	8	4	6	5	3	2	9	1
6	9	1	8	4	2	5	7	3
2	1	6	3	8	7	4	5	9
9	5	8	4	2	6	1	3	7
3	4	7	9	1	5	8	2	6
1	7	5	2	9	4	3	6	8
4	3	9	5	6	8	7	1	2
8	6	2	7	3	1	9	4	5

Solution # 241

7	5	9	8	3	2	1	6	4
2	4	3	9	6	1	5	7	8
1	8	6	7	4	5	3	9	2
4	6	8	5	2	7	9	1	3
9	3	1	4	8	6	7	2	5
5	2	7	1	9	3	8	4	6
8	1	2	3	7	4	6	5	9
6	9	5	2	1	8	4	3	7
3	7	4	6	5	9	2	8	1

Solution # 242

8	4	9	2	3	5	6	7	1
1	6	3	4	8	7	9	5	2
7	2	5	1	6	9	8	3	4
9	7	2	3	5	1	4	8	6
6	5	1	9	4	8	7	2	3
4	3	8	6	7	2	1	9	5
5	8	6	7	2	4	3	1	9
3	9	7	5	1	6	2	4	8
2	1	4	8	9	3	5	6	7

Solution # 243

2	4	1	6	7	3	8	5	9
8	3	7	5	1	9	4	6	2
5	9	6	2	4	8	1	3	7
3	2	5	1	6	4	9	7	8
7	1	8	9	3	5	2	4	6
9	6	4	7	8	2	3	1	5
1	8	9	3	5	6	7	2	4
4	5	3	8	2	7	6	9	1
6	7	2	4	9	1	5	8	3

Solution # 244

2	9	5	1	4	8	6	3	7
8	7	3	5	9	6	1	2	4
4	1	6	7	3	2	8	5	9
6	3	7	2	1	4	9	8	5
9	5	4	8	6	3	7	1	2
1	2	8	9	7	5	4	6	3
7	6	9	3	2	1	5	4	8
5	4	2	6	8	9	3	7	1
3	8	1	4	5	7	2	9	6

Solution # 245

7	9	4	5	1	2	8	3	6
2	5	6	8	7	3	4	1	9
8	3	1	4	6	9	2	7	5
6	4	7	1	2	8	5	9	3
5	1	3	7	9	4	6	8	2
9	8	2	6	3	5	7	4	1
1	7	5	9	4	6	3	2	8
4	2	8	3	5	1	9	6	7
3	6	9	2	8	7	1	5	4

Solution # 246

7	9	6	8	5	3	4	1	2
2	5	8	4	1	9	7	6	3
3	1	4	7	6	2	9	8	5
1	7	9	3	8	6	2	5	4
5	6	3	2	9	4	8	7	1
4	8	2	1	7	5	3	9	6
9	2	1	6	3	7	5	4	8
8	3	5	9	4	1	6	2	7
6	4	7	5	2	8	1	3	9

Solution # 247

2	1	3	7	8	6	9	4	5
9	5	8	3	2	4	1	6	7
7	6	4	1	9	5	8	2	3
6	4	7	8	5	3	2	9	1
5	8	9	2	1	7	4	3	6
1	3	2	6	4	9	7	5	8
4	7	5	9	6	8	3	1	2
3	9	1	5	7	2	6	8	4
8	2	6	4	3	1	5	7	9

Solution # 248

7	3	5	4	9	2	1	6	8
2	1	6	7	8	3	9	5	4
4	9	8	1	5	6	2	7	3
9	6	4	8	2	1	5	3	7
1	5	2	3	6	7	8	4	9
8	7	3	9	4	5	6	2	1
3	2	1	6	7	9	4	8	5
5	4	9	2	3	8	7	1	6
6	8	7	5	1	4	3	9	2

Solution # 249

4	8	1	9	5	6	7	3	2
9	3	6	7	2	1	5	8	4
5	2	7	4	3	8	1	9	6
1	9	3	2	8	7	6	4	5
7	4	8	5	6	9	2	1	3
2	6	5	3	1	4	8	7	9
3	5	4	1	7	2	9	6	8
8	1	2	6	9	3	4	5	7
6	7	9	8	4	5	3	2	1

Solution # 250

8	4	9	6	2	5	7	3	1
5	1	6	9	3	7	8	2	4
7	2	3	8	4	1	6	9	5
1	9	5	7	8	3	2	4	6
2	6	8	5	9	4	3	1	7
4	3	7	1	6	2	5	8	9
9	8	4	3	5	6	1	7	2
3	5	1	2	7	9	4	6	8
6	7	2	4	1	8	9	5	3

Solution # 251

2	3	8	5	4	9	6	7	1
4	5	1	6	3	7	2	9	8
6	7	9	2	8	1	4	5	3
8	2	3	9	7	4	1	6	5
9	6	5	3	1	2	8	4	7
7	1	4	8	5	6	3	2	9
5	9	6	1	2	3	7	8	4
3	4	2	7	9	8	5	1	6
1	8	7	4	6	5	9	3	2

Solution # 252

5	9	7	1	4	3	8	6	2
1	8	3	9	2	6	7	5	4
2	6	4	8	5	7	1	9	3
9	7	2	6	8	4	3	1	5
4	5	6	2	3	1	9	7	8
3	1	8	7	9	5	4	2	6
8	2	5	4	1	9	6	3	7
6	3	9	5	7	8	2	4	1
7	4	1	3	6	2	5	8	9

Solution # 253

3	2	5	8	4	9	7	6	1
4	9	6	1	7	3	8	2	5
8	1	7	6	5	2	3	9	4
9	7	1	2	3	5	6	4	8
5	3	8	9	6	4	2	1	7
6	4	2	7	8	1	5	3	9
1	5	3	4	2	8	9	7	6
2	6	4	5	9	7	1	8	3
7	8	9	3	1	6	4	5	2

Solution # 254

2	9	6	5	1	3	8	4	7
5	7	1	9	8	4	2	6	3
3	4	8	7	6	2	9	5	1
4	1	7	8	2	6	5	3	9
6	8	5	3	7	9	1	2	4
9	3	2	4	5	1	7	8	6
7	2	4	1	3	8	6	9	5
1	6	3	2	9	5	4	7	8
8	5	9	6	4	7	3	1	2

Solution # 255

4	7	6	3	8	9	5	1	2
8	1	2	4	5	6	7	9	3
9	3	5	1	7	2	6	4	8
5	4	1	7	9	8	2	3	6
6	8	3	2	1	4	9	7	5
2	9	7	5	6	3	4	8	1
1	5	8	6	4	7	3	2	9
7	2	9	8	3	5	1	6	4
3	6	4	9	2	1	8	5	7

Solution # 256

8	9	2	4	7	3	5	1	6
5	7	4	6	8	1	9	2	3
1	3	6	9	2	5	8	4	7
9	2	1	3	5	7	4	6	8
6	5	3	8	4	2	7	9	1
4	8	7	1	9	6	2	3	5
3	4	8	5	1	9	6	7	2
2	1	9	7	6	8	3	5	4
7	6	5	2	3	4	1	8	9

Solution # 257

9	4	1	2	8	5	3	7	6
2	3	6	4	1	7	9	5	8
5	8	7	9	6	3	1	4	2
4	1	5	7	9	8	6	2	3
8	2	3	5	4	6	7	9	1
6	7	9	1	3	2	5	8	4
1	5	8	6	7	4	2	3	9
7	9	4	3	2	1	8	6	5
3	6	2	8	5	9	4	1	7

Solution # 258

1	5	3	9	7	2	8	4	6
2	8	9	5	4	6	3	1	7
7	4	6	3	8	1	9	5	2
9	3	7	4	1	5	6	2	8
6	2	5	7	3	8	1	9	4
4	1	8	2	6	9	7	3	5
8	6	4	1	2	3	5	7	9
3	9	2	8	5	7	4	6	1
5	7	1	6	9	4	2	8	3

Solution # 259

5	9	8	1	4	3	6	2	7
4	2	6	8	5	7	1	9	3
3	1	7	2	9	6	8	5	4
8	5	1	7	3	9	2	4	6
7	3	4	6	2	1	5	8	9
2	6	9	5	8	4	7	3	1
6	8	3	4	1	2	9	7	5
1	4	2	9	7	5	3	6	8
9	7	5	3	6	8	4	1	2

Solution # 260

3	6	9	5	7	8	1	2	4
8	2	7	4	1	6	5	3	9
1	4	5	2	9	3	8	7	6
7	1	8	9	6	2	4	5	3
4	9	3	1	8	5	2	6	7
6	5	2	7	3	4	9	1	8
9	3	6	8	2	1	7	4	5
5	8	1	6	4	7	3	9	2
2	7	4	3	5	9	6	8	1

Solution # 261

5	6	1	7	8	4	2	9	3
7	9	4	6	2	3	8	1	5
2	3	8	5	9	1	4	7	6
1	8	5	3	4	7	9	6	2
9	7	2	8	5	6	1	3	4
6	4	3	2	1	9	7	5	8
3	1	9	4	6	8	5	2	7
8	2	7	9	3	5	6	4	1
4	5	6	1	7	2	3	8	9

Solution # 262

7	4	1	8	9	5	6	2	3
6	3	8	7	4	2	5	1	9
2	9	5	1	3	6	8	4	7
5	8	3	9	6	4	2	7	1
4	2	9	5	1	7	3	6	8
1	7	6	2	8	3	9	5	4
9	6	4	3	5	1	7	8	2
3	5	7	4	2	8	1	9	6
8	1	2	6	7	9	4	3	5

Solution # 263

3	2	9	6	7	5	4	1	8
6	4	1	3	2	8	5	9	7
5	7	8	4	9	1	6	2	3
9	5	6	7	1	2	8	3	4
4	1	3	8	5	6	2	7	9
2	8	7	9	4	3	1	6	5
7	6	2	5	3	4	9	8	1
8	9	4	1	6	7	3	5	2
1	3	5	2	8	9	7	4	6

Solution # 264

7	6	4	3	1	5	8	2	9
5	1	2	4	8	9	3	6	7
3	9	8	7	6	2	1	4	5
2	8	7	1	9	3	6	5	4
1	3	9	5	4	6	7	8	2
4	5	6	8	2	7	9	1	3
8	7	1	2	3	4	5	9	6
9	2	3	6	5	8	4	7	1
6	4	5	9	7	1	2	3	8

Solution # 265

2	3	4	1	7	8	6	9	5
6	9	7	4	5	2	1	8	3
5	1	8	9	6	3	4	7	2
9	4	3	6	2	1	7	5	8
7	5	1	8	9	4	3	2	6
8	6	2	5	3	7	9	1	4
1	2	9	3	8	6	5	4	7
4	7	6	2	1	5	8	3	9
3	8	5	7	4	9	2	6	1

Solution # 266

3	6	5	4	1	9	7	2	8
8	4	2	3	6	7	1	9	5
9	1	7	8	5	2	3	6	4
2	8	9	7	3	1	4	5	6
1	7	6	9	4	5	8	3	2
5	3	4	2	8	6	9	1	7
7	2	8	6	9	3	5	4	1
4	9	1	5	2	8	6	7	3
6	5	3	1	7	4	2	8	9

Solution # 267

8	2	5	7	6	9	1	3	4
4	9	3	1	2	8	5	6	7
7	6	1	3	4	5	8	2	9
3	4	7	9	5	2	6	8	1
2	1	9	8	3	6	7	4	5
5	8	6	4	1	7	3	9	2
6	7	4	2	8	1	9	5	3
9	3	8	5	7	4	2	1	6
1	5	2	6	9	3	4	7	8

Solution # 268

5	4	3	9	6	1	7	8	2
9	8	2	7	4	5	1	6	3
7	1	6	8	2	3	4	9	5
1	9	8	4	3	7	2	5	6
3	7	4	6	5	2	8	1	9
6	2	5	1	8	9	3	7	4
4	3	9	5	7	8	6	2	1
8	6	1	2	9	4	5	3	7
2	5	7	3	1	6	9	4	8

Solution # 269

7	9	8	6	1	2	5	3	4
5	4	1	3	7	8	6	9	2
3	2	6	5	4	9	8	7	1
1	5	9	8	6	4	3	2	7
6	3	2	1	9	7	4	8	5
8	7	4	2	5	3	1	6	9
4	8	3	9	2	1	7	5	6
2	1	5	7	8	6	9	4	3
9	6	7	4	3	5	2	1	8

Solution # 270

7	3	2	1	4	9	8	5	6
8	4	1	5	2	6	9	3	7
9	6	5	7	8	3	2	4	1
1	7	4	2	6	8	3	9	5
5	9	8	4	3	1	6	7	2
3	2	6	9	5	7	1	8	4
4	1	3	6	9	5	7	2	8
6	5	9	8	7	2	4	1	3
2	8	7	3	1	4	5	6	9

Solution # 271

6	2	9	1	8	7	5	3	4
5	4	8	2	6	3	7	1	9
7	3	1	9	4	5	8	2	6
2	1	4	5	7	9	6	8	3
8	7	6	4	3	1	9	5	2
9	5	3	8	2	6	4	7	1
1	8	5	3	9	4	2	6	7
4	6	2	7	1	8	3	9	5
3	9	7	6	5	2	1	4	8

Solution # 272

7	6	4	1	3	2	8	5	9
1	3	9	4	8	5	7	2	6
8	5	2	9	7	6	3	4	1
6	7	1	5	2	3	9	8	4
2	9	8	7	1	4	6	3	5
5	4	3	6	9	8	1	7	2
9	1	5	3	4	7	2	6	8
3	8	6	2	5	1	4	9	7
4	2	7	8	6	9	5	1	3

Solution # 273

4	8	9	7	1	5	6	2	3
7	5	3	6	2	9	4	1	8
6	2	1	3	8	4	7	9	5
2	1	5	8	7	6	9	3	4
3	7	8	9	4	2	1	5	6
9	4	6	1	5	3	2	8	7
8	6	2	5	9	7	3	4	1
1	3	4	2	6	8	5	7	9
5	9	7	4	3	1	8	6	2

Solution # 274

9	4	3	1	5	8	7	6	2
8	2	7	9	6	3	4	5	1
1	5	6	7	4	2	8	9	3
6	7	4	3	1	5	9	2	8
2	1	8	6	7	9	3	4	5
3	9	5	8	2	4	1	7	6
7	3	9	2	8	6	5	1	4
4	6	1	5	3	7	2	8	9
5	8	2	4	9	1	6	3	7

Solution # 275

5	8	9	6	3	1	7	4	2
4	1	7	9	2	5	3	6	8
6	3	2	7	8	4	9	1	5
8	4	5	1	9	3	2	7	6
9	2	6	4	7	8	5	3	1
1	7	3	5	6	2	4	8	9
7	9	4	8	5	6	1	2	3
3	5	8	2	1	7	6	9	4
2	6	1	3	4	9	8	5	7

Solution # 276

8	5	9	2	3	4	1	7	6
1	4	7	5	6	9	2	3	8
2	6	3	7	1	8	9	4	5
7	8	4	1	9	2	5	6	3
3	1	2	4	5	6	7	8	9
5	9	6	8	7	3	4	2	1
6	7	8	9	2	1	3	5	4
9	3	5	6	4	7	8	1	2
4	2	1	3	8	5	6	9	7

Solution # 277

5	2	7	8	9	1	3	6	4
3	8	9	2	6	4	1	7	5
1	6	4	5	7	3	8	2	9
8	4	2	9	1	7	6	5	3
7	1	6	3	4	5	9	8	2
9	3	5	6	2	8	4	1	7
2	7	3	1	8	9	5	4	6
4	5	8	7	3	6	2	9	1
6	9	1	4	5	2	7	3	8

Solution # 278

7	1	5	2	6	8	9	4	3
4	6	2	3	9	1	7	5	8
3	8	9	7	5	4	2	6	1
2	4	1	9	8	5	3	7	6
5	9	8	6	3	7	4	1	2
6	3	7	4	1	2	8	9	5
1	5	4	8	7	3	6	2	9
8	2	6	1	4	9	5	3	7
9	7	3	5	2	6	1	8	4

Solution # 279

1	3	7	8	2	6	9	5	4
5	8	9	4	1	3	2	7	6
6	4	2	7	5	9	8	1	3
4	1	3	2	8	7	5	6	9
8	7	6	1	9	5	3	4	2
2	9	5	6	3	4	7	8	1
7	2	1	3	4	8	6	9	5
3	5	8	9	6	1	4	2	7
9	6	4	5	7	2	1	3	8

Solution # 280

7	4	8	2	1	3	9	6	5
3	5	6	8	7	9	4	1	2
2	1	9	4	6	5	8	3	7
6	9	2	3	4	7	1	5	8
8	7	4	9	5	1	3	2	6
1	3	5	6	2	8	7	4	9
5	8	3	1	9	2	6	7	4
9	6	7	5	3	4	2	8	1
4	2	1	7	8	6	5	9	3

Solution # 281

8	3	7	2	9	5	4	1	6
9	2	6	1	7	4	3	8	5
4	1	5	8	6	3	2	9	7
7	4	1	9	3	2	6	5	8
2	6	8	5	4	7	9	3	1
3	5	9	6	1	8	7	2	4
1	9	4	3	8	6	5	7	2
5	7	3	4	2	1	8	6	9
6	8	2	7	5	9	1	4	3

Solution # 282

8	7	4	1	6	3	2	9	5
9	6	3	2	5	7	1	8	4
5	1	2	9	8	4	6	3	7
1	9	7	8	3	6	4	5	2
4	8	6	5	1	2	9	7	3
2	3	5	7	4	9	8	6	1
6	2	1	3	9	5	7	4	8
7	5	9	4	2	8	3	1	6
3	4	8	6	7	1	5	2	9

Solution # 283

2	9	7	5	3	8	4	1	6
3	6	8	4	1	7	2	9	5
1	4	5	9	6	2	8	7	3
7	5	1	3	8	4	9	6	2
4	8	9	7	2	6	5	3	1
6	2	3	1	5	9	7	8	4
9	1	4	6	7	5	3	2	8
5	3	2	8	9	1	6	4	7
8	7	6	2	4	3	1	5	9

Solution # 284

2	4	5	9	7	3	1	8	6
9	3	1	4	6	8	7	5	2
8	6	7	5	1	2	4	3	9
1	9	2	3	8	6	5	7	4
3	5	8	7	4	9	2	6	1
6	7	4	2	5	1	8	9	3
7	2	9	8	3	4	6	1	5
4	8	6	1	9	5	3	2	7
5	1	3	6	2	7	9	4	8

Solution # 285

2	4	6	5	8	1	3	9	7
8	9	1	2	7	3	6	4	5
3	7	5	4	6	9	1	2	8
5	2	8	1	9	6	7	3	4
6	3	4	7	5	2	9	8	1
9	1	7	8	3	4	5	6	2
1	8	3	6	4	7	2	5	9
7	5	9	3	2	8	4	1	6
4	6	2	9	1	5	8	7	3

Solution # 286

7	3	6	5	4	1	9	8	2
9	4	1	3	8	2	7	6	5
5	8	2	7	6	9	4	1	3
8	2	7	1	3	5	6	9	4
3	1	4	2	9	6	8	5	7
6	5	9	4	7	8	2	3	1
4	7	8	9	5	3	1	2	6
2	6	3	8	1	7	5	4	9
1	9	5	6	2	4	3	7	8

Solution # 287

6	2	5	8	7	1	3	4	9
1	7	3	2	9	4	6	8	5
8	4	9	3	5	6	1	7	2
9	1	8	7	4	5	2	3	6
7	3	2	6	8	9	4	5	1
5	6	4	1	3	2	8	9	7
4	5	1	9	6	3	7	2	8
2	9	7	4	1	8	5	6	3
3	8	6	5	2	7	9	1	4

Solution # 288

7	9	4	6	8	5	1	2	3
2	8	5	3	1	4	7	9	6
3	6	1	9	7	2	8	5	4
8	4	6	2	5	9	3	1	7
1	2	3	8	4	7	9	6	5
5	7	9	1	3	6	4	8	2
9	5	8	4	2	3	6	7	1
4	1	2	7	6	8	5	3	9
6	3	7	5	9	1	2	4	8

Solution # 289

7	1	9	4	5	6	2	8	3
6	8	2	3	7	1	5	9	4
4	3	5	9	8	2	1	6	7
1	6	3	5	9	7	8	4	2
5	2	7	1	4	8	9	3	6
9	4	8	2	6	3	7	5	1
8	5	6	7	1	4	3	2	9
2	9	1	6	3	5	4	7	8
3	7	4	8	2	9	6	1	5

Solution # 290

3	5	6	7	2	4	9	8	1
4	8	2	1	9	6	7	5	3
7	1	9	3	5	8	6	4	2
9	6	3	5	8	2	1	7	4
1	7	8	4	3	9	2	6	5
2	4	5	6	1	7	3	9	8
5	2	7	9	4	3	8	1	6
6	3	4	8	7	1	5	2	9
8	9	1	2	6	5	4	3	7

Solution # 291

6	7	5	4	1	9	3	2	8
1	2	4	5	8	3	9	6	7
3	9	8	7	6	2	5	1	4
2	3	1	6	9	4	8	7	5
5	4	9	8	2	7	1	3	6
8	6	7	1	3	5	2	4	9
4	1	3	9	5	6	7	8	2
9	8	6	2	7	1	4	5	3
7	5	2	3	4	8	6	9	1

Solution # 292

4	9	5	6	3	2	1	7	8
1	2	8	7	9	5	4	3	6
6	3	7	8	1	4	9	5	2
5	8	1	2	6	3	7	4	9
3	7	6	4	8	9	5	2	1
2	4	9	5	7	1	6	8	3
7	6	4	9	2	8	3	1	5
8	5	3	1	4	6	2	9	7
9	1	2	3	5	7	8	6	4

Solution # 293

6	1	7	5	9	4	3	2	8
2	8	5	3	1	7	9	6	4
9	4	3	6	2	8	5	7	1
5	7	9	1	8	3	6	4	2
1	2	4	7	6	5	8	3	9
8	3	6	2	4	9	1	5	7
7	9	8	4	3	6	2	1	5
3	5	2	8	7	1	4	9	6
4	6	1	9	5	2	7	8	3

Solution # 294

7	1	9	4	6	5	8	3	2
8	5	6	9	3	2	4	1	7
2	4	3	1	7	8	9	5	6
3	6	4	5	2	9	7	8	1
9	8	5	6	1	7	2	4	3
1	7	2	8	4	3	6	9	5
5	9	1	7	8	6	3	2	4
4	2	7	3	9	1	5	6	8
6	3	8	2	5	4	1	7	9

Solution # 295

2	4	6	8	3	5	7	1	9
9	5	7	4	2	1	3	6	8
1	8	3	9	7	6	2	5	4
3	7	1	2	4	9	5	8	6
6	2	5	7	1	8	9	4	3
4	9	8	6	5	3	1	2	7
7	6	9	5	8	2	4	3	1
8	1	2	3	9	4	6	7	5
5	3	4	1	6	7	8	9	2

Solution # 296

3	4	7	8	9	5	2	6	1
9	6	5	2	1	7	8	4	3
1	8	2	4	3	6	5	9	7
4	9	8	5	2	1	3	7	6
7	5	6	3	8	4	9	1	2
2	1	3	6	7	9	4	8	5
8	2	1	9	6	3	7	5	4
5	7	9	1	4	2	6	3	8
6	3	4	7	5	8	1	2	9

Solution # 297

6	9	3	7	1	5	8	4	2
1	8	7	9	2	4	3	5	6
5	4	2	8	3	6	9	7	1
9	6	5	4	8	3	1	2	7
4	3	1	2	7	9	6	8	5
7	2	8	6	5	1	4	9	3
8	7	6	3	4	2	5	1	9
3	1	4	5	9	7	2	6	8
2	5	9	1	6	8	7	3	4

Solution # 298

7	6	4	5	8	2	3	9	1
3	5	2	4	1	9	7	8	6
9	1	8	6	3	7	5	2	4
6	8	7	2	4	3	9	1	5
1	9	3	7	5	6	2	4	8
2	4	5	1	9	8	6	3	7
5	2	1	3	6	4	8	7	9
4	3	9	8	7	5	1	6	2
8	7	6	9	2	1	4	5	3

Solution # 299

3	2	8	7	1	5	6	9	4
1	5	4	2	6	9	8	3	7
6	7	9	4	8	3	5	2	1
9	1	2	8	3	6	7	4	5
5	8	3	1	7	4	9	6	2
7	4	6	5	9	2	1	8	3
2	9	5	6	4	7	3	1	8
8	6	7	3	2	1	4	5	9
4	3	1	9	5	8	2	7	6

Solution # 300

8	9	4	7	6	1	5	3	2
5	3	1	9	2	8	6	7	4
2	7	6	4	5	3	9	8	1
7	6	9	8	4	5	2	1	3
3	8	2	1	9	6	7	4	5
1	4	5	3	7	2	8	9	6
6	1	3	2	8	7	4	5	9
4	5	7	6	1	9	3	2	8
9	2	8	5	3	4	1	6	7

Solution # 301

1	6	8	4	5	2	9	3	7
2	5	9	6	7	3	4	1	8
4	3	7	9	1	8	6	5	2
6	9	5	2	8	4	3	7	1
7	2	4	3	6	1	5	8	9
8	1	3	7	9	5	2	6	4
5	7	2	1	3	9	8	4	6
9	8	1	5	4	6	7	2	3
3	4	6	8	2	7	1	9	5

Solution # 302

7	1	2	5	3	4	9	6	8
6	3	8	1	9	7	2	4	5
9	4	5	6	2	8	1	3	7
3	6	7	9	8	1	4	5	2
2	5	9	3	4	6	8	7	1
4	8	1	7	5	2	6	9	3
8	2	6	4	7	5	3	1	9
5	9	4	2	1	3	7	8	6
1	7	3	8	6	9	5	2	4

Solution # 303

4	9	1	3	2	6	5	7	8
5	2	3	4	8	7	1	6	9
7	6	8	1	5	9	2	4	3
2	1	4	5	9	3	6	8	7
9	8	6	7	4	1	3	2	5
3	7	5	2	6	8	9	1	4
1	4	7	6	3	5	8	9	2
8	3	2	9	1	4	7	5	6
6	5	9	8	7	2	4	3	1

Solution # 304

9	4	3	1	6	7	8	2	5
8	5	6	4	2	3	9	7	1
2	7	1	5	9	8	4	3	6
5	2	7	8	3	4	6	1	9
1	9	8	6	7	5	2	4	3
6	3	4	2	1	9	5	8	7
7	1	2	9	4	6	3	5	8
4	6	5	3	8	1	7	9	2
3	8	9	7	5	2	1	6	4

Solution # 305

9	3	8	1	5	4	7	6	2
4	6	5	3	2	7	1	8	9
2	7	1	8	9	6	4	5	3
8	1	3	4	7	2	6	9	5
7	9	4	6	3	5	8	2	1
5	2	6	9	8	1	3	4	7
1	4	9	5	6	3	2	7	8
6	8	2	7	1	9	5	3	4
3	5	7	2	4	8	9	1	6

Solution # 306

3	4	6	2	7	5	9	8	1
2	1	5	8	9	3	7	4	6
7	8	9	1	6	4	5	2	3
9	3	8	4	5	6	2	1	7
5	2	7	3	1	8	4	6	9
1	6	4	9	2	7	3	5	8
6	9	2	7	4	1	8	3	5
4	5	3	6	8	9	1	7	2
8	7	1	5	3	2	6	9	4

Solution # 307

1	8	2	5	7	6	3	9	4
9	7	4	8	1	3	5	6	2
6	5	3	2	9	4	8	1	7
8	3	6	1	4	2	9	7	5
2	9	1	7	6	5	4	8	3
5	4	7	9	3	8	1	2	6
3	1	8	6	5	7	2	4	9
4	6	9	3	2	1	7	5	8
7	2	5	4	8	9	6	3	1

Solution # 308

9	1	8	4	2	3	5	7	6
5	3	6	9	7	1	2	8	4
2	7	4	5	8	6	3	1	9
6	9	7	2	3	5	8	4	1
8	5	1	6	4	9	7	3	2
3	4	2	8	1	7	6	9	5
1	8	9	7	6	2	4	5	3
4	2	5	3	9	8	1	6	7
7	6	3	1	5	4	9	2	8

Solution # 309

9	4	1	6	7	5	2	8	3
5	8	2	1	3	4	7	9	6
3	7	6	2	9	8	4	1	5
1	2	5	3	8	6	9	4	7
6	9	4	7	5	2	8	3	1
7	3	8	4	1	9	6	5	2
8	6	9	5	2	3	1	7	4
4	1	3	8	6	7	5	2	9
2	5	7	9	4	1	3	6	8

Solution # 310

5	7	6	8	1	3	4	9	2
3	4	8	2	7	9	6	5	1
1	9	2	5	4	6	8	7	3
8	6	9	7	3	1	5	2	4
7	1	4	9	5	2	3	6	8
2	3	5	4	6	8	7	1	9
6	8	1	3	2	5	9	4	7
9	2	7	6	8	4	1	3	5
4	5	3	1	9	7	2	8	6

Solution # 311

3	2	8	4	6	9	7	5	1
5	4	1	2	7	8	3	9	6
7	6	9	1	3	5	8	2	4
6	8	4	3	2	1	9	7	5
9	3	5	8	4	7	1	6	2
2	1	7	5	9	6	4	8	3
4	9	3	6	8	2	5	1	7
1	7	6	9	5	3	2	4	8
8	5	2	7	1	4	6	3	9

Solution # 312

8	4	7	2	9	3	6	1	5
9	5	6	4	8	1	7	3	2
2	1	3	7	6	5	8	4	9
6	8	2	1	7	9	4	5	3
5	3	9	8	4	6	1	2	7
1	7	4	5	3	2	9	8	6
7	2	1	6	5	4	3	9	8
4	9	8	3	2	7	5	6	1
3	6	5	9	1	8	2	7	4

Solution # 313

4	8	9	7	2	6	1	3	5
6	5	2	9	1	3	8	7	4
1	7	3	4	8	5	6	9	2
2	9	1	6	5	4	3	8	7
8	3	7	2	9	1	5	4	6
5	4	6	8	3	7	9	2	1
3	2	5	1	4	8	7	6	9
7	1	4	3	6	9	2	5	8
9	6	8	5	7	2	4	1	3

Solution # 314

1	9	6	4	7	5	8	2	3
2	8	3	1	6	9	4	7	5
7	5	4	2	8	3	6	9	1
3	7	9	6	5	2	1	4	8
5	4	2	7	1	8	9	3	6
6	1	8	9	3	4	2	5	7
4	3	1	8	9	7	5	6	2
8	2	5	3	4	6	7	1	9
9	6	7	5	2	1	3	8	4

Solution # 315

4	6	8	5	1	2	9	3	7
3	1	2	7	9	8	6	4	5
5	9	7	4	3	6	1	2	8
7	4	1	8	2	9	5	6	3
8	2	9	6	5	3	7	1	4
6	5	3	1	4	7	8	9	2
9	7	4	3	8	1	2	5	6
1	8	5	2	6	4	3	7	9
2	3	6	9	7	5	4	8	1

Solution # 316

9	6	5	4	7	1	2	8	3
3	1	4	2	8	9	6	7	5
8	2	7	3	5	6	4	1	9
4	5	3	8	1	7	9	6	2
2	7	8	9	6	4	3	5	1
1	9	6	5	2	3	7	4	8
6	8	9	1	4	2	5	3	7
5	4	2	7	3	8	1	9	6
7	3	1	6	9	5	8	2	4

Solution # 317

3	7	5	1	4	2	8	6	9
4	6	2	5	9	8	7	3	1
8	9	1	7	6	3	5	2	4
7	1	8	3	5	4	2	9	6
9	2	3	6	8	1	4	7	5
5	4	6	2	7	9	1	8	3
6	8	7	9	1	5	3	4	2
1	3	4	8	2	6	9	5	7
2	5	9	4	3	7	6	1	8

Solution # 318

8	9	7	4	2	1	6	3	5
5	6	4	8	3	7	1	2	9
2	3	1	5	6	9	8	7	4
7	1	3	6	5	8	9	4	2
6	2	9	3	7	4	5	8	1
4	8	5	1	9	2	7	6	3
1	5	2	7	4	6	3	9	8
3	4	6	9	8	5	2	1	7
9	7	8	2	1	3	4	5	6

Solution # 319

9	4	3	8	7	2	5	6	1
8	1	6	3	9	5	2	7	4
5	7	2	4	6	1	9	8	3
2	9	7	6	1	4	3	5	8
4	5	8	9	2	3	6	1	7
6	3	1	7	5	8	4	2	9
3	8	5	1	4	6	7	9	2
7	6	4	2	8	9	1	3	5
1	2	9	5	3	7	8	4	6

Solution # 320

9	7	2	8	5	1	6	4	3
4	3	1	6	7	2	8	5	9
8	6	5	3	9	4	1	2	7
3	2	6	1	4	5	9	7	8
1	5	9	7	2	8	3	6	4
7	8	4	9	3	6	2	1	5
2	9	3	4	6	7	5	8	1
6	1	7	5	8	9	4	3	2
5	4	8	2	1	3	7	9	6

Solution # 321

2	1	7	3	9	4	8	6	5
9	4	8	7	6	5	1	3	2
3	5	6	8	1	2	9	7	4
1	6	5	4	2	3	7	9	8
7	8	3	6	5	9	2	4	1
4	2	9	1	7	8	6	5	3
6	7	2	5	3	1	4	8	9
5	9	4	2	8	7	3	1	6
8	3	1	9	4	6	5	2	7

Solution # 322

3	9	6	2	1	4	5	7	8
7	8	2	9	3	5	6	1	4
1	5	4	7	8	6	9	2	3
2	6	3	1	5	8	4	9	7
8	4	5	6	9	7	2	3	1
9	7	1	4	2	3	8	6	5
5	3	9	8	7	2	1	4	6
4	2	8	3	6	1	7	5	9
6	1	7	5	4	9	3	8	2

Solution # 323

1	9	5	8	3	7	4	2	6
6	4	7	2	9	5	8	1	3
8	3	2	4	1	6	7	9	5
4	2	8	6	7	9	5	3	1
3	7	6	5	8	1	2	4	9
9	5	1	3	2	4	6	7	8
7	1	4	9	5	8	3	6	2
5	6	3	1	4	2	9	8	7
2	8	9	7	6	3	1	5	4

Solution # 324

8	4	6	1	7	3	5	2	9
5	1	3	9	2	4	6	7	8
9	2	7	8	5	6	4	1	3
1	6	5	4	8	2	9	3	7
2	7	8	3	9	5	1	4	6
4	3	9	6	1	7	8	5	2
3	8	4	2	6	1	7	9	5
6	5	1	7	3	9	2	8	4
7	9	2	5	4	8	3	6	1

Solution # 325

3	5	1	4	2	6	9	7	8
2	8	7	9	3	5	4	6	1
9	4	6	7	8	1	2	5	3
4	7	8	5	6	9	3	1	2
6	3	9	2	1	7	5	8	4
1	2	5	3	4	8	6	9	7
8	9	3	1	5	4	7	2	6
7	1	4	6	9	2	8	3	5
5	6	2	8	7	3	1	4	9

Solution # 326

6	8	4	1	5	2	9	7	3
2	3	5	9	4	7	8	1	6
7	9	1	8	6	3	4	5	2
9	2	8	4	7	1	6	3	5
1	7	6	5	3	8	2	4	9
5	4	3	6	2	9	1	8	7
3	5	9	2	8	4	7	6	1
8	1	7	3	9	6	5	2	4
4	6	2	7	1	5	3	9	8

Solution # 327

6	9	1	5	2	7	8	4	3
7	2	8	4	9	3	1	6	5
5	3	4	8	1	6	9	2	7
3	6	2	1	7	4	5	9	8
4	7	5	2	8	9	6	3	1
8	1	9	3	6	5	2	7	4
2	8	7	9	3	1	4	5	6
9	4	3	6	5	8	7	1	2
1	5	6	7	4	2	3	8	9

Solution # 328

2	7	6	4	8	3	5	1	9
9	8	4	6	1	5	7	3	2
1	3	5	7	9	2	8	4	6
7	9	2	1	5	8	4	6	3
6	1	8	2	3	4	9	7	5
4	5	3	9	7	6	2	8	1
8	2	1	5	6	7	3	9	4
5	6	7	3	4	9	1	2	8
3	4	9	8	2	1	6	5	7

Solution # 329

3	8	4	2	6	5	1	7	9
2	1	5	9	4	7	6	8	3
9	6	7	3	1	8	4	5	2
6	5	9	4	2	1	7	3	8
1	7	2	6	8	3	5	9	4
4	3	8	5	7	9	2	1	6
8	2	3	1	5	6	9	4	7
7	4	1	8	9	2	3	6	5
5	9	6	7	3	4	8	2	1

Solution # 330

3	1	8	7	4	9	5	2	6
4	2	6	3	1	5	7	9	8
7	5	9	8	6	2	4	1	3
8	9	1	4	2	3	6	5	7
2	7	4	6	5	8	1	3	9
6	3	5	1	9	7	2	8	4
9	6	2	5	8	4	3	7	1
1	8	7	2	3	6	9	4	5
5	4	3	9	7	1	8	6	2

Solution # 331

5	6	1	9	8	3	4	2	7
7	9	4	6	2	1	5	8	3
2	8	3	7	5	4	9	1	6
9	7	5	4	6	8	1	3	2
8	4	2	1	3	7	6	9	5
1	3	6	2	9	5	8	7	4
4	1	8	3	7	6	2	5	9
3	5	9	8	4	2	7	6	1
6	2	7	5	1	9	3	4	8

Solution # 332

9	7	6	2	8	4	3	1	5
8	2	4	3	1	5	9	7	6
5	3	1	7	9	6	2	4	8
2	1	9	5	6	7	4	8	3
3	8	7	9	4	1	5	6	2
6	4	5	8	2	3	1	9	7
4	5	3	1	7	8	6	2	9
1	9	8	6	3	2	7	5	4
7	6	2	4	5	9	8	3	1

Solution # 333

7	9	5	6	1	4	3	8	2
8	4	1	3	2	9	7	6	5
6	3	2	5	8	7	1	9	4
5	7	4	8	9	1	6	2	3
2	8	9	7	3	6	4	5	1
3	1	6	2	4	5	9	7	8
1	5	7	4	6	8	2	3	9
4	2	8	9	7	3	5	1	6
9	6	3	1	5	2	8	4	7

Solution # 334

8	1	6	4	7	5	9	2	3
3	2	4	1	9	8	5	6	7
5	7	9	6	3	2	1	4	8
6	9	5	8	1	4	7	3	2
2	8	7	3	5	6	4	9	1
1	4	3	7	2	9	8	5	6
9	5	8	2	6	7	3	1	4
4	3	2	9	8	1	6	7	5
7	6	1	5	4	3	2	8	9

Solution # 335

9	7	4	2	6	1	3	8	5
8	1	3	7	5	9	4	6	2
2	5	6	3	8	4	1	7	9
7	8	9	1	3	6	2	5	4
4	2	5	9	7	8	6	3	1
3	6	1	4	2	5	8	9	7
6	4	7	8	9	2	5	1	3
1	3	8	5	4	7	9	2	6
5	9	2	6	1	3	7	4	8

Solution # 336

8	2	9	3	5	6	7	4	1
6	5	7	8	4	1	9	3	2
4	1	3	7	9	2	8	6	5
9	4	2	1	6	3	5	8	7
5	7	6	9	2	8	3	1	4
3	8	1	5	7	4	6	2	9
1	3	5	4	8	7	2	9	6
2	9	4	6	3	5	1	7	8
7	6	8	2	1	9	4	5	3

Solution # 337

2	7	3	9	4	5	6	8	1
1	6	5	8	7	2	3	9	4
9	8	4	6	3	1	7	5	2
4	5	6	1	9	7	8	2	3
7	1	2	5	8	3	4	6	9
3	9	8	2	6	4	1	7	5
8	4	9	3	5	6	2	1	7
6	2	7	4	1	9	5	3	8
5	3	1	7	2	8	9	4	6

Solution # 338

9	3	5	7	6	4	8	1	2
1	8	7	2	9	5	6	4	3
4	6	2	8	1	3	7	9	5
6	9	3	5	2	7	1	8	4
8	5	4	6	3	1	9	2	7
2	7	1	9	4	8	5	3	6
7	4	9	1	5	2	3	6	8
5	2	6	3	8	9	4	7	1
3	1	8	4	7	6	2	5	9

Solution # 339

9	4	2	8	6	7	3	1	5
1	7	5	2	3	4	8	6	9
6	3	8	1	5	9	2	4	7
5	1	3	6	9	2	7	8	4
2	9	7	4	1	8	6	5	3
4	8	6	5	7	3	9	2	1
7	6	4	9	8	1	5	3	2
3	5	1	7	2	6	4	9	8
8	2	9	3	4	5	1	7	6

Solution # 340

4	6	7	9	3	2	1	5	8
2	1	3	7	8	5	6	9	4
8	5	9	1	4	6	2	7	3
9	2	6	8	5	3	4	1	7
1	7	8	4	6	9	3	2	5
5	3	4	2	1	7	8	6	9
6	9	5	3	2	4	7	8	1
7	4	1	6	9	8	5	3	2
3	8	2	5	7	1	9	4	6

Solution # 341

9	5	4	6	3	1	2	7	8
3	8	6	5	2	7	4	1	9
2	7	1	8	4	9	3	6	5
7	3	5	4	1	2	9	8	6
1	4	9	3	8	6	7	5	2
6	2	8	7	9	5	1	4	3
4	6	7	2	5	3	8	9	1
5	1	2	9	7	8	6	3	4
8	9	3	1	6	4	5	2	7

Solution # 342

8	1	3	5	7	2	6	9	4
5	6	7	1	4	9	8	2	3
4	2	9	3	8	6	5	1	7
3	9	8	4	5	7	1	6	2
1	4	5	2	6	3	9	7	8
6	7	2	8	9	1	3	4	5
9	5	1	7	3	4	2	8	6
2	3	4	6	1	8	7	5	9
7	8	6	9	2	5	4	3	1

Solution # 343

9	1	2	8	6	7	3	4	5
4	6	5	2	1	3	9	7	8
3	8	7	4	5	9	1	6	2
5	9	3	6	4	8	7	2	1
1	7	4	3	9	2	8	5	6
8	2	6	1	7	5	4	9	3
2	5	9	7	3	1	6	8	4
6	3	8	9	2	4	5	1	7
7	4	1	5	8	6	2	3	9

Solution # 344

4	9	6	3	5	2	8	1	7
1	7	5	6	9	8	3	2	4
8	3	2	1	4	7	9	5	6
6	5	9	4	2	1	7	3	8
2	1	3	7	8	6	4	9	5
7	8	4	9	3	5	1	6	2
3	4	7	5	6	9	2	8	1
5	2	1	8	7	3	6	4	9
9	6	8	2	1	4	5	7	3

Solution # 345

7	8	5	4	2	6	1	3	9
6	2	9	7	1	3	4	5	8
3	4	1	8	5	9	6	7	2
5	6	8	9	4	1	3	2	7
1	3	4	5	7	2	9	8	6
2	9	7	3	6	8	5	4	1
8	1	6	2	3	5	7	9	4
9	7	3	6	8	4	2	1	5
4	5	2	1	9	7	8	6	3

Solution # 346

6	3	7	9	4	8	1	5	2
5	8	4	7	2	1	9	3	6
9	1	2	3	6	5	4	7	8
3	5	9	2	8	4	7	6	1
2	7	1	5	3	6	8	9	4
8	4	6	1	9	7	3	2	5
4	9	3	6	1	2	5	8	7
1	6	5	8	7	3	2	4	9
7	2	8	4	5	9	6	1	3

Solution # 347

1	8	5	3	4	2	7	9	6
9	4	6	8	7	5	1	2	3
2	7	3	9	1	6	5	8	4
3	1	4	7	8	9	2	6	5
6	2	8	1	5	4	9	3	7
5	9	7	2	6	3	8	4	1
8	5	9	6	3	1	4	7	2
4	6	2	5	9	7	3	1	8
7	3	1	4	2	8	6	5	9

Solution # 348

6	5	8	2	7	9	3	4	1
3	4	2	1	5	6	8	9	7
7	9	1	3	4	8	2	5	6
9	8	3	4	6	2	7	1	5
5	7	6	9	1	3	4	8	2
2	1	4	5	8	7	6	3	9
8	2	9	6	3	5	1	7	4
4	3	5	7	2	1	9	6	8
1	6	7	8	9	4	5	2	3

Solution # 349

2	8	9	3	1	5	7	4	6
5	1	4	7	6	9	3	8	2
6	7	3	8	2	4	1	9	5
8	3	1	4	7	2	5	6	9
7	2	6	9	5	1	4	3	8
9	4	5	6	8	3	2	1	7
3	9	2	5	4	6	8	7	1
4	5	8	1	9	7	6	2	3
1	6	7	2	3	8	9	5	4

Solution # 350

4	6	8	9	5	3	1	7	2
5	3	2	8	1	7	9	4	6
7	1	9	4	6	2	3	8	5
1	8	7	2	9	6	5	3	4
2	9	5	3	4	8	6	1	7
6	4	3	5	7	1	2	9	8
8	5	6	7	3	9	4	2	1
9	2	1	6	8	4	7	5	3
3	7	4	1	2	5	8	6	9

Solution # 351

4	6	9	5	1	2	8	3	7
7	3	2	8	9	6	1	4	5
1	5	8	3	4	7	6	2	9
5	4	3	1	6	9	7	8	2
6	9	7	2	8	4	5	1	3
8	2	1	7	3	5	4	9	6
3	7	4	9	5	8	2	6	1
2	1	6	4	7	3	9	5	8
9	8	5	6	2	1	3	7	4

Solution # 352

4	8	1	6	2	5	7	3	9
9	5	2	7	3	4	1	8	6
7	3	6	8	1	9	4	5	2
8	1	5	4	9	3	2	6	7
3	6	4	2	8	7	9	1	5
2	9	7	1	5	6	8	4	3
1	7	3	9	6	8	5	2	4
6	2	9	5	4	1	3	7	8
5	4	8	3	7	2	6	9	1

Solution # 353

2	7	9	5	4	1	6	8	3
1	3	5	6	8	2	4	7	9
8	6	4	3	7	9	5	1	2
3	8	2	7	9	6	1	4	5
4	9	6	8	1	5	3	2	7
7	5	1	4	2	3	9	6	8
6	2	8	9	5	4	7	3	1
5	4	7	1	3	8	2	9	6
9	1	3	2	6	7	8	5	4

Solution # 354

2	8	4	9	5	3	1	6	7
9	7	5	1	8	6	3	4	2
1	6	3	4	2	7	5	9	8
7	2	1	3	6	9	8	5	4
4	5	9	2	1	8	7	3	6
6	3	8	7	4	5	2	1	9
8	4	7	6	3	1	9	2	5
5	1	6	8	9	2	4	7	3
3	9	2	5	7	4	6	8	1

Solution # 355

8	9	7	1	3	4	5	2	6
1	6	3	2	5	8	4	7	9
2	4	5	7	6	9	3	8	1
3	7	6	5	4	1	2	9	8
5	1	2	8	9	3	6	4	7
4	8	9	6	2	7	1	3	5
9	5	1	4	8	2	7	6	3
7	2	8	3	1	6	9	5	4
6	3	4	9	7	5	8	1	2

Solution # 356

2	7	8	1	5	6	4	3	9
4	5	6	3	9	2	8	1	7
9	1	3	7	8	4	5	6	2
5	9	1	6	2	7	3	4	8
6	8	2	4	3	9	1	7	5
3	4	7	8	1	5	9	2	6
7	6	9	5	4	3	2	8	1
1	3	5	2	6	8	7	9	4
8	2	4	9	7	1	6	5	3

Solution # 357

9	1	7	6	4	2	5	3	8
4	8	2	3	5	7	1	9	6
5	6	3	1	9	8	2	7	4
8	4	1	7	2	6	3	5	9
2	7	5	9	8	3	4	6	1
3	9	6	4	1	5	8	2	7
6	2	9	8	3	4	7	1	5
1	5	4	2	7	9	6	8	3
7	3	8	5	6	1	9	4	2

Solution # 358

6	1	7	5	3	9	2	8	4
8	5	2	6	7	4	3	9	1
3	4	9	1	2	8	6	7	5
7	2	5	3	4	6	9	1	8
9	3	1	2	8	7	5	4	6
4	6	8	9	5	1	7	3	2
2	8	4	7	6	3	1	5	9
1	7	6	8	9	5	4	2	3
5	9	3	4	1	2	8	6	7

Solution # 359

7	3	1	5	9	8	2	6	4
5	4	6	1	2	3	7	8	9
9	2	8	7	4	6	1	5	3
6	9	2	4	8	1	5	3	7
3	1	5	9	6	7	4	2	8
4	8	7	2	3	5	9	1	6
8	5	4	6	7	2	3	9	1
2	6	9	3	1	4	8	7	5
1	7	3	8	5	9	6	4	2

Solution # 360

5	8	9	1	2	3	7	4	6
3	2	7	6	9	4	8	5	1
1	6	4	7	8	5	9	3	2
8	9	6	4	3	7	1	2	5
7	5	3	8	1	2	6	9	4
4	1	2	5	6	9	3	7	8
2	4	1	9	7	6	5	8	3
6	7	5	3	4	8	2	1	9
9	3	8	2	5	1	4	6	7

Solution # 361

6	8	7	4	2	9	5	3	1
1	3	2	5	8	7	4	9	6
9	4	5	6	3	1	7	8	2
3	1	9	7	6	5	2	4	8
4	5	6	8	9	2	1	7	3
2	7	8	3	1	4	6	5	9
8	2	4	9	7	6	3	1	5
5	9	1	2	4	3	8	6	7
7	6	3	1	5	8	9	2	4

Solution # 362

4	2	1	8	9	3	6	5	7
6	8	5	2	7	1	3	9	4
3	7	9	6	5	4	1	2	8
9	4	3	1	2	8	5	7	6
5	1	7	9	4	6	8	3	2
2	6	8	7	3	5	4	1	9
7	3	4	5	6	9	2	8	1
1	9	6	3	8	2	7	4	5
8	5	2	4	1	7	9	6	3

Solution # 363

8	2	1	4	6	3	9	7	5
3	6	7	9	5	8	4	1	2
5	4	9	1	2	7	3	8	6
9	7	2	5	3	1	8	6	4
6	3	5	2	8	4	1	9	7
4	1	8	6	7	9	5	2	3
1	5	3	7	9	6	2	4	8
2	9	6	8	4	5	7	3	1
7	8	4	3	1	2	6	5	9

Solution # 364

1	4	7	6	3	5	9	8	2
3	5	8	9	4	2	6	1	7
6	9	2	7	1	8	5	4	3
4	8	9	3	6	7	1	2	5
2	3	5	8	9	1	4	7	6
7	6	1	5	2	4	8	3	9
5	1	3	4	7	6	2	9	8
9	2	6	1	8	3	7	5	4
8	7	4	2	5	9	3	6	1

Solution # 365

1	5	4	6	7	8	9	2	3
7	8	9	2	3	1	6	4	5
3	6	2	5	9	4	7	8	1
6	2	5	1	4	9	8	3	7
9	4	7	8	6	3	5	1	2
8	1	3	7	2	5	4	9	6
2	7	8	4	1	6	3	5	9
5	9	6	3	8	2	1	7	4
4	3	1	9	5	7	2	6	8

Solution # 366

8	1	2	4	7	6	9	3	5
7	9	4	5	3	2	8	1	6
6	3	5	8	9	1	4	2	7
1	2	8	3	5	9	7	6	4
3	4	9	6	1	7	2	5	8
5	7	6	2	4	8	3	9	1
4	8	1	9	6	3	5	7	2
2	6	3	7	8	5	1	4	9
9	5	7	1	2	4	6	8	3

Solution # 367

9	6	1	7	3	8	4	2	5
5	3	2	6	4	1	7	8	9
4	7	8	9	5	2	1	3	6
7	1	4	5	2	6	8	9	3
6	8	9	3	1	7	5	4	2
2	5	3	4	8	9	6	1	7
3	4	6	1	9	5	2	7	8
1	2	7	8	6	3	9	5	4
8	9	5	2	7	4	3	6	1

Solution # 368

6	8	1	2	5	3	7	9	4
2	9	5	8	4	7	1	6	3
4	7	3	1	9	6	2	8	5
8	5	7	4	1	9	6	3	2
9	1	4	6	3	2	5	7	8
3	2	6	7	8	5	4	1	9
7	6	8	3	2	4	9	5	1
1	4	9	5	6	8	3	2	7
5	3	2	9	7	1	8	4	6

Solution # 369

4	8	6	3	5	7	9	1	2
9	3	7	1	2	4	8	5	6
1	2	5	8	9	6	4	7	3
7	9	4	2	8	5	6	3	1
8	5	1	9	6	3	2	4	7
2	6	3	7	4	1	5	9	8
3	4	9	6	7	2	1	8	5
6	7	8	5	1	9	3	2	4
5	1	2	4	3	8	7	6	9

Solution # 370

1	5	4	7	8	3	6	9	2
3	9	7	4	2	6	5	1	8
8	6	2	9	5	1	7	4	3
5	7	6	1	4	8	3	2	9
4	2	3	6	7	9	8	5	1
9	1	8	5	3	2	4	7	6
7	3	1	2	6	4	9	8	5
6	4	9	8	1	5	2	3	7
2	8	5	3	9	7	1	6	4

Solution # 371

1	7	3	4	6	2	5	8	9
4	8	5	3	1	9	6	7	2
9	2	6	5	8	7	1	4	3
3	1	7	2	5	6	4	9	8
8	9	4	7	3	1	2	5	6
6	5	2	9	4	8	3	1	7
2	6	1	8	7	5	9	3	4
5	4	8	6	9	3	7	2	1
7	3	9	1	2	4	8	6	5

Solution # 372

9	3	6	1	5	7	4	2	8
1	8	5	9	2	4	7	6	3
7	4	2	8	6	3	5	9	1
8	7	1	5	4	9	6	3	2
6	9	4	3	1	2	8	5	7
2	5	3	7	8	6	1	4	9
3	1	9	4	7	5	2	8	6
4	6	7	2	3	8	9	1	5
5	2	8	6	9	1	3	7	4

Solution # 373

8	6	9	1	7	2	5	4	3
2	4	3	8	6	5	1	7	9
1	7	5	4	3	9	8	6	2
9	1	8	5	2	7	4	3	6
5	2	7	3	4	6	9	1	8
6	3	4	9	8	1	2	5	7
7	5	6	2	1	8	3	9	4
3	9	2	6	5	4	7	8	1
4	8	1	7	9	3	6	2	5

Solution # 374

9	4	5	1	6	2	3	7	8
1	8	3	7	9	4	5	6	2
7	6	2	3	5	8	4	1	9
2	5	7	8	3	1	9	4	6
8	9	1	6	4	5	2	3	7
6	3	4	2	7	9	8	5	1
5	1	9	4	8	7	6	2	3
4	7	6	9	2	3	1	8	5
3	2	8	5	1	6	7	9	4

Solution # 375

7	5	2	4	3	9	1	8	6
6	3	8	7	2	1	4	9	5
1	4	9	8	6	5	7	3	2
3	1	7	5	8	2	6	4	9
9	6	5	1	7	4	8	2	3
8	2	4	6	9	3	5	1	7
5	9	1	2	4	7	3	6	8
4	8	3	9	5	6	2	7	1
2	7	6	3	1	8	9	5	4

Solution # 376

4	8	9	7	3	5	6	2	1
7	6	2	1	8	9	5	3	4
3	5	1	6	4	2	9	8	7
6	9	5	2	7	3	1	4	8
8	3	7	4	1	6	2	9	5
2	1	4	9	5	8	7	6	3
9	4	8	5	6	7	3	1	2
5	2	3	8	9	1	4	7	6
1	7	6	3	2	4	8	5	9

Solution # 377

5	4	8	7	9	3	2	6	1
7	2	1	8	5	6	3	4	9
6	3	9	2	1	4	7	8	5
9	6	7	1	3	2	8	5	4
4	5	3	6	7	8	9	1	2
8	1	2	9	4	5	6	3	7
1	8	6	4	2	9	5	7	3
2	7	5	3	8	1	4	9	6
3	9	4	5	6	7	1	2	8

Solution # 378

1	3	6	5	8	7	2	9	4
9	7	5	6	2	4	1	3	8
4	8	2	1	3	9	6	7	5
5	2	3	8	7	6	9	4	1
6	1	4	3	9	5	7	8	2
8	9	7	2	4	1	3	5	6
7	6	9	4	5	2	8	1	3
2	4	8	9	1	3	5	6	7
3	5	1	7	6	8	4	2	9

Solution # 379

3	1	9	4	5	6	7	2	8
8	7	4	3	2	9	1	5	6
6	5	2	1	7	8	4	9	3
1	9	3	7	8	4	5	6	2
2	8	5	6	9	1	3	4	7
7	4	6	5	3	2	8	1	9
9	2	1	8	4	3	6	7	5
4	3	7	9	6	5	2	8	1
5	6	8	2	1	7	9	3	4

Solution # 380

1	5	8	3	6	4	2	9	7
4	2	9	7	5	8	1	6	3
7	3	6	1	2	9	5	4	8
6	1	2	8	4	7	9	3	5
5	9	4	6	1	3	7	8	2
8	7	3	2	9	5	6	1	4
2	8	1	4	7	6	3	5	9
3	6	5	9	8	2	4	7	1
9	4	7	5	3	1	8	2	6

Solution # 381

9	7	8	5	3	2	1	4	6
6	5	3	4	1	9	8	7	2
4	1	2	7	8	6	9	5	3
8	3	4	1	7	5	6	2	9
1	6	7	2	9	8	4	3	5
5	2	9	3	6	4	7	8	1
7	4	5	6	2	1	3	9	8
3	8	1	9	5	7	2	6	4
2	9	6	8	4	3	5	1	7

Solution # 382

2	1	7	9	3	4	6	8	5
8	5	4	7	2	6	9	3	1
6	3	9	5	8	1	7	2	4
1	2	6	3	4	7	8	5	9
9	4	5	2	1	8	3	7	6
7	8	3	6	9	5	1	4	2
5	6	1	4	7	3	2	9	8
4	7	2	8	6	9	5	1	3
3	9	8	1	5	2	4	6	7

Solution # 383

8	5	9	2	7	1	6	3	4
2	3	6	8	4	5	1	9	7
1	4	7	9	6	3	8	2	5
3	2	1	6	9	7	5	4	8
6	7	5	4	3	8	2	1	9
9	8	4	1	5	2	7	6	3
4	9	2	7	8	6	3	5	1
7	1	3	5	2	9	4	8	6
5	6	8	3	1	4	9	7	2

Solution # 384

1	6	8	5	3	2	4	9	7
2	5	9	4	8	7	1	6	3
3	4	7	6	1	9	8	5	2
8	1	3	9	4	6	7	2	5
7	9	4	8	2	5	3	1	6
6	2	5	3	7	1	9	4	8
5	8	6	1	9	3	2	7	4
9	3	2	7	6	4	5	8	1
4	7	1	2	5	8	6	3	9

Solution # 385

7	2	6	5	1	9	8	4	3
1	9	3	6	8	4	5	7	2
4	5	8	3	7	2	6	9	1
5	7	9	2	4	3	1	8	6
3	8	1	7	9	6	2	5	4
2	6	4	8	5	1	7	3	9
9	1	7	4	2	5	3	6	8
6	4	5	1	3	8	9	2	7
8	3	2	9	6	7	4	1	5

Solution # 386

8	6	1	9	4	3	7	5	2
7	5	4	2	8	1	9	6	3
3	2	9	5	6	7	4	8	1
4	7	3	6	2	9	5	1	8
5	1	2	8	7	4	3	9	6
9	8	6	3	1	5	2	4	7
6	9	7	4	3	8	1	2	5
2	3	5	1	9	6	8	7	4
1	4	8	7	5	2	6	3	9

Solution # 387

3	7	8	2	5	9	6	1	4
6	2	5	4	3	1	7	8	9
4	9	1	6	7	8	3	5	2
5	8	7	3	1	4	2	9	6
2	3	4	5	9	6	8	7	1
9	1	6	7	8	2	4	3	5
7	5	2	9	4	3	1	6	8
1	6	9	8	2	7	5	4	3
8	4	3	1	6	5	9	2	7

Solution # 388

9	8	1	2	4	7	6	3	5
7	5	4	3	9	6	2	1	8
3	6	2	5	1	8	7	4	9
5	7	9	4	2	3	8	6	1
4	2	6	7	8	1	9	5	3
8	1	3	9	6	5	4	2	7
1	4	8	6	3	9	5	7	2
6	9	5	1	7	2	3	8	4
2	3	7	8	5	4	1	9	6

Solution # 389

1	9	5	8	3	4	7	2	6
8	7	6	5	9	2	4	3	1
3	4	2	6	7	1	8	5	9
4	6	3	9	2	7	1	8	5
9	2	7	1	5	8	6	4	3
5	8	1	4	6	3	9	7	2
6	1	4	3	8	5	2	9	7
2	3	8	7	1	9	5	6	4
7	5	9	2	4	6	3	1	8

Solution # 390

2	1	3	6	4	5	7	8	9
5	6	8	1	7	9	3	2	4
4	7	9	8	3	2	1	6	5
1	3	4	2	5	7	8	9	6
7	2	6	3	9	8	5	4	1
8	9	5	4	1	6	2	7	3
9	5	2	7	6	3	4	1	8
6	8	1	5	2	4	9	3	7
3	4	7	9	8	1	6	5	2

Solution # 391

4	2	1	3	6	7	5	9	8
3	5	8	2	9	4	7	6	1
7	9	6	5	1	8	4	3	2
1	7	3	6	4	9	8	2	5
2	8	9	1	5	3	6	7	4
6	4	5	8	7	2	9	1	3
9	1	2	4	8	6	3	5	7
5	6	4	7	3	1	2	8	9
8	3	7	9	2	5	1	4	6

Solution # 392

7	2	5	6	4	3	1	9	8
1	6	4	9	7	8	5	3	2
3	9	8	5	2	1	7	4	6
9	4	7	2	8	5	3	6	1
5	3	2	4	1	6	9	8	7
6	8	1	7	3	9	4	2	5
4	5	3	8	6	7	2	1	9
8	1	9	3	5	2	6	7	4
2	7	6	1	9	4	8	5	3

Solution # 393

4	9	1	8	6	2	7	3	5
8	5	7	4	1	3	2	9	6
6	3	2	5	7	9	8	1	4
5	7	8	3	4	6	1	2	9
1	2	6	9	8	7	5	4	3
3	4	9	2	5	1	6	7	8
9	8	5	7	2	4	3	6	1
7	1	3	6	9	5	4	8	2
2	6	4	1	3	8	9	5	7

Solution # 394

9	2	8	7	1	6	5	3	4
4	7	5	2	3	9	1	8	6
6	3	1	4	5	8	9	7	2
1	9	4	5	6	7	3	2	8
8	6	7	3	9	2	4	1	5
3	5	2	1	8	4	7	6	9
7	4	6	9	2	3	8	5	1
2	1	9	8	7	5	6	4	3
5	8	3	6	4	1	2	9	7

Solution # 395

9	2	8	4	6	5	3	1	7
4	3	7	9	8	1	6	5	2
5	6	1	7	3	2	9	4	8
8	4	6	5	7	3	1	2	9
2	7	5	8	1	9	4	6	3
1	9	3	2	4	6	8	7	5
6	8	2	1	9	7	5	3	4
7	1	4	3	5	8	2	9	6
3	5	9	6	2	4	7	8	1

Solution # 396

8	1	6	4	5	3	9	7	2
9	7	4	6	8	2	5	1	3
3	2	5	9	7	1	6	4	8
2	4	1	5	6	7	8	3	9
6	5	8	1	3	9	4	2	7
7	9	3	2	4	8	1	6	5
1	8	9	7	2	4	3	5	6
5	3	7	8	1	6	2	9	4
4	6	2	3	9	5	7	8	1

Solution # 397

4	7	9	1	5	6	2	8	3
2	6	5	4	8	3	1	9	7
1	3	8	9	2	7	5	6	4
7	4	1	6	9	2	8	3	5
6	8	2	3	7	5	4	1	9
9	5	3	8	1	4	7	2	6
8	9	6	7	4	1	3	5	2
3	2	4	5	6	8	9	7	1
5	1	7	2	3	9	6	4	8

Solution # 398

8	2	9	1	6	7	5	3	4
7	1	3	4	8	5	9	2	6
5	4	6	3	9	2	8	7	1
3	7	2	9	5	4	1	6	8
9	6	5	8	2	1	3	4	7
4	8	1	6	7	3	2	5	9
2	5	4	7	1	8	6	9	3
1	9	7	2	3	6	4	8	5
6	3	8	5	4	9	7	1	2

Solution # 399

8	1	7	2	6	5	3	9	4
2	3	9	7	4	1	6	8	5
4	6	5	8	3	9	7	1	2
9	2	8	3	1	7	4	5	6
7	5	1	6	9	4	8	2	3
3	4	6	5	2	8	9	7	1
1	7	4	9	5	6	2	3	8
6	8	3	1	7	2	5	4	9
5	9	2	4	8	3	1	6	7

Solution # 400

3	5	4	9	7	6	8	2	1
9	8	1	4	3	2	6	7	5
2	6	7	1	5	8	9	3	4
1	9	6	2	8	4	7	5	3
8	7	2	5	6	3	1	4	9
4	3	5	7	9	1	2	6	8
6	2	3	8	4	9	5	1	7
5	1	9	3	2	7	4	8	6
7	4	8	6	1	5	3	9	2

Solution # 401

3	9	1	5	8	7	6	4	2
5	7	4	3	2	6	9	1	8
8	2	6	9	1	4	5	3	7
9	6	8	2	7	1	4	5	3
7	3	2	4	9	5	1	8	6
1	4	5	6	3	8	2	7	9
4	5	9	7	6	3	8	2	1
2	1	3	8	5	9	7	6	4
6	8	7	1	4	2	3	9	5

Solution # 402

4	8	1	5	9	3	2	6	7
9	6	5	7	8	2	1	3	4
2	7	3	4	6	1	8	9	5
8	3	7	9	1	4	6	5	2
1	9	2	6	5	7	3	4	8
6	5	4	3	2	8	7	1	9
3	1	9	2	7	5	4	8	6
5	2	8	1	4	6	9	7	3
7	4	6	8	3	9	5	2	1

Solution # 403

5	8	1	4	3	6	9	2	7
3	6	2	9	8	7	4	1	5
7	9	4	1	5	2	3	8	6
1	2	3	8	6	4	7	5	9
6	7	5	3	1	9	2	4	8
8	4	9	2	7	5	1	6	3
9	1	7	6	2	8	5	3	4
2	5	6	7	4	3	8	9	1
4	3	8	5	9	1	6	7	2

Solution # 404

8	3	1	6	5	9	7	4	2
5	7	2	1	4	8	3	6	9
4	6	9	3	7	2	5	8	1
1	4	6	9	8	3	2	7	5
3	8	7	5	2	1	4	9	6
2	9	5	4	6	7	8	1	3
6	2	3	8	1	4	9	5	7
7	5	4	2	9	6	1	3	8
9	1	8	7	3	5	6	2	4

Solution # 405

1	3	9	4	7	6	5	8	2
4	5	2	9	3	8	7	6	1
8	6	7	2	5	1	4	9	3
9	4	3	7	6	2	1	5	8
6	1	8	3	4	5	2	7	9
2	7	5	1	8	9	3	4	6
5	8	1	6	2	7	9	3	4
3	9	6	5	1	4	8	2	7
7	2	4	8	9	3	6	1	5

Solution # 406

6	7	4	1	9	3	2	5	8
2	9	8	4	6	5	1	3	7
3	5	1	7	8	2	6	4	9
4	3	9	6	2	7	5	8	1
8	2	6	9	5	1	4	7	3
7	1	5	8	3	4	9	2	6
1	4	3	2	7	6	8	9	5
9	6	7	5	4	8	3	1	2
5	8	2	3	1	9	7	6	4

Solution # 407

1	8	9	3	7	4	6	5	2
5	4	3	6	2	1	9	8	7
7	6	2	5	9	8	3	4	1
8	5	4	1	3	2	7	9	6
3	2	6	9	5	7	8	1	4
9	1	7	8	4	6	5	2	3
4	3	5	7	1	9	2	6	8
6	9	1	2	8	3	4	7	5
2	7	8	4	6	5	1	3	9

Solution # 408

7	3	2	5	1	6	9	8	4
9	1	4	2	3	8	6	7	5
8	5	6	9	4	7	1	3	2
4	8	9	1	6	2	7	5	3
6	7	5	8	9	3	4	2	1
3	2	1	7	5	4	8	6	9
1	9	8	3	7	5	2	4	6
2	6	3	4	8	1	5	9	7
5	4	7	6	2	9	3	1	8

Solution # 409

5	6	4	8	7	2	1	3	9
1	8	2	6	9	3	4	7	5
7	3	9	4	1	5	2	8	6
8	7	6	1	3	9	5	2	4
3	2	1	5	6	4	8	9	7
9	4	5	2	8	7	6	1	3
6	1	7	3	5	8	9	4	2
2	5	3	9	4	1	7	6	8
4	9	8	7	2	6	3	5	1

Solution # 410

5	7	9	8	6	2	4	1	3
8	6	4	9	1	3	7	2	5
1	3	2	4	5	7	8	9	6
4	8	3	6	2	1	5	7	9
2	9	6	7	4	5	1	3	8
7	1	5	3	9	8	6	4	2
9	4	8	1	3	6	2	5	7
3	2	7	5	8	4	9	6	1
6	5	1	2	7	9	3	8	4

Solution # 411

8	4	1	6	7	5	9	3	2
3	7	6	1	9	2	8	4	5
9	2	5	8	3	4	1	6	7
1	3	7	9	4	8	5	2	6
2	6	9	5	1	7	3	8	4
5	8	4	3	2	6	7	1	9
6	1	2	7	8	9	4	5	3
4	9	8	2	5	3	6	7	1
7	5	3	4	6	1	2	9	8

Solution # 412

5	9	2	6	1	7	3	8	4
7	6	4	9	8	3	1	2	5
8	3	1	4	5	2	7	6	9
2	4	8	1	3	6	9	5	7
3	5	6	8	7	9	2	4	1
9	1	7	2	4	5	6	3	8
4	7	3	5	6	1	8	9	2
1	8	9	3	2	4	5	7	6
6	2	5	7	9	8	4	1	3

Solution # 413

1	6	2	4	5	7	9	3	8
9	3	7	6	1	8	2	4	5
8	5	4	2	9	3	6	1	7
7	4	5	3	6	2	1	8	9
3	1	6	8	7	9	4	5	2
2	9	8	5	4	1	7	6	3
4	2	1	9	8	5	3	7	6
5	7	3	1	2	6	8	9	4
6	8	9	7	3	4	5	2	1

Solution # 414

1	8	7	5	6	9	3	4	2
9	5	4	3	2	1	6	7	8
6	3	2	4	8	7	9	1	5
8	2	3	7	1	6	4	5	9
5	1	9	8	4	3	7	2	6
7	4	6	9	5	2	1	8	3
4	6	1	2	3	8	5	9	7
2	7	5	6	9	4	8	3	1
3	9	8	1	7	5	2	6	4

Solution # 415

3	6	9	8	1	7	2	4	5
7	2	1	5	3	4	8	9	6
8	4	5	6	2	9	1	3	7
1	8	4	2	7	5	9	6	3
2	9	3	4	6	8	5	7	1
5	7	6	1	9	3	4	2	8
6	1	8	3	4	2	7	5	9
9	5	2	7	8	6	3	1	4
4	3	7	9	5	1	6	8	2

Solution # 416

8	7	2	4	5	3	6	1	9
1	4	3	8	6	9	5	7	2
6	5	9	2	1	7	8	4	3
5	9	7	6	3	2	1	8	4
2	8	4	1	7	5	9	3	6
3	6	1	9	8	4	2	5	7
9	2	8	7	4	1	3	6	5
4	3	6	5	2	8	7	9	1
7	1	5	3	9	6	4	2	8

Solution # 417

8	5	6	3	9	7	1	4	2
4	7	9	8	2	1	6	3	5
3	1	2	4	6	5	9	8	7
6	3	8	7	4	9	2	5	1
7	4	5	1	8	2	3	6	9
9	2	1	5	3	6	8	7	4
2	8	7	6	1	4	5	9	3
5	9	3	2	7	8	4	1	6
1	6	4	9	5	3	7	2	8

Solution # 418

8	9	1	4	6	3	2	5	7
4	7	2	5	1	9	3	6	8
6	5	3	8	7	2	1	4	9
1	4	8	2	3	7	5	9	6
3	6	5	9	8	1	4	7	2
7	2	9	6	5	4	8	1	3
2	3	6	1	9	5	7	8	4
5	8	7	3	4	6	9	2	1
9	1	4	7	2	8	6	3	5

Solution # 419

8	7	3	1	4	9	2	5	6
1	4	6	3	2	5	8	9	7
9	2	5	8	6	7	4	1	3
4	3	2	7	5	6	9	8	1
7	1	9	4	8	2	3	6	5
6	5	8	9	1	3	7	4	2
2	9	1	6	3	8	5	7	4
3	6	7	5	9	4	1	2	8
5	8	4	2	7	1	6	3	9

Solution # 420

6	8	2	9	1	7	5	4	3
4	9	3	5	6	8	1	2	7
1	5	7	3	2	4	8	6	9
9	1	8	7	3	2	6	5	4
2	3	6	4	5	1	7	9	8
5	7	4	8	9	6	2	3	1
7	2	1	6	4	3	9	8	5
8	4	9	2	7	5	3	1	6
3	6	5	1	8	9	4	7	2

Solution # 421

5	4	9	6	1	3	2	7	8
1	6	8	4	7	2	5	9	3
3	2	7	5	8	9	1	6	4
8	3	2	7	4	6	9	1	5
6	7	1	8	9	5	4	3	2
4	9	5	2	3	1	6	8	7
2	1	6	3	5	8	7	4	9
7	5	3	9	6	4	8	2	1
9	8	4	1	2	7	3	5	6

Solution # 422

1	4	7	2	3	5	9	6	8
9	2	3	7	8	6	4	1	5
6	5	8	1	4	9	2	7	3
7	8	5	6	9	2	3	4	1
3	6	1	8	7	4	5	9	2
4	9	2	3	5	1	6	8	7
5	1	9	4	2	8	7	3	6
8	7	4	5	6	3	1	2	9
2	3	6	9	1	7	8	5	4

Solution # 423

8	9	1	6	3	2	4	5	7
7	2	4	1	8	5	6	3	9
5	3	6	7	4	9	2	1	8
1	4	8	9	2	3	7	6	5
2	6	7	8	5	1	9	4	3
9	5	3	4	7	6	8	2	1
4	8	5	2	1	7	3	9	6
3	7	9	5	6	4	1	8	2
6	1	2	3	9	8	5	7	4

Solution # 424

4	7	9	8	5	2	6	3	1
5	1	3	9	7	6	8	4	2
6	8	2	4	1	3	9	7	5
3	9	6	1	2	8	7	5	4
8	5	1	7	6	4	3	2	9
2	4	7	3	9	5	1	6	8
1	2	8	6	4	7	5	9	3
7	3	4	5	8	9	2	1	6
9	6	5	2	3	1	4	8	7

Solution # 425

1	4	9	5	6	3	8	7	2
6	7	8	2	4	9	1	5	3
2	3	5	8	7	1	6	4	9
3	6	7	1	9	4	2	8	5
8	1	2	6	3	5	4	9	7
5	9	4	7	2	8	3	6	1
4	5	3	9	8	2	7	1	6
9	8	6	3	1	7	5	2	4
7	2	1	4	5	6	9	3	8

Solution # 426

8	9	5	3	2	4	1	7	6
2	1	7	8	5	6	9	4	3
3	6	4	7	9	1	2	5	8
5	8	3	6	1	9	7	2	4
9	4	2	5	8	7	6	3	1
1	7	6	4	3	2	5	8	9
7	5	1	9	4	8	3	6	2
6	2	8	1	7	3	4	9	5
4	3	9	2	6	5	8	1	7

Solution # 427

8	7	5	1	2	9	6	3	4
2	9	6	4	5	3	1	8	7
4	3	1	7	6	8	2	9	5
9	8	7	6	1	2	5	4	3
6	2	3	5	8	4	9	7	1
5	1	4	9	3	7	8	2	6
1	4	8	3	9	6	7	5	2
7	5	9	2	4	1	3	6	8
3	6	2	8	7	5	4	1	9

Solution # 428

9	8	3	7	5	2	1	6	4
2	4	1	8	6	9	5	3	7
7	5	6	3	1	4	9	2	8
8	1	2	9	3	6	7	4	5
6	3	7	1	4	5	2	8	9
5	9	4	2	8	7	6	1	3
3	2	5	4	7	1	8	9	6
1	7	8	6	9	3	4	5	2
4	6	9	5	2	8	3	7	1

Solution # 429

9	7	6	3	2	5	1	8	4
2	1	3	8	4	9	6	7	5
4	5	8	7	6	1	3	9	2
5	2	7	1	9	6	8	4	3
1	8	4	2	3	7	5	6	9
6	3	9	4	5	8	2	1	7
7	4	1	5	8	3	9	2	6
3	9	2	6	1	4	7	5	8
8	6	5	9	7	2	4	3	1

Solution # 430

6	9	5	2	8	7	4	1	3
4	2	8	1	3	6	7	9	5
7	3	1	9	5	4	6	8	2
1	4	9	3	6	5	8	2	7
5	7	6	8	1	2	9	3	4
2	8	3	4	7	9	1	5	6
3	5	4	7	9	8	2	6	1
8	6	2	5	4	1	3	7	9
9	1	7	6	2	3	5	4	8

Solution # 431

4	9	8	5	3	6	1	2	7
5	7	1	2	8	9	3	6	4
6	3	2	1	4	7	8	9	5
7	6	5	8	9	1	2	4	3
1	2	3	4	7	5	6	8	9
8	4	9	3	6	2	5	7	1
9	1	7	6	5	8	4	3	2
3	5	6	9	2	4	7	1	8
2	8	4	7	1	3	9	5	6

Solution # 432

7	5	3	6	8	2	1	4	9
8	4	2	9	7	1	3	6	5
6	1	9	5	4	3	7	2	8
1	7	6	2	3	8	9	5	4
2	3	5	1	9	4	6	8	7
4	9	8	7	6	5	2	1	3
3	8	7	4	2	6	5	9	1
9	2	1	8	5	7	4	3	6
5	6	4	3	1	9	8	7	2

Solution # 433

4	2	9	6	5	8	1	3	7
7	6	5	3	1	4	2	8	9
3	1	8	2	7	9	6	4	5
9	5	3	8	4	1	7	2	6
1	4	7	9	6	2	8	5	3
2	8	6	7	3	5	4	9	1
8	3	4	1	9	6	5	7	2
6	9	2	5	8	7	3	1	4
5	7	1	4	2	3	9	6	8

Solution # 434

7	4	1	8	5	9	2	6	3
8	6	3	1	2	4	7	5	9
9	5	2	7	3	6	8	1	4
3	7	5	9	1	8	4	2	6
1	8	4	2	6	7	3	9	5
6	2	9	3	4	5	1	8	7
2	1	7	5	9	3	6	4	8
5	3	6	4	8	2	9	7	1
4	9	8	6	7	1	5	3	2

Solution # 435

1	9	6	4	7	5	8	3	2
5	2	8	6	9	3	4	7	1
7	3	4	2	1	8	9	6	5
2	6	9	1	8	4	7	5	3
8	5	3	7	2	9	1	4	6
4	7	1	3	5	6	2	9	8
6	1	2	9	3	7	5	8	4
3	8	7	5	4	2	6	1	9
9	4	5	8	6	1	3	2	7

Solution # 436

7	2	9	4	1	3	8	6	5
5	4	3	7	8	6	2	9	1
1	8	6	2	5	9	3	4	7
2	3	5	6	9	1	7	8	4
6	9	7	8	2	4	5	1	3
8	1	4	5	3	7	9	2	6
3	5	2	1	4	8	6	7	9
4	7	8	9	6	5	1	3	2
9	6	1	3	7	2	4	5	8

Solution # 437

7	3	6	8	9	4	2	1	5
4	8	2	3	5	1	7	6	9
1	9	5	6	2	7	4	3	8
5	6	9	7	1	3	8	2	4
8	2	7	9	4	6	1	5	3
3	1	4	2	8	5	6	9	7
6	4	1	5	3	8	9	7	2
2	5	8	1	7	9	3	4	6
9	7	3	4	6	2	5	8	1

Solution # 438

4	6	8	7	5	3	1	9	2
3	7	2	6	9	1	8	4	5
1	9	5	2	8	4	7	6	3
8	1	7	5	4	9	2	3	6
9	4	3	8	2	6	5	1	7
5	2	6	3	1	7	9	8	4
2	3	9	1	6	5	4	7	8
7	8	1	4	3	2	6	5	9
6	5	4	9	7	8	3	2	1

Solution # 439

3	2	7	6	1	5	4	9	8
8	4	5	9	3	7	6	1	2
6	1	9	8	2	4	7	3	5
4	5	8	7	9	6	1	2	3
9	3	1	4	8	2	5	7	6
7	6	2	1	5	3	8	4	9
2	7	3	5	6	1	9	8	4
5	9	4	2	7	8	3	6	1
1	8	6	3	4	9	2	5	7

Solution # 440

7	1	5	4	2	3	9	8	6
9	4	3	6	1	8	7	5	2
6	8	2	9	5	7	1	3	4
1	9	8	2	7	5	6	4	3
5	3	6	8	9	4	2	7	1
2	7	4	3	6	1	8	9	5
8	5	1	7	3	2	4	6	9
4	2	9	5	8	6	3	1	7
3	6	7	1	4	9	5	2	8

Solution # 441

1	4	5	3	2	7	6	8	9
6	8	2	5	9	4	1	7	3
3	7	9	8	1	6	4	5	2
4	5	7	1	6	9	3	2	8
8	1	6	2	5	3	9	4	7
2	9	3	4	7	8	5	6	1
7	2	4	9	3	5	8	1	6
9	6	8	7	4	1	2	3	5
5	3	1	6	8	2	7	9	4

Solution # 442

7	9	2	1	6	5	8	3	4
5	1	3	8	2	4	9	7	6
8	6	4	7	9	3	5	2	1
9	3	5	2	1	7	6	4	8
6	2	1	4	8	9	7	5	3
4	8	7	3	5	6	1	9	2
3	5	8	9	4	1	2	6	7
2	7	9	6	3	8	4	1	5
1	4	6	5	7	2	3	8	9

Solution # 443

6	3	7	2	9	5	1	4	8
5	9	8	1	3	4	6	7	2
1	4	2	8	7	6	9	3	5
8	5	3	7	6	1	4	2	9
4	6	9	5	2	3	7	8	1
7	2	1	4	8	9	5	6	3
9	8	5	3	4	7	2	1	6
3	7	6	9	1	2	8	5	4
2	1	4	6	5	8	3	9	7

Solution # 444

3	5	6	1	8	7	4	2	9
7	9	2	3	4	5	6	8	1
4	8	1	9	6	2	5	7	3
8	3	4	2	7	6	1	9	5
5	2	7	4	1	9	8	3	6
6	1	9	5	3	8	7	4	2
1	4	8	6	2	3	9	5	7
9	6	3	7	5	4	2	1	8
2	7	5	8	9	1	3	6	4

Solution # 445

8	5	1	3	2	9	6	7	4
2	7	3	6	8	4	5	1	9
4	6	9	7	5	1	3	2	8
5	9	8	2	6	7	4	3	1
6	2	4	8	1	3	9	5	7
1	3	7	4	9	5	8	6	2
3	8	6	9	7	2	1	4	5
7	4	5	1	3	8	2	9	6
9	1	2	5	4	6	7	8	3

Solution # 446

5	8	4	6	2	7	9	1	3
2	9	6	1	4	3	8	7	5
7	3	1	8	9	5	4	2	6
3	5	2	7	1	4	6	9	8
8	4	7	9	5	6	1	3	2
6	1	9	3	8	2	7	5	4
1	2	8	4	3	9	5	6	7
9	7	5	2	6	8	3	4	1
4	6	3	5	7	1	2	8	9

Solution # 447

8	1	9	3	4	7	5	2	6
4	3	6	5	9	2	7	8	1
5	2	7	6	8	1	9	3	4
7	4	8	1	6	9	3	5	2
1	9	2	7	5	3	4	6	8
3	6	5	4	2	8	1	7	9
9	7	1	8	3	6	2	4	5
2	8	4	9	7	5	6	1	3
6	5	3	2	1	4	8	9	7

Solution # 448

9	6	8	3	5	1	2	4	7
1	4	2	7	6	9	5	3	8
7	5	3	8	4	2	6	9	1
4	3	7	5	2	8	9	1	6
2	8	9	1	7	6	4	5	3
6	1	5	9	3	4	8	7	2
8	9	4	6	1	7	3	2	5
5	2	1	4	8	3	7	6	9
3	7	6	2	9	5	1	8	4

Solution # 449

5	3	9	1	4	7	8	2	6
7	2	8	3	5	6	9	4	1
4	1	6	9	8	2	7	3	5
1	9	3	8	7	5	2	6	4
6	7	5	2	3	4	1	8	9
8	4	2	6	9	1	3	5	7
2	5	4	7	1	8	6	9	3
3	6	7	4	2	9	5	1	8
9	8	1	5	6	3	4	7	2

Solution # 450

9	2	8	1	6	5	7	4	3
7	6	1	9	4	3	5	2	8
4	5	3	7	8	2	6	1	9
2	7	6	8	3	1	4	9	5
1	3	9	6	5	4	2	8	7
5	8	4	2	7	9	1	3	6
8	4	5	3	2	7	9	6	1
6	1	7	4	9	8	3	5	2
3	9	2	5	1	6	8	7	4

Solution # 451

4	1	3	2	6	7	5	9	8
9	7	8	1	4	5	6	2	3
5	6	2	8	9	3	1	4	7
1	9	7	6	8	2	4	3	5
2	8	5	9	3	4	7	6	1
3	4	6	7	5	1	2	8	9
8	2	9	5	1	6	3	7	4
7	5	4	3	2	9	8	1	6
6	3	1	4	7	8	9	5	2

Solution # 452

6	2	9	4	5	7	8	1	3
8	7	1	9	3	2	4	6	5
5	4	3	8	6	1	7	9	2
1	8	4	7	2	3	6	5	9
9	5	6	1	8	4	2	3	7
2	3	7	5	9	6	1	8	4
4	6	8	3	7	9	5	2	1
3	1	2	6	4	5	9	7	8
7	9	5	2	1	8	3	4	6

Solution # 453

3	1	7	9	8	6	2	4	5
4	8	2	1	5	7	9	6	3
5	6	9	3	2	4	1	8	7
9	7	3	8	4	1	5	2	6
1	5	6	7	9	2	4	3	8
2	4	8	6	3	5	7	9	1
8	9	1	2	7	3	6	5	4
6	3	4	5	1	9	8	7	2
7	2	5	4	6	8	3	1	9

Solution # 454

2	1	3	7	8	5	6	9	4
7	6	8	2	4	9	3	5	1
4	5	9	6	1	3	8	7	2
9	3	7	4	2	8	1	6	5
1	4	2	5	7	6	9	8	3
5	8	6	9	3	1	4	2	7
6	2	5	3	9	4	7	1	8
8	7	4	1	6	2	5	3	9
3	9	1	8	5	7	2	4	6

Solution # 455

6	5	8	4	1	3	9	7	2
1	4	2	8	7	9	6	5	3
9	3	7	6	2	5	8	4	1
4	1	5	7	9	6	3	2	8
7	8	9	3	4	2	5	1	6
2	6	3	1	5	8	4	9	7
5	7	6	9	8	1	2	3	4
3	2	4	5	6	7	1	8	9
8	9	1	2	3	4	7	6	5

Solution # 456

1	3	7	9	8	2	4	6	5
4	2	9	3	6	5	7	1	8
5	6	8	7	4	1	9	3	2
3	5	2	1	7	8	6	9	4
7	9	6	4	2	3	5	8	1
8	1	4	6	5	9	2	7	3
6	8	1	2	9	4	3	5	7
9	4	3	5	1	7	8	2	6
2	7	5	8	3	6	1	4	9

Solution # 457

7	4	3	2	9	1	6	8	5
1	8	2	7	6	5	3	4	9
6	9	5	4	3	8	2	1	7
9	7	8	3	4	2	1	5	6
4	2	1	5	7	6	8	9	3
5	3	6	1	8	9	4	7	2
8	6	4	9	2	7	5	3	1
3	1	7	6	5	4	9	2	8
2	5	9	8	1	3	7	6	4

Solution # 458

9	2	1	7	6	5	3	8	4
4	8	7	1	3	9	6	5	2
6	3	5	2	8	4	9	1	7
2	1	6	4	5	3	8	7	9
3	7	8	9	2	1	4	6	5
5	4	9	8	7	6	2	3	1
8	5	2	3	4	7	1	9	6
1	6	3	5	9	2	7	4	8
7	9	4	6	1	8	5	2	3

Solution # 459

4	8	3	7	5	1	2	6	9
5	2	1	9	6	4	8	7	3
7	6	9	3	8	2	4	1	5
8	9	7	2	1	5	6	3	4
1	4	6	8	9	3	7	5	2
3	5	2	6	4	7	9	8	1
2	7	5	4	3	6	1	9	8
6	1	8	5	2	9	3	4	7
9	3	4	1	7	8	5	2	6

Solution # 460

9	5	2	1	4	7	8	3	6
3	4	7	2	8	6	1	5	9
6	8	1	9	3	5	4	2	7
5	6	4	8	7	2	9	1	3
2	1	8	5	9	3	7	6	4
7	3	9	6	1	4	2	8	5
1	9	6	4	5	8	3	7	2
8	2	3	7	6	9	5	4	1
4	7	5	3	2	1	6	9	8

Solution # 461

5	8	4	3	6	9	2	7	1
6	3	1	8	2	7	5	4	9
2	7	9	1	4	5	8	6	3
9	5	2	6	8	1	4	3	7
3	1	8	5	7	4	9	2	6
4	6	7	2	9	3	1	8	5
7	9	3	4	1	2	6	5	8
1	2	6	7	5	8	3	9	4
8	4	5	9	3	6	7	1	2

Solution # 462

1	2	5	8	4	9	6	3	7
8	9	6	2	3	7	4	5	1
3	4	7	6	5	1	9	2	8
2	7	4	9	1	6	5	8	3
5	1	8	4	2	3	7	9	6
9	6	3	7	8	5	2	1	4
4	8	1	5	6	2	3	7	9
7	3	2	1	9	4	8	6	5
6	5	9	3	7	8	1	4	2

Solution # 463

3	6	7	4	2	1	8	5	9
4	1	9	8	7	5	3	2	6
8	2	5	9	6	3	7	1	4
1	8	2	7	4	6	9	3	5
5	3	4	1	8	9	6	7	2
7	9	6	5	3	2	4	8	1
9	4	1	3	5	8	2	6	7
6	7	8	2	1	4	5	9	3
2	5	3	6	9	7	1	4	8

Solution # 464

5	1	9	8	6	4	2	3	7
6	2	7	9	3	5	8	1	4
4	8	3	2	1	7	6	9	5
3	9	6	1	7	8	5	4	2
2	4	1	3	5	6	9	7	8
7	5	8	4	9	2	1	6	3
8	7	2	6	4	9	3	5	1
9	3	5	7	2	1	4	8	6
1	6	4	5	8	3	7	2	9

Solution # 465

8	7	5	4	9	1	3	2	6
2	4	1	7	6	3	8	9	5
6	9	3	5	2	8	1	7	4
4	3	2	9	1	5	6	8	7
5	1	6	2	8	7	4	3	9
9	8	7	6	3	4	5	1	2
3	6	4	1	7	2	9	5	8
1	2	9	8	5	6	7	4	3
7	5	8	3	4	9	2	6	1

Solution # 466

8	6	3	4	1	5	2	9	7
7	5	4	2	8	9	6	1	3
1	2	9	6	7	3	4	8	5
5	1	2	3	6	7	9	4	8
9	7	6	8	2	4	5	3	1
3	4	8	9	5	1	7	2	6
4	9	7	5	3	8	1	6	2
6	8	1	7	9	2	3	5	4
2	3	5	1	4	6	8	7	9

Solution # 467

4	5	1	9	8	2	3	6	7
3	6	2	7	1	5	8	9	4
9	8	7	6	4	3	5	2	1
5	9	8	1	7	4	2	3	6
6	2	4	5	3	8	7	1	9
7	1	3	2	9	6	4	8	5
8	3	5	4	6	9	1	7	2
1	4	9	3	2	7	6	5	8
2	7	6	8	5	1	9	4	3

Solution # 468

1	3	9	6	4	7	5	2	8
6	7	5	2	8	3	4	1	9
2	8	4	5	9	1	3	6	7
5	6	3	7	2	8	9	4	1
9	1	7	4	5	6	8	3	2
8	4	2	3	1	9	7	5	6
4	5	8	1	7	2	6	9	3
3	9	1	8	6	4	2	7	5
7	2	6	9	3	5	1	8	4

Solution # 469

9	5	1	2	4	3	6	7	8
2	6	7	5	9	8	4	1	3
3	4	8	6	7	1	2	5	9
4	7	3	9	1	5	8	6	2
8	2	9	3	6	7	5	4	1
6	1	5	8	2	4	9	3	7
1	8	2	4	3	6	7	9	5
7	9	4	1	5	2	3	8	6
5	3	6	7	8	9	1	2	4

Solution # 470

9	2	5	7	3	6	4	1	8
4	1	6	5	9	8	2	3	7
8	3	7	4	2	1	5	6	9
1	9	3	2	5	4	7	8	6
6	8	4	3	1	7	9	2	5
5	7	2	8	6	9	1	4	3
2	4	9	6	8	5	3	7	1
3	5	8	1	7	2	6	9	4
7	6	1	9	4	3	8	5	2

Solution # 471

6	4	3	2	5	7	8	1	9
8	5	1	4	6	9	7	2	3
2	7	9	8	3	1	4	5	6
9	8	5	1	7	4	3	6	2
7	1	6	3	2	5	9	8	4
3	2	4	9	8	6	5	7	1
4	3	7	6	1	8	2	9	5
1	9	8	5	4	2	6	3	7
5	6	2	7	9	3	1	4	8

Solution # 472

5	9	8	2	6	4	7	1	3
6	2	3	1	5	7	8	4	9
1	4	7	8	3	9	5	6	2
3	7	2	9	4	6	1	5	8
8	6	1	7	2	5	9	3	4
4	5	9	3	8	1	6	2	7
9	8	5	4	1	3	2	7	6
7	1	4	6	9	2	3	8	5
2	3	6	5	7	8	4	9	1

Solution # 473

7	9	2	5	1	8	4	6	3
1	5	6	4	3	9	8	2	7
3	8	4	2	7	6	1	9	5
2	4	5	8	6	1	3	7	9
8	6	7	9	4	3	2	5	1
9	1	3	7	2	5	6	4	8
4	7	8	3	9	2	5	1	6
6	3	9	1	5	4	7	8	2
5	2	1	6	8	7	9	3	4

Solution # 474

9	3	5	4	1	2	6	7	8
1	6	2	5	7	8	9	4	3
8	4	7	9	6	3	2	1	5
6	9	3	1	8	5	4	2	7
2	8	4	7	3	9	1	5	6
7	5	1	6	2	4	8	3	9
3	7	9	2	4	6	5	8	1
4	1	6	8	5	7	3	9	2
5	2	8	3	9	1	7	6	4

Solution # 475

8	9	2	4	5	1	3	6	7
4	7	6	9	8	3	5	2	1
3	5	1	6	2	7	9	4	8
6	2	8	7	1	9	4	3	5
9	4	7	8	3	5	2	1	6
5	1	3	2	4	6	8	7	9
7	6	4	3	9	8	1	5	2
1	3	9	5	7	2	6	8	4
2	8	5	1	6	4	7	9	3

Solution # 476

6	3	9	8	7	1	2	4	5
7	2	1	5	4	9	8	6	3
4	5	8	2	6	3	1	7	9
8	1	4	3	5	7	9	2	6
5	9	2	6	8	4	7	3	1
3	6	7	9	1	2	4	5	8
1	4	5	7	3	8	6	9	2
9	7	3	1	2	6	5	8	4
2	8	6	4	9	5	3	1	7

Solution # 477

4	7	1	9	2	8	6	5	3
8	5	2	6	7	3	1	9	4
9	6	3	4	1	5	2	7	8
7	2	4	1	3	6	9	8	5
1	8	9	7	5	4	3	2	6
5	3	6	2	8	9	4	1	7
2	1	8	3	4	7	5	6	9
6	4	7	5	9	1	8	3	2
3	9	5	8	6	2	7	4	1

Solution # 478

2	6	9	8	4	7	5	3	1
8	7	5	3	1	9	2	4	6
3	1	4	2	5	6	8	9	7
7	4	1	5	6	2	3	8	9
6	3	8	4	9	1	7	5	2
5	9	2	7	8	3	1	6	4
1	8	7	9	3	4	6	2	5
4	2	3	6	7	5	9	1	8
9	5	6	1	2	8	4	7	3

Solution # 479

3	6	4	1	5	8	2	7	9
7	8	5	9	4	2	1	6	3
2	9	1	6	3	7	8	4	5
8	5	3	4	7	9	6	1	2
1	4	2	8	6	3	9	5	7
6	7	9	2	1	5	3	8	4
5	1	8	3	9	4	7	2	6
4	3	6	7	2	1	5	9	8
9	2	7	5	8	6	4	3	1

Solution # 480

1	3	5	8	7	2	4	6	9
7	9	8	4	5	6	3	2	1
2	6	4	3	9	1	8	5	7
8	7	3	1	6	4	5	9	2
4	5	6	7	2	9	1	8	3
9	1	2	5	8	3	6	7	4
5	8	1	9	4	7	2	3	6
6	4	7	2	3	5	9	1	8
3	2	9	6	1	8	7	4	5

Solution # 481

4	8	3	7	9	6	2	5	1
1	7	9	5	8	2	4	6	3
6	2	5	1	3	4	8	9	7
8	3	4	2	6	7	9	1	5
2	1	7	4	5	9	3	8	6
5	9	6	8	1	3	7	2	4
3	5	1	9	4	8	6	7	2
9	4	2	6	7	5	1	3	8
7	6	8	3	2	1	5	4	9

Solution # 482

8	7	2	1	5	4	3	9	6
3	5	4	6	9	8	1	2	7
1	6	9	7	3	2	8	4	5
7	4	8	3	1	6	2	5	9
6	9	3	5	2	7	4	8	1
5	2	1	4	8	9	6	7	3
4	3	7	8	6	5	9	1	2
9	8	6	2	7	1	5	3	4
2	1	5	9	4	3	7	6	8

Solution # 483

1	8	4	6	9	3	5	2	7
9	3	6	7	2	5	4	1	8
5	7	2	1	8	4	9	6	3
6	4	5	2	3	1	7	8	9
8	2	1	9	5	7	3	4	6
7	9	3	8	4	6	1	5	2
2	5	7	4	6	9	8	3	1
3	6	9	5	1	8	2	7	4
4	1	8	3	7	2	6	9	5

Solution # 484

1	4	3	8	5	6	9	7	2
5	8	6	2	7	9	4	3	1
2	7	9	3	4	1	8	6	5
8	2	5	6	1	7	3	9	4
4	3	7	9	8	2	1	5	6
6	9	1	4	3	5	2	8	7
7	5	4	1	9	8	6	2	3
3	6	8	5	2	4	7	1	9
9	1	2	7	6	3	5	4	8

Solution # 485

6	9	7	4	1	8	5	3	2
4	3	5	9	7	2	8	6	1
2	1	8	3	5	6	7	9	4
1	4	2	7	6	9	3	5	8
7	5	9	8	4	3	2	1	6
8	6	3	1	2	5	9	4	7
5	2	4	6	3	7	1	8	9
3	8	1	2	9	4	6	7	5
9	7	6	5	8	1	4	2	3

Solution # 486

6	7	1	2	5	9	4	3	8
4	2	5	3	8	6	7	9	1
9	3	8	1	7	4	2	6	5
7	4	2	6	1	3	8	5	9
1	6	9	8	2	5	3	7	4
5	8	3	4	9	7	1	2	6
3	1	6	5	4	2	9	8	7
2	9	4	7	6	8	5	1	3
8	5	7	9	3	1	6	4	2

Solution # 487

8	6	7	9	5	1	4	3	2
4	1	9	2	3	8	7	6	5
3	2	5	4	7	6	1	9	8
5	8	4	1	9	2	6	7	3
2	9	1	7	6	3	5	8	4
7	3	6	5	8	4	2	1	9
1	5	3	8	2	7	9	4	6
9	4	8	6	1	5	3	2	7
6	7	2	3	4	9	8	5	1

Solution # 488

1	2	7	4	5	3	9	8	6
8	5	6	1	2	9	3	4	7
9	3	4	6	8	7	1	2	5
6	4	1	9	3	2	7	5	8
2	8	3	5	7	6	4	9	1
5	7	9	8	1	4	6	3	2
4	1	5	7	9	8	2	6	3
3	6	8	2	4	1	5	7	9
7	9	2	3	6	5	8	1	4

Solution # 489

8	5	3	9	7	1	2	4	6
4	9	6	8	2	3	1	5	7
1	7	2	6	4	5	8	9	3
6	4	8	7	3	2	5	1	9
3	2	9	5	1	6	4	7	8
5	1	7	4	9	8	3	6	2
7	8	1	3	5	9	6	2	4
9	3	5	2	6	4	7	8	1
2	6	4	1	8	7	9	3	5

Solution # 490

8	6	1	5	7	4	2	3	9
3	5	7	8	2	9	1	4	6
2	9	4	3	6	1	8	5	7
5	3	8	1	4	7	6	9	2
4	2	6	9	8	5	7	1	3
7	1	9	6	3	2	4	8	5
1	4	3	2	9	6	5	7	8
6	8	5	7	1	3	9	2	4
9	7	2	4	5	8	3	6	1

Solution # 491

1	3	7	2	6	5	4	9	8
9	6	4	3	1	8	7	5	2
5	8	2	9	7	4	1	6	3
8	1	6	4	9	7	3	2	5
7	4	5	8	3	2	9	1	6
2	9	3	6	5	1	8	7	4
4	5	9	7	8	6	2	3	1
3	2	1	5	4	9	6	8	7
6	7	8	1	2	3	5	4	9

Solution # 492

3	1	5	6	9	2	7	8	4
4	2	9	7	8	5	3	6	1
8	6	7	1	3	4	5	2	9
9	3	6	2	4	8	1	5	7
2	7	8	5	1	3	9	4	6
5	4	1	9	6	7	2	3	8
6	5	2	4	7	1	8	9	3
1	9	3	8	5	6	4	7	2
7	8	4	3	2	9	6	1	5

Solution # 493

7	6	8	4	3	5	2	9	1
4	1	2	8	9	7	6	3	5
9	5	3	1	2	6	7	8	4
5	7	4	3	6	8	1	2	9
6	2	9	5	4	1	8	7	3
3	8	1	9	7	2	5	4	6
1	3	6	7	8	9	4	5	2
2	9	7	6	5	4	3	1	8
8	4	5	2	1	3	9	6	7

Solution # 494

3	8	2	5	9	1	4	7	6
5	4	9	8	7	6	1	3	2
6	1	7	4	2	3	8	9	5
9	5	4	6	3	8	7	2	1
7	3	8	9	1	2	5	6	4
1	2	6	7	5	4	9	8	3
2	9	5	3	4	7	6	1	8
4	6	3	1	8	9	2	5	7
8	7	1	2	6	5	3	4	9

Solution # 495

5	7	8	6	9	1	2	4	3
3	4	1	8	7	2	6	5	9
9	2	6	3	5	4	8	7	1
7	8	2	1	4	5	9	3	6
6	9	3	2	8	7	5	1	4
4	1	5	9	3	6	7	8	2
1	5	9	4	6	8	3	2	7
8	6	4	7	2	3	1	9	5
2	3	7	5	1	9	4	6	8

Solution # 496

2	1	9	8	3	7	4	5	6
3	4	7	6	9	5	8	1	2
5	8	6	4	1	2	9	3	7
1	5	3	9	2	4	6	7	8
9	6	2	5	7	8	1	4	3
8	7	4	1	6	3	5	2	9
4	2	5	7	8	9	3	6	1
7	9	1	3	5	6	2	8	4
6	3	8	2	4	1	7	9	5

Solution # 497

4	3	5	1	6	9	8	2	7
6	1	8	7	2	3	4	5	9
7	9	2	8	5	4	3	1	6
1	7	4	3	8	6	5	9	2
8	6	9	2	4	5	7	3	1
2	5	3	9	7	1	6	8	4
9	4	6	5	1	8	2	7	3
5	2	1	4	3	7	9	6	8
3	8	7	6	9	2	1	4	5

Solution # 498

5	2	9	8	4	3	1	7	6
1	7	8	6	5	2	9	4	3
6	4	3	1	9	7	8	2	5
9	6	7	2	3	5	4	1	8
8	5	2	4	1	6	3	9	7
4	3	1	9	7	8	5	6	2
2	9	6	5	8	1	7	3	4
7	1	5	3	2	4	6	8	9
3	8	4	7	6	9	2	5	1

Solution # 499

8	9	7	2	1	3	5	4	6
1	6	2	4	5	8	7	3	9
5	3	4	6	7	9	1	8	2
6	2	1	8	9	5	4	7	3
3	4	5	7	2	1	6	9	8
7	8	9	3	4	6	2	5	1
9	1	3	5	6	7	8	2	4
2	7	6	9	8	4	3	1	5
4	5	8	1	3	2	9	6	7

Solution # 500

4	3	9	6	8	1	2	5	7
6	1	2	7	4	5	8	9	3
5	7	8	2	9	3	1	4	6
2	9	5	3	6	4	7	8	1
1	6	4	5	7	8	9	3	2
7	8	3	1	2	9	4	6	5
8	2	6	9	3	7	5	1	4
9	5	7	4	1	6	3	2	8
3	4	1	8	5	2	6	7	9

Solution # 501

4	9	6	5	3	8	1	2	7
8	3	1	7	2	4	5	6	9
2	5	7	1	6	9	4	3	8
7	4	5	2	8	6	3	9	1
9	1	8	3	4	5	6	7	2
6	2	3	9	1	7	8	4	5
5	8	2	4	9	3	7	1	6
1	6	4	8	7	2	9	5	3
3	7	9	6	5	1	2	8	4

Solution # 502

1	4	3	8	5	7	6	2	9
2	6	5	4	9	3	8	1	7
9	7	8	1	2	6	5	4	3
7	8	2	6	3	4	9	5	1
6	3	1	5	8	9	4	7	2
5	9	4	2	7	1	3	8	6
4	5	9	3	1	2	7	6	8
3	1	6	7	4	8	2	9	5
8	2	7	9	6	5	1	3	4

Solution # 503

8	7	5	6	2	3	1	9	4
4	3	9	1	5	8	2	7	6
6	1	2	7	4	9	8	5	3
7	5	8	9	3	4	6	2	1
1	9	6	8	7	2	4	3	5
2	4	3	5	6	1	7	8	9
3	6	7	4	8	5	9	1	2
5	8	1	2	9	6	3	4	7
9	2	4	3	1	7	5	6	8

Solution # 504

2	7	4	1	3	8	9	5	6
8	6	5	7	2	9	4	1	3
1	9	3	4	6	5	2	7	8
6	1	7	3	9	4	5	8	2
9	3	8	5	1	2	7	6	4
5	4	2	6	8	7	1	3	9
4	2	1	8	5	3	6	9	7
7	8	6	9	4	1	3	2	5
3	5	9	2	7	6	8	4	1

Solution # 505

4	3	2	1	8	7	9	5	6
6	9	1	4	2	5	7	3	8
8	5	7	9	3	6	4	1	2
5	1	4	7	9	8	2	6	3
3	6	9	5	1	2	8	7	4
7	2	8	6	4	3	5	9	1
9	4	3	8	7	1	6	2	5
1	8	5	2	6	9	3	4	7
2	7	6	3	5	4	1	8	9

Solution # 506

9	6	2	1	7	5	3	4	8
8	5	3	6	9	4	1	7	2
1	7	4	2	8	3	5	6	9
4	9	5	3	6	8	2	1	7
2	1	8	7	5	9	6	3	4
7	3	6	4	2	1	9	8	5
3	2	1	5	4	7	8	9	6
6	8	7	9	1	2	4	5	3
5	4	9	8	3	6	7	2	1

Solution # 507

8	1	5	7	9	3	6	4	2
6	9	3	8	4	2	5	1	7
7	2	4	5	1	6	3	8	9
5	6	1	3	8	9	2	7	4
3	8	7	2	5	4	9	6	1
2	4	9	6	7	1	8	5	3
4	5	8	9	3	7	1	2	6
1	3	2	4	6	5	7	9	8
9	7	6	1	2	8	4	3	5

Solution # 508

2	1	5	8	7	6	9	3	4
7	9	8	2	4	3	5	1	6
4	6	3	1	5	9	8	7	2
6	3	2	7	9	4	1	5	8
1	5	9	6	2	8	7	4	3
8	7	4	5	3	1	2	6	9
9	2	1	4	6	7	3	8	5
3	4	7	9	8	5	6	2	1
5	8	6	3	1	2	4	9	7

Solution # 509

1	6	3	7	4	5	2	8	9
5	8	2	6	1	9	3	4	7
7	4	9	3	8	2	5	6	1
8	7	1	5	6	4	9	2	3
2	5	6	9	7	3	8	1	4
3	9	4	1	2	8	7	5	6
9	2	8	4	3	6	1	7	5
4	1	5	8	9	7	6	3	2
6	3	7	2	5	1	4	9	8

Solution # 510

3	4	7	6	1	8	2	9	5
8	1	9	3	5	2	6	7	4
6	5	2	4	9	7	3	8	1
1	8	3	9	7	6	4	5	2
5	2	4	8	3	1	7	6	9
7	9	6	2	4	5	1	3	8
9	3	8	7	2	4	5	1	6
4	6	1	5	8	3	9	2	7
2	7	5	1	6	9	8	4	3

Solution # 511

4	1	6	7	9	5	8	2	3
7	5	2	8	4	3	9	6	1
8	3	9	1	6	2	5	7	4
3	4	7	5	2	9	6	1	8
1	9	8	6	7	4	2	3	5
2	6	5	3	1	8	7	4	9
5	2	4	9	3	6	1	8	7
6	8	1	4	5	7	3	9	2
9	7	3	2	8	1	4	5	6

Solution # 512

2	4	8	9	3	5	6	7	1
9	7	1	6	2	8	3	5	4
6	5	3	1	7	4	9	8	2
5	3	9	2	1	7	8	4	6
8	6	7	5	4	9	2	1	3
4	1	2	3	8	6	7	9	5
1	8	4	7	6	2	5	3	9
3	9	6	8	5	1	4	2	7
7	2	5	4	9	3	1	6	8

Solution # 513

1	4	7	2	5	6	3	8	9
5	6	3	1	9	8	2	7	4
8	2	9	4	3	7	1	6	5
9	5	1	8	6	3	7	4	2
3	8	2	7	1	4	5	9	6
4	7	6	9	2	5	8	1	3
7	3	8	6	4	2	9	5	1
6	1	5	3	7	9	4	2	8
2	9	4	5	8	1	6	3	7

Solution # 514

6	7	3	8	2	4	1	9	5
1	2	8	5	9	7	6	4	3
4	5	9	1	6	3	8	2	7
3	4	5	2	7	6	9	8	1
7	6	1	3	8	9	2	5	4
9	8	2	4	5	1	7	3	6
2	3	7	6	4	8	5	1	9
5	9	4	7	1	2	3	6	8
8	1	6	9	3	5	4	7	2

Solution # 515

8	7	3	6	5	1	4	2	9
2	1	5	4	3	9	8	6	7
6	9	4	7	2	8	5	1	3
9	3	7	8	6	5	1	4	2
4	6	8	3	1	2	9	7	5
5	2	1	9	4	7	6	3	8
3	8	6	2	9	4	7	5	1
1	4	9	5	7	3	2	8	6
7	5	2	1	8	6	3	9	4

Solution # 516

4	2	5	3	1	6	7	8	9
3	1	7	9	2	8	6	4	5
6	9	8	5	4	7	2	3	1
5	7	6	4	8	1	3	9	2
2	4	9	7	3	5	1	6	8
8	3	1	2	6	9	4	5	7
7	8	3	1	5	4	9	2	6
1	6	2	8	9	3	5	7	4
9	5	4	6	7	2	8	1	3

Solution # 517

4	2	6	1	9	5	8	3	7
7	5	1	8	4	3	6	9	2
9	8	3	2	7	6	4	1	5
8	7	9	5	1	2	3	6	4
5	6	4	3	8	9	2	7	1
1	3	2	7	6	4	9	5	8
2	9	8	6	5	7	1	4	3
3	4	5	9	2	1	7	8	6
6	1	7	4	3	8	5	2	9

Solution # 518

5	2	1	8	7	9	4	6	3
7	6	8	3	2	4	9	1	5
9	3	4	5	1	6	7	8	2
2	1	5	6	8	7	3	9	4
4	8	7	1	9	3	5	2	6
3	9	6	2	4	5	1	7	8
1	7	3	4	6	2	8	5	9
6	4	9	7	5	8	2	3	1
8	5	2	9	3	1	6	4	7

Solution # 519

7	2	6	5	9	4	1	3	8
3	4	1	8	2	6	5	9	7
5	9	8	1	3	7	6	4	2
9	6	5	4	7	8	3	2	1
8	7	2	3	5	1	4	6	9
1	3	4	2	6	9	7	8	5
2	1	9	7	4	3	8	5	6
6	8	3	9	1	5	2	7	4
4	5	7	6	8	2	9	1	3

Solution # 520

8	4	9	6	3	7	5	2	1
1	7	6	8	2	5	3	9	4
5	3	2	9	4	1	6	8	7
9	6	8	1	5	3	4	7	2
3	2	1	7	9	4	8	5	6
4	5	7	2	8	6	1	3	9
7	8	4	5	1	2	9	6	3
6	9	3	4	7	8	2	1	5
2	1	5	3	6	9	7	4	8

Solution # 521

2	4	6	1	8	9	7	5	3
3	5	1	7	6	2	8	4	9
7	8	9	5	3	4	6	2	1
8	2	4	9	7	6	3	1	5
6	7	5	2	1	3	4	9	8
9	1	3	4	5	8	2	7	6
1	6	7	8	4	5	9	3	2
5	9	8	3	2	7	1	6	4
4	3	2	6	9	1	5	8	7

Solution # 522

3	8	6	7	2	1	4	9	5
9	2	4	5	3	6	1	7	8
7	5	1	8	4	9	6	3	2
1	6	5	9	7	3	8	2	4
2	9	3	4	1	8	5	6	7
8	4	7	6	5	2	9	1	3
6	7	8	2	9	5	3	4	1
5	3	2	1	6	4	7	8	9
4	1	9	3	8	7	2	5	6

Solution # 523

1	8	7	9	5	4	3	2	6
9	6	5	8	2	3	1	7	4
3	4	2	1	7	6	5	9	8
8	2	3	6	1	5	7	4	9
5	9	6	2	4	7	8	3	1
7	1	4	3	8	9	6	5	2
4	3	8	5	6	2	9	1	7
2	5	1	7	9	8	4	6	3
6	7	9	4	3	1	2	8	5

Solution # 524

4	9	3	1	5	2	7	8	6
6	5	7	4	8	9	1	2	3
2	8	1	3	7	6	4	9	5
8	1	6	5	3	7	9	4	2
5	4	9	8	2	1	6	3	7
3	7	2	6	9	4	5	1	8
7	2	8	9	4	5	3	6	1
9	6	5	2	1	3	8	7	4
1	3	4	7	6	8	2	5	9

Solution # 525

7	1	4	8	6	9	5	2	3
3	2	6	1	7	5	8	4	9
9	8	5	3	2	4	6	1	7
1	4	2	7	5	6	9	3	8
6	9	3	4	8	2	1	7	5
8	5	7	9	1	3	4	6	2
5	3	1	6	9	7	2	8	4
2	7	8	5	4	1	3	9	6
4	6	9	2	3	8	7	5	1

Solution # 526

9	4	3	8	1	6	5	2	7
1	7	5	9	2	3	6	8	4
2	8	6	7	4	5	3	1	9
4	3	7	1	6	8	2	9	5
8	6	9	4	5	2	1	7	3
5	2	1	3	7	9	8	4	6
6	1	4	2	3	7	9	5	8
7	5	8	6	9	1	4	3	2
3	9	2	5	8	4	7	6	1

Solution # 527

1	8	7	5	3	6	9	2	4
5	3	4	9	2	8	6	1	7
9	6	2	1	4	7	5	8	3
4	7	1	8	9	2	3	6	5
8	5	9	6	1	3	7	4	2
6	2	3	4	7	5	8	9	1
3	4	8	7	6	1	2	5	9
2	9	5	3	8	4	1	7	6
7	1	6	2	5	9	4	3	8

Solution # 528

9	6	3	2	4	5	1	7	8
8	5	1	3	7	9	6	4	2
4	7	2	1	8	6	5	3	9
5	3	9	6	1	8	4	2	7
1	8	4	5	2	7	9	6	3
7	2	6	4	9	3	8	5	1
6	1	5	9	3	2	7	8	4
3	9	8	7	6	4	2	1	5
2	4	7	8	5	1	3	9	6

Solution # 529

1	2	6	9	8	5	4	7	3
5	7	4	2	1	3	6	9	8
8	3	9	6	4	7	5	2	1
7	1	8	4	5	9	3	6	2
3	6	5	1	7	2	9	8	4
4	9	2	3	6	8	7	1	5
2	8	3	5	9	6	1	4	7
6	5	1	7	2	4	8	3	9
9	4	7	8	3	1	2	5	6

Solution # 530

2	5	9	3	6	8	1	4	7
3	6	4	7	5	1	8	9	2
8	1	7	4	2	9	3	6	5
1	8	6	9	4	7	5	2	3
4	2	5	8	3	6	9	7	1
7	9	3	5	1	2	4	8	6
6	4	2	1	9	3	7	5	8
5	3	8	2	7	4	6	1	9
9	7	1	6	8	5	2	3	4

Solution # 531

8	3	9	1	6	5	7	2	4
6	2	1	8	7	4	3	5	9
7	4	5	3	2	9	8	1	6
3	1	6	4	8	2	5	9	7
2	8	7	9	5	6	1	4	3
5	9	4	7	3	1	6	8	2
4	5	3	6	9	8	2	7	1
1	7	2	5	4	3	9	6	8
9	6	8	2	1	7	4	3	5

Solution # 532

5	8	9	1	2	4	3	7	6
7	6	1	5	8	3	9	2	4
2	3	4	9	7	6	5	8	1
3	7	5	4	6	8	1	9	2
1	4	2	3	9	7	8	6	5
8	9	6	2	5	1	4	3	7
9	1	3	6	4	2	7	5	8
6	5	8	7	1	9	2	4	3
4	2	7	8	3	5	6	1	9

Solution # 533

5	7	2	6	8	3	4	1	9
8	1	9	5	4	2	7	6	3
4	3	6	9	7	1	5	2	8
7	4	5	2	3	8	6	9	1
2	6	8	1	5	9	3	4	7
3	9	1	7	6	4	8	5	2
1	5	7	3	9	6	2	8	4
6	2	4	8	1	7	9	3	5
9	8	3	4	2	5	1	7	6

Solution # 534

2	5	4	7	1	6	9	8	3
7	1	3	9	2	8	4	6	5
9	6	8	5	4	3	1	7	2
5	7	9	6	3	1	8	2	4
1	8	6	4	9	2	5	3	7
4	3	2	8	5	7	6	9	1
6	2	1	3	8	4	7	5	9
3	9	7	1	6	5	2	4	8
8	4	5	2	7	9	3	1	6

Solution # 535

3	4	2	6	1	5	8	7	9
1	5	7	8	9	2	4	3	6
8	9	6	3	4	7	1	2	5
9	8	3	7	2	6	5	4	1
5	6	4	1	3	8	2	9	7
2	7	1	9	5	4	6	8	3
6	3	9	4	8	1	7	5	2
4	1	5	2	7	3	9	6	8
7	2	8	5	6	9	3	1	4

Solution # 536

1	5	3	4	6	9	8	7	2
7	4	9	1	8	2	3	5	6
6	8	2	3	5	7	4	1	9
2	3	7	8	9	4	1	6	5
4	1	5	6	2	3	7	9	8
8	9	6	5	7	1	2	3	4
9	2	4	7	1	5	6	8	3
5	6	1	2	3	8	9	4	7
3	7	8	9	4	6	5	2	1

Solution # 537

9	6	4	1	7	5	8	2	3
1	8	3	6	4	2	5	9	7
7	5	2	8	3	9	4	6	1
6	4	5	7	2	8	1	3	9
3	1	9	4	5	6	7	8	2
8	2	7	9	1	3	6	5	4
2	3	1	5	8	7	9	4	6
4	9	8	3	6	1	2	7	5
5	7	6	2	9	4	3	1	8

Solution # 538

9	8	6	4	1	7	5	2	3
5	7	2	6	3	9	4	1	8
1	3	4	2	5	8	9	6	7
3	1	8	5	2	4	6	7	9
4	6	9	3	7	1	8	5	2
7	2	5	9	8	6	3	4	1
8	5	1	7	6	3	2	9	4
6	9	7	8	4	2	1	3	5
2	4	3	1	9	5	7	8	6

Solution # 539

7	4	5	2	9	6	1	3	8
8	6	2	5	3	1	4	7	9
1	3	9	7	8	4	2	5	6
5	8	7	3	1	2	6	9	4
6	9	1	8	4	7	3	2	5
4	2	3	9	6	5	8	1	7
3	1	8	6	5	9	7	4	2
2	5	4	1	7	8	9	6	3
9	7	6	4	2	3	5	8	1

Solution # 540

9	2	5	6	4	1	7	3	8
6	3	7	8	5	2	4	1	9
8	4	1	3	7	9	6	2	5
3	1	9	7	2	6	8	5	4
2	7	6	5	8	4	1	9	3
5	8	4	9	1	3	2	6	7
1	9	3	4	6	7	5	8	2
4	6	8	2	9	5	3	7	1
7	5	2	1	3	8	9	4	6

Solution # 541

4	6	3	8	1	9	2	5	7
1	5	7	4	6	2	9	8	3
8	2	9	3	7	5	1	4	6
7	9	4	6	8	1	5	3	2
2	3	1	5	9	4	6	7	8
5	8	6	2	3	7	4	1	9
3	1	2	7	4	6	8	9	5
6	4	8	9	5	3	7	2	1
9	7	5	1	2	8	3	6	4

Solution # 542

8	6	9	1	2	4	7	3	5
3	2	7	5	9	6	8	1	4
5	1	4	8	3	7	6	2	9
2	9	8	6	7	1	4	5	3
7	5	6	2	4	3	9	8	1
4	3	1	9	8	5	2	6	7
9	7	5	3	6	2	1	4	8
6	4	3	7	1	8	5	9	2
1	8	2	4	5	9	3	7	6

Solution # 543

1	8	4	9	3	5	6	7	2
3	6	9	1	7	2	8	5	4
7	5	2	4	6	8	9	1	3
4	9	5	8	2	7	1	3	6
6	7	8	3	4	1	5	2	9
2	3	1	5	9	6	4	8	7
8	4	7	2	5	9	3	6	1
5	2	3	6	1	4	7	9	8
9	1	6	7	8	3	2	4	5

Solution # 544

2	8	5	7	6	1	3	9	4
9	1	7	5	4	3	8	2	6
6	3	4	2	9	8	1	7	5
1	6	2	4	5	7	9	8	3
8	4	9	1	3	2	5	6	7
7	5	3	6	8	9	4	1	2
3	2	6	8	1	4	7	5	9
4	7	8	9	2	5	6	3	1
5	9	1	3	7	6	2	4	8

Solution # 545

6	1	7	2	8	4	5	9	3
8	5	4	3	9	7	2	1	6
3	2	9	5	1	6	7	4	8
5	9	6	8	7	2	1	3	4
1	7	8	4	5	3	6	2	9
4	3	2	9	6	1	8	7	5
7	4	3	6	2	5	9	8	1
9	6	1	7	3	8	4	5	2
2	8	5	1	4	9	3	6	7

Solution # 546

4	3	9	7	6	2	5	1	8
2	7	5	1	8	4	6	3	9
8	1	6	9	3	5	4	7	2
6	5	7	2	9	1	3	8	4
9	4	3	6	5	8	7	2	1
1	2	8	3	4	7	9	6	5
3	6	2	5	1	9	8	4	7
7	9	4	8	2	6	1	5	3
5	8	1	4	7	3	2	9	6

Solution # 547

2	9	6	4	3	8	1	7	5
3	1	5	7	9	6	4	2	8
7	4	8	5	1	2	3	9	6
4	2	9	3	7	5	8	6	1
1	6	7	8	4	9	5	3	2
8	5	3	6	2	1	9	4	7
9	3	2	1	8	7	6	5	4
6	7	1	9	5	4	2	8	3
5	8	4	2	6	3	7	1	9

Solution # 548

5	8	6	3	2	7	9	4	1
7	1	3	9	4	5	8	6	2
9	4	2	8	1	6	3	7	5
8	3	1	6	7	9	2	5	4
4	7	9	2	5	3	1	8	6
2	6	5	1	8	4	7	9	3
6	2	7	5	9	1	4	3	8
3	9	8	4	6	2	5	1	7
1	5	4	7	3	8	6	2	9

Solution # 549

1	2	7	8	3	9	5	6	4
3	6	5	4	1	7	8	2	9
9	8	4	2	5	6	1	3	7
4	9	8	3	6	5	7	1	2
2	7	3	9	8	1	4	5	6
6	5	1	7	4	2	9	8	3
8	4	6	1	7	3	2	9	5
7	3	9	5	2	8	6	4	1
5	1	2	6	9	4	3	7	8

Solution # 550

3	9	1	7	5	8	6	4	2
4	8	6	2	9	1	3	7	5
5	7	2	4	6	3	9	8	1
1	2	8	6	3	5	4	9	7
9	3	5	8	7	4	2	1	6
7	6	4	9	1	2	5	3	8
8	5	7	3	4	6	1	2	9
6	4	9	1	2	7	8	5	3
2	1	3	5	8	9	7	6	4

Solution # 551

1	4	3	5	6	2	9	8	7
5	6	9	1	8	7	4	3	2
2	7	8	9	3	4	5	1	6
3	8	1	2	4	9	7	6	5
7	2	5	8	1	6	3	9	4
6	9	4	3	7	5	8	2	1
4	5	2	6	9	3	1	7	8
9	1	7	4	2	8	6	5	3
8	3	6	7	5	1	2	4	9

Solution # 552

2	1	9	6	4	5	3	7	8
4	7	6	3	8	1	9	5	2
3	5	8	7	9	2	4	1	6
6	8	7	2	1	3	5	4	9
5	3	4	9	7	6	8	2	1
9	2	1	4	5	8	6	3	7
8	4	3	1	2	9	7	6	5
7	9	2	5	6	4	1	8	3
1	6	5	8	3	7	2	9	4

Solution # 553

7	5	8	3	9	2	6	4	1
6	3	9	4	1	7	2	5	8
1	4	2	8	5	6	7	9	3
2	1	7	5	6	4	8	3	9
8	6	5	9	7	3	1	2	4
3	9	4	1	2	8	5	7	6
4	8	1	7	3	5	9	6	2
9	7	6	2	4	1	3	8	5
5	2	3	6	8	9	4	1	7

Solution # 554

6	1	2	4	3	9	7	8	5
7	4	3	2	8	5	9	1	6
8	9	5	6	1	7	4	3	2
5	7	8	3	2	6	1	9	4
2	3	4	1	9	8	6	5	7
9	6	1	7	5	4	8	2	3
4	8	9	5	6	2	3	7	1
3	2	6	9	7	1	5	4	8
1	5	7	8	4	3	2	6	9

Solution # 555

7	4	1	9	8	2	3	5	6
3	2	8	5	6	4	9	1	7
9	5	6	1	3	7	2	8	4
8	1	9	2	4	5	6	7	3
2	6	7	8	9	3	1	4	5
4	3	5	7	1	6	8	9	2
1	7	2	3	5	9	4	6	8
5	8	4	6	2	1	7	3	9
6	9	3	4	7	8	5	2	1

Solution # 556

1	7	2	4	8	5	9	3	6
5	6	8	3	9	7	1	2	4
9	3	4	1	2	6	8	5	7
8	5	3	2	7	1	6	4	9
7	2	1	9	6	4	5	8	3
4	9	6	8	5	3	7	1	2
3	1	7	5	4	9	2	6	8
6	8	5	7	3	2	4	9	1
2	4	9	6	1	8	3	7	5

Solution # 557

4	7	8	3	5	2	1	9	6
2	1	3	9	6	7	8	4	5
6	5	9	1	8	4	3	2	7
3	9	5	7	2	8	6	1	4
1	4	2	5	3	6	9	7	8
8	6	7	4	1	9	5	3	2
9	8	4	6	7	1	2	5	3
5	2	1	8	4	3	7	6	9
7	3	6	2	9	5	4	8	1

Solution # 558

7	3	4	2	6	8	1	5	9
9	8	1	5	4	7	6	2	3
6	2	5	1	9	3	8	7	4
1	4	2	6	8	5	3	9	7
3	9	8	7	2	1	4	6	5
5	6	7	9	3	4	2	8	1
2	1	6	4	7	9	5	3	8
4	7	3	8	5	6	9	1	2
8	5	9	3	1	2	7	4	6

Solution # 559

3	8	7	2	1	4	5	6	9
5	1	4	9	6	7	2	8	3
6	9	2	8	5	3	1	7	4
8	5	1	3	2	9	7	4	6
2	7	6	4	8	1	9	3	5
4	3	9	5	7	6	8	1	2
1	2	5	6	4	8	3	9	7
7	6	3	1	9	2	4	5	8
9	4	8	7	3	5	6	2	1

Solution # 560

1	4	9	7	6	2	5	8	3
8	7	2	5	3	1	4	6	9
5	3	6	8	4	9	2	1	7
7	6	4	9	5	8	3	2	1
2	5	3	4	1	6	7	9	8
9	1	8	2	7	3	6	4	5
6	9	1	3	2	5	8	7	4
4	2	5	1	8	7	9	3	6
3	8	7	6	9	4	1	5	2

Solution # 561

4	5	1	3	8	6	7	2	9
3	8	9	5	2	7	6	1	4
7	2	6	1	4	9	3	8	5
8	1	7	2	9	3	4	5	6
2	4	3	6	7	5	8	9	1
9	6	5	4	1	8	2	7	3
6	3	2	8	5	1	9	4	7
5	9	8	7	6	4	1	3	2
1	7	4	9	3	2	5	6	8

Solution # 562

7	1	5	9	4	6	2	3	8
3	4	9	8	2	5	7	1	6
8	6	2	7	1	3	9	5	4
5	7	8	4	3	9	1	6	2
6	9	1	2	5	7	8	4	3
2	3	4	1	6	8	5	9	7
9	5	6	3	7	2	4	8	1
1	8	7	6	9	4	3	2	5
4	2	3	5	8	1	6	7	9

Solution # 563

5	7	9	8	4	2	3	6	1
6	4	3	1	5	9	7	8	2
1	8	2	6	7	3	9	4	5
8	1	4	7	3	6	2	5	9
3	9	6	2	1	5	4	7	8
2	5	7	4	9	8	1	3	6
9	6	1	3	8	4	5	2	7
4	2	5	9	6	7	8	1	3
7	3	8	5	2	1	6	9	4

Solution # 564

1	5	4	3	8	6	2	7	9
8	2	3	4	9	7	6	5	1
9	6	7	2	1	5	8	4	3
2	3	8	7	6	1	4	9	5
6	7	5	9	4	3	1	8	2
4	9	1	5	2	8	3	6	7
3	1	9	8	7	4	5	2	6
7	8	6	1	5	2	9	3	4
5	4	2	6	3	9	7	1	8

Solution # 565

9	7	6	4	8	1	5	3	2
5	2	4	9	3	7	8	6	1
8	1	3	5	2	6	4	7	9
1	9	7	6	4	5	3	2	8
2	4	8	1	7	3	6	9	5
3	6	5	2	9	8	1	4	7
6	8	9	3	5	2	7	1	4
4	5	1	7	6	9	2	8	3
7	3	2	8	1	4	9	5	6

Solution # 566

9	3	7	1	4	6	2	8	5
5	1	2	9	8	7	3	4	6
6	8	4	5	3	2	7	1	9
4	9	3	6	7	8	5	2	1
1	7	8	4	2	5	9	6	3
2	5	6	3	9	1	8	7	4
7	6	9	2	1	3	4	5	8
3	2	5	8	6	4	1	9	7
8	4	1	7	5	9	6	3	2

Solution # 567

7	1	4	8	9	2	6	5	3
2	8	9	3	6	5	7	1	4
5	6	3	1	7	4	9	8	2
3	5	8	9	4	6	1	2	7
4	9	2	7	3	1	8	6	5
6	7	1	5	2	8	4	3	9
9	2	7	6	1	3	5	4	8
8	3	6	4	5	7	2	9	1
1	4	5	2	8	9	3	7	6

Solution # 568

8	7	5	4	9	1	6	2	3
1	2	9	6	5	3	7	4	8
3	6	4	7	2	8	1	5	9
4	3	8	2	1	7	5	9	6
2	9	7	3	6	5	8	1	4
5	1	6	9	8	4	3	7	2
6	5	3	1	4	9	2	8	7
9	8	2	5	7	6	4	3	1
7	4	1	8	3	2	9	6	5

Solution # 569

8	4	9	6	7	2	1	5	3
1	3	6	8	5	9	7	2	4
2	7	5	3	1	4	9	8	6
7	8	1	9	3	5	6	4	2
3	6	2	4	8	1	5	7	9
5	9	4	2	6	7	3	1	8
4	2	7	1	9	3	8	6	5
6	5	3	7	4	8	2	9	1
9	1	8	5	2	6	4	3	7

Solution # 570

5	8	6	4	7	9	1	2	3
4	3	7	1	2	8	5	9	6
2	1	9	5	6	3	8	7	4
6	9	2	8	5	1	3	4	7
3	7	5	6	9	4	2	8	1
1	4	8	7	3	2	6	5	9
7	6	4	2	1	5	9	3	8
9	5	1	3	8	7	4	6	2
8	2	3	9	4	6	7	1	5

Solution # 571

4	6	7	9	1	8	5	3	2
8	1	3	5	2	7	9	6	4
2	5	9	6	3	4	1	7	8
7	4	5	2	8	9	6	1	3
9	3	8	1	7	6	2	4	5
6	2	1	4	5	3	7	8	9
3	7	2	8	9	1	4	5	6
5	8	6	7	4	2	3	9	1
1	9	4	3	6	5	8	2	7

Solution # 572

9	7	4	5	1	3	2	8	6
6	1	8	4	7	2	9	3	5
2	5	3	6	9	8	1	7	4
5	9	2	1	8	6	3	4	7
4	3	1	2	5	7	8	6	9
7	8	6	3	4	9	5	2	1
1	2	9	8	6	4	7	5	3
3	6	5	7	2	1	4	9	8
8	4	7	9	3	5	6	1	2

Solution # 573

1	9	6	5	3	7	2	4	8
8	7	3	9	4	2	1	6	5
4	5	2	8	6	1	7	9	3
6	3	4	2	1	8	9	5	7
2	8	7	4	9	5	6	3	1
5	1	9	6	7	3	4	8	2
9	2	1	3	5	6	8	7	4
3	4	8	7	2	9	5	1	6
7	6	5	1	8	4	3	2	9

Solution # 574

8	2	6	5	1	9	7	3	4
5	4	1	6	3	7	8	2	9
3	7	9	2	8	4	1	5	6
4	5	7	8	6	1	2	9	3
9	8	2	4	5	3	6	1	7
1	6	3	7	9	2	4	8	5
2	1	5	9	7	6	3	4	8
6	9	4	3	2	8	5	7	1
7	3	8	1	4	5	9	6	2

Solution # 575

7	8	6	1	3	9	2	4	5
3	2	9	4	5	6	8	1	7
4	5	1	8	2	7	9	3	6
8	3	7	6	4	2	1	5	9
1	9	2	3	7	5	4	6	8
5	6	4	9	8	1	3	7	2
2	1	8	7	6	4	5	9	3
6	4	5	2	9	3	7	8	1
9	7	3	5	1	8	6	2	4

Solution # 576

7	6	3	2	4	8	1	9	5
1	4	9	5	3	6	8	2	7
2	8	5	1	7	9	4	3	6
6	1	4	8	9	7	2	5	3
9	3	8	6	5	2	7	1	4
5	2	7	3	1	4	9	6	8
8	9	6	4	2	3	5	7	1
4	5	2	7	6	1	3	8	9
3	7	1	9	8	5	6	4	2

Solution # 577

7	3	8	4	6	1	5	9	2
6	5	2	3	9	7	8	1	4
9	1	4	5	2	8	6	7	3
8	4	1	6	5	9	3	2	7
3	7	6	2	1	4	9	8	5
5	2	9	8	7	3	4	6	1
2	8	5	7	3	6	1	4	9
4	9	7	1	8	5	2	3	6
1	6	3	9	4	2	7	5	8

Solution # 578

1	9	4	8	6	7	5	2	3
8	2	3	4	1	5	6	9	7
7	5	6	3	2	9	4	8	1
3	1	2	7	8	6	9	5	4
6	8	9	1	5	4	7	3	2
4	7	5	9	3	2	1	6	8
5	6	1	2	7	8	3	4	9
2	4	7	6	9	3	8	1	5
9	3	8	5	4	1	2	7	6

Solution # 579

3	8	6	9	1	7	4	2	5
1	4	9	5	6	2	8	7	3
7	5	2	8	3	4	9	1	6
5	1	7	6	9	8	2	3	4
9	6	4	3	2	1	7	5	8
2	3	8	7	4	5	1	6	9
4	9	1	2	5	6	3	8	7
6	7	3	1	8	9	5	4	2
8	2	5	4	7	3	6	9	1

Solution # 580

5	6	8	7	2	9	1	3	4
4	2	9	5	3	1	6	7	8
7	1	3	8	6	4	2	9	5
6	9	4	2	8	7	5	1	3
8	3	7	1	5	6	4	2	9
2	5	1	4	9	3	8	6	7
1	4	2	9	7	5	3	8	6
3	7	5	6	1	8	9	4	2
9	8	6	3	4	2	7	5	1

Solution # 581

5	7	4	1	9	2	8	3	6
1	6	8	4	7	3	2	9	5
9	3	2	6	8	5	7	4	1
8	1	6	3	4	9	5	2	7
3	9	5	8	2	7	6	1	4
4	2	7	5	1	6	9	8	3
6	8	9	7	3	1	4	5	2
2	5	3	9	6	4	1	7	8
7	4	1	2	5	8	3	6	9

Solution # 582

8	9	5	2	6	3	1	4	7
3	4	2	8	1	7	5	6	9
7	6	1	5	9	4	3	8	2
2	8	3	6	5	1	7	9	4
1	5	4	7	2	9	8	3	6
6	7	9	4	3	8	2	5	1
9	2	7	3	4	5	6	1	8
4	3	6	1	8	2	9	7	5
5	1	8	9	7	6	4	2	3

Solution # 583

5	1	7	4	3	6	8	9	2
9	4	6	1	8	2	5	3	7
8	3	2	7	5	9	1	6	4
2	8	9	5	6	1	4	7	3
1	7	4	2	9	3	6	8	5
3	6	5	8	4	7	9	2	1
7	5	8	6	2	4	3	1	9
4	2	3	9	1	8	7	5	6
6	9	1	3	7	5	2	4	8

Solution # 584

8	1	3	4	2	6	9	5	7
6	4	7	5	8	9	1	2	3
9	2	5	7	3	1	4	6	8
1	5	8	9	4	2	3	7	6
3	7	9	8	6	5	2	1	4
2	6	4	1	7	3	8	9	5
5	9	6	3	1	4	7	8	2
4	8	1	2	5	7	6	3	9
7	3	2	6	9	8	5	4	1

Solution # 585

7	5	8	9	2	4	3	6	1
3	9	1	7	5	6	2	8	4
2	4	6	1	8	3	9	5	7
1	8	9	3	6	7	4	2	5
5	3	2	4	9	8	1	7	6
6	7	4	5	1	2	8	3	9
4	6	7	2	3	1	5	9	8
8	2	5	6	4	9	7	1	3
9	1	3	8	7	5	6	4	2

Solution # 586

1	3	9	6	5	7	4	8	2
2	4	5	3	8	1	6	7	9
7	8	6	4	9	2	3	5	1
8	9	3	2	6	4	5	1	7
6	7	2	1	3	5	9	4	8
4	5	1	8	7	9	2	6	3
5	2	7	9	1	6	8	3	4
9	1	8	5	4	3	7	2	6
3	6	4	7	2	8	1	9	5

Solution # 587

3	4	7	5	8	6	1	9	2
6	1	9	2	4	3	7	5	8
2	5	8	1	9	7	6	3	4
5	9	2	6	3	8	4	7	1
8	3	6	7	1	4	5	2	9
1	7	4	9	2	5	8	6	3
4	6	3	8	7	2	9	1	5
7	8	1	3	5	9	2	4	6
9	2	5	4	6	1	3	8	7

Solution # 588

4	9	5	3	6	8	1	7	2
3	8	7	9	1	2	4	6	5
2	1	6	7	5	4	9	8	3
6	2	9	1	8	5	7	3	4
7	4	8	6	9	3	5	2	1
5	3	1	2	4	7	6	9	8
1	7	3	4	2	9	8	5	6
8	6	2	5	7	1	3	4	9
9	5	4	8	3	6	2	1	7

Solution # 589

8	4	6	3	7	2	5	1	9
2	5	1	4	6	9	8	7	3
3	7	9	1	8	5	4	6	2
9	3	7	2	5	1	6	8	4
4	1	8	6	9	7	3	2	5
5	6	2	8	3	4	7	9	1
7	8	5	9	1	3	2	4	6
6	9	4	5	2	8	1	3	7
1	2	3	7	4	6	9	5	8

Solution # 590

3	6	4	2	7	8	1	9	5
7	1	2	4	9	5	6	8	3
8	9	5	1	3	6	2	4	7
6	8	1	7	5	3	9	2	4
2	3	9	6	1	4	5	7	8
5	4	7	9	8	2	3	1	6
4	7	6	3	2	1	8	5	9
9	2	8	5	6	7	4	3	1
1	5	3	8	4	9	7	6	2

Solution # 591

6	2	4	5	3	9	1	8	7
9	5	8	7	2	1	3	6	4
7	3	1	4	6	8	9	5	2
2	1	6	3	4	5	7	9	8
3	7	5	8	9	6	4	2	1
4	8	9	1	7	2	5	3	6
5	6	7	9	8	4	2	1	3
1	4	2	6	5	3	8	7	9
8	9	3	2	1	7	6	4	5

Solution # 592

7	8	2	9	3	1	6	4	5
9	3	5	6	4	2	1	8	7
6	4	1	7	5	8	9	3	2
8	2	9	4	6	5	7	1	3
3	5	6	1	7	9	4	2	8
4	1	7	2	8	3	5	6	9
2	6	4	3	9	7	8	5	1
1	9	8	5	2	6	3	7	4
5	7	3	8	1	4	2	9	6

Solution # 593

3	6	1	4	5	7	8	9	2
5	7	2	8	9	1	4	3	6
4	8	9	3	6	2	7	1	5
1	9	8	6	3	4	5	2	7
6	4	7	9	2	5	3	8	1
2	3	5	1	7	8	9	6	4
8	5	4	2	1	9	6	7	3
9	2	3	7	4	6	1	5	8
7	1	6	5	8	3	2	4	9

Solution # 594

4	7	3	5	1	2	9	8	6
6	2	5	3	9	8	1	7	4
1	8	9	7	4	6	3	2	5
2	5	6	9	8	1	4	3	7
9	4	7	2	5	3	8	6	1
8	3	1	6	7	4	2	5	9
3	9	2	1	6	7	5	4	8
7	1	8	4	2	5	6	9	3
5	6	4	8	3	9	7	1	2

Solution # 595

2	3	1	8	7	5	4	6	9
5	6	8	2	4	9	1	3	7
4	9	7	6	3	1	8	5	2
8	4	3	7	5	6	9	2	1
6	1	5	9	8	2	7	4	3
9	7	2	4	1	3	6	8	5
7	8	9	3	2	4	5	1	6
3	5	4	1	6	7	2	9	8
1	2	6	5	9	8	3	7	4

Solution # 596

7	1	6	3	9	8	5	4	2
3	9	8	5	2	4	1	6	7
5	2	4	6	7	1	3	9	8
2	3	1	9	4	7	6	8	5
4	6	9	8	1	5	7	2	3
8	7	5	2	3	6	4	1	9
6	8	7	1	5	9	2	3	4
1	5	2	4	8	3	9	7	6
9	4	3	7	6	2	8	5	1

Solution # 597

2	6	3	4	8	5	1	7	9
5	7	9	1	2	3	8	6	4
1	8	4	6	9	7	5	3	2
3	1	6	9	5	4	2	8	7
7	9	8	2	1	6	4	5	3
4	5	2	3	7	8	9	1	6
9	3	1	8	6	2	7	4	5
8	4	7	5	3	9	6	2	1
6	2	5	7	4	1	3	9	8

Solution # 598

2	7	9	4	3	1	8	5	6
8	6	3	9	5	2	4	7	1
5	1	4	7	6	8	9	2	3
4	2	8	3	9	5	6	1	7
1	9	7	2	4	6	5	3	8
3	5	6	8	1	7	2	9	4
7	8	1	5	2	4	3	6	9
9	4	5	6	7	3	1	8	2
6	3	2	1	8	9	7	4	5

Solution # 599

8	4	9	5	3	7	2	1	6
1	5	7	2	6	4	9	8	3
3	6	2	1	8	9	5	4	7
2	3	8	7	1	6	4	9	5
4	1	5	3	9	8	6	7	2
9	7	6	4	5	2	8	3	1
6	9	3	8	7	5	1	2	4
5	2	1	9	4	3	7	6	8
7	8	4	6	2	1	3	5	9

Solution # 600

1	2	8	6	3	9	7	5	4
3	9	4	7	8	5	1	2	6
7	5	6	4	1	2	3	9	8
9	6	2	8	5	7	4	1	3
5	1	3	9	6	4	8	7	2
8	4	7	1	2	3	9	6	5
4	8	1	2	9	6	5	3	7
2	3	9	5	7	8	6	4	1
6	7	5	3	4	1	2	8	9

Solution # 601

3	5	7	6	8	2	4	9	1
1	9	6	3	4	7	2	8	5
8	4	2	5	1	9	7	6	3
5	8	1	4	7	6	9	3	2
7	2	3	1	9	8	6	5	4
9	6	4	2	3	5	8	1	7
6	1	8	7	2	3	5	4	9
2	3	5	9	6	4	1	7	8
4	7	9	8	5	1	3	2	6

Solution # 602

8	7	2	6	1	4	5	3	9
9	4	3	8	5	2	1	7	6
5	6	1	7	9	3	4	2	8
4	5	9	1	7	6	2	8	3
3	2	6	4	8	9	7	1	5
7	1	8	2	3	5	9	6	4
6	8	4	5	2	1	3	9	7
1	9	5	3	6	7	8	4	2
2	3	7	9	4	8	6	5	1

Solution # 603

4	5	9	1	3	2	6	8	7
7	8	3	5	4	6	9	2	1
2	6	1	9	8	7	4	5	3
3	9	6	4	2	8	1	7	5
1	4	2	7	9	5	3	6	8
5	7	8	6	1	3	2	4	9
8	3	4	2	7	9	5	1	6
6	1	7	3	5	4	8	9	2
9	2	5	8	6	1	7	3	4

Solution # 604

1	7	9	4	3	2	5	8	6
3	8	6	7	5	1	2	4	9
4	5	2	8	9	6	7	1	3
9	2	1	5	6	7	4	3	8
5	3	4	1	8	9	6	2	7
7	6	8	3	2	4	9	5	1
2	1	7	6	4	3	8	9	5
8	4	3	9	7	5	1	6	2
6	9	5	2	1	8	3	7	4

Solution # 605

8	6	4	2	3	1	7	5	9
1	7	9	4	5	6	8	2	3
3	5	2	9	7	8	1	4	6
4	1	7	3	2	5	6	9	8
5	9	8	7	6	4	2	3	1
2	3	6	8	1	9	4	7	5
9	4	3	1	8	2	5	6	7
6	2	1	5	9	7	3	8	4
7	8	5	6	4	3	9	1	2

Solution # 606

5	8	7	3	6	1	9	4	2
9	6	2	8	4	7	3	5	1
4	1	3	9	2	5	8	6	7
7	9	4	1	3	8	5	2	6
2	5	8	6	7	9	4	1	3
6	3	1	4	5	2	7	8	9
8	4	6	2	9	3	1	7	5
3	2	5	7	1	4	6	9	8
1	7	9	5	8	6	2	3	4

Solution # 607

3	5	4	2	6	7	1	8	9
9	1	2	5	3	8	4	6	7
7	6	8	9	4	1	3	5	2
8	2	9	6	1	4	5	7	3
5	4	1	7	2	3	8	9	6
6	3	7	8	9	5	2	1	4
1	9	5	4	7	2	6	3	8
2	7	3	1	8	6	9	4	5
4	8	6	3	5	9	7	2	1

Solution # 608

8	9	3	5	2	1	6	7	4
7	4	2	6	3	9	8	1	5
5	1	6	4	7	8	9	3	2
9	7	4	1	6	5	3	2	8
2	5	1	3	8	7	4	9	6
6	3	8	2	9	4	1	5	7
3	8	9	7	5	6	2	4	1
4	2	5	8	1	3	7	6	9
1	6	7	9	4	2	5	8	3

Solution # 609

4	6	2	5	9	8	3	1	7
8	5	3	7	2	1	4	6	9
7	1	9	6	4	3	5	8	2
9	8	5	2	1	7	6	4	3
2	3	1	8	6	4	7	9	5
6	7	4	9	3	5	8	2	1
5	4	8	1	7	2	9	3	6
3	2	6	4	5	9	1	7	8
1	9	7	3	8	6	2	5	4

Solution # 610

1	5	2	6	3	7	9	4	8
7	3	9	4	2	8	5	6	1
4	6	8	1	5	9	7	2	3
6	9	7	5	8	1	2	3	4
3	1	5	2	9	4	8	7	6
2	8	4	3	7	6	1	5	9
8	7	3	9	4	5	6	1	2
9	2	1	7	6	3	4	8	5
5	4	6	8	1	2	3	9	7

Solution # 611

6	1	5	8	9	7	3	4	2
8	9	3	2	4	6	1	7	5
7	4	2	1	5	3	9	8	6
9	3	8	4	6	2	7	5	1
1	2	4	5	7	8	6	9	3
5	6	7	3	1	9	8	2	4
2	8	1	9	3	4	5	6	7
4	5	6	7	8	1	2	3	9
3	7	9	6	2	5	4	1	8

Solution # 612

1	8	6	9	3	2	4	7	5
3	9	5	4	8	7	2	1	6
2	7	4	1	6	5	8	3	9
7	5	8	6	2	4	3	9	1
4	3	9	8	5	1	6	2	7
6	1	2	3	7	9	5	4	8
8	4	3	7	1	6	9	5	2
5	6	1	2	9	3	7	8	4
9	2	7	5	4	8	1	6	3

Solution # 613

4	6	8	1	5	2	7	9	3
3	5	2	7	8	9	1	6	4
9	7	1	6	3	4	8	5	2
1	2	4	5	9	8	6	3	7
7	3	9	2	1	6	5	4	8
6	8	5	4	7	3	9	2	1
8	1	6	3	4	5	2	7	9
2	4	7	9	6	1	3	8	5
5	9	3	8	2	7	4	1	6

Solution # 614

1	3	4	6	7	9	8	5	2
7	2	9	8	5	1	4	3	6
5	8	6	3	2	4	1	9	7
8	4	1	2	9	3	6	7	5
9	6	7	4	8	5	3	2	1
2	5	3	7	1	6	9	8	4
3	7	2	1	4	8	5	6	9
4	9	8	5	6	7	2	1	3
6	1	5	9	3	2	7	4	8

Solution # 615

6	2	1	4	5	9	8	3	7
8	5	7	2	3	1	9	6	4
3	9	4	6	8	7	1	2	5
5	4	6	7	9	2	3	8	1
7	8	9	5	1	3	2	4	6
2	1	3	8	4	6	5	7	9
1	7	8	3	6	5	4	9	2
4	6	5	9	2	8	7	1	3
9	3	2	1	7	4	6	5	8

Solution # 616

8	6	3	1	4	9	7	5	2
9	4	5	2	3	7	8	1	6
2	1	7	8	6	5	3	4	9
5	2	8	9	7	4	6	3	1
4	9	6	3	8	1	2	7	5
3	7	1	6	5	2	9	8	4
1	3	9	4	2	8	5	6	7
7	8	2	5	1	6	4	9	3
6	5	4	7	9	3	1	2	8

Solution # 617

7	5	1	6	4	2	3	9	8
3	2	4	5	9	8	6	7	1
6	9	8	7	3	1	4	5	2
2	1	5	9	8	4	7	3	6
4	3	9	2	6	7	1	8	5
8	7	6	3	1	5	9	2	4
9	8	2	4	7	6	5	1	3
1	4	3	8	5	9	2	6	7
5	6	7	1	2	3	8	4	9

Solution # 618

1	6	8	2	9	7	4	5	3
9	2	4	5	1	3	7	8	6
7	3	5	4	8	6	2	1	9
8	4	2	1	7	9	3	6	5
6	1	3	8	4	5	9	2	7
5	7	9	6	3	2	8	4	1
2	8	7	3	5	1	6	9	4
4	9	1	7	6	8	5	3	2
3	5	6	9	2	4	1	7	8

Solution # 619

1	8	2	7	4	3	5	9	6
3	5	9	8	2	6	7	4	1
7	6	4	5	9	1	2	8	3
2	1	5	9	6	4	8	3	7
8	7	6	1	3	5	4	2	9
9	4	3	2	7	8	6	1	5
6	2	8	3	5	9	1	7	4
4	9	1	6	8	7	3	5	2
5	3	7	4	1	2	9	6	8

Solution # 620

8	2	9	7	6	1	4	3	5
4	5	3	2	8	9	1	6	7
1	7	6	3	4	5	9	8	2
7	4	2	8	9	3	5	1	6
6	3	8	5	1	4	2	7	9
9	1	5	6	7	2	8	4	3
2	9	1	4	3	7	6	5	8
5	6	7	1	2	8	3	9	4
3	8	4	9	5	6	7	2	1

Solution # 621

6	1	7	3	9	8	2	4	5
4	3	8	5	2	6	7	1	9
2	5	9	7	4	1	6	8	3
3	8	1	4	6	2	5	9	7
7	9	2	1	5	3	4	6	8
5	6	4	8	7	9	3	2	1
1	4	5	2	8	7	9	3	6
9	7	3	6	1	4	8	5	2
8	2	6	9	3	5	1	7	4

Solution # 622

1	3	8	6	2	4	7	9	5
9	4	7	1	5	8	3	6	2
2	5	6	7	9	3	8	1	4
4	7	1	8	3	2	6	5	9
6	2	9	5	4	7	1	8	3
5	8	3	9	1	6	2	4	7
8	1	2	4	7	5	9	3	6
7	6	5	3	8	9	4	2	1
3	9	4	2	6	1	5	7	8

Solution # 623

9	6	4	5	1	8	3	2	7
5	8	1	7	3	2	9	6	4
7	3	2	6	4	9	5	1	8
2	7	8	4	5	6	1	9	3
3	9	6	8	7	1	2	4	5
4	1	5	2	9	3	7	8	6
8	2	9	3	6	7	4	5	1
6	4	7	1	2	5	8	3	9
1	5	3	9	8	4	6	7	2

Solution # 624

1	6	3	9	2	4	8	7	5
7	4	2	8	5	3	6	1	9
8	5	9	1	6	7	3	4	2
2	7	8	3	1	9	4	5	6
9	3	5	6	4	2	1	8	7
4	1	6	7	8	5	2	9	3
3	8	1	5	7	6	9	2	4
6	2	7	4	9	1	5	3	8
5	9	4	2	3	8	7	6	1

Solution # 625

5	7	8	9	4	1	6	3	2
6	9	3	5	2	8	7	4	1
2	1	4	7	6	3	8	9	5
3	2	9	8	1	6	4	5	7
7	8	1	4	3	5	9	2	6
4	5	6	2	9	7	3	1	8
1	4	5	6	8	9	2	7	3
9	6	7	3	5	2	1	8	4
8	3	2	1	7	4	5	6	9

Solution # 626

6	8	5	7	1	3	4	9	2
1	4	3	9	2	8	5	6	7
7	9	2	4	6	5	8	1	3
5	7	1	3	4	9	6	2	8
4	6	8	5	7	2	9	3	1
3	2	9	1	8	6	7	4	5
9	1	6	2	5	7	3	8	4
8	5	4	6	3	1	2	7	9
2	3	7	8	9	4	1	5	6

Solution # 627

8	9	7	3	2	6	4	1	5
3	1	5	4	7	8	2	6	9
6	2	4	9	1	5	8	7	3
9	5	1	8	6	4	7	3	2
7	8	6	5	3	2	1	9	4
2	4	3	1	9	7	6	5	8
1	3	2	7	8	9	5	4	6
4	6	9	2	5	1	3	8	7
5	7	8	6	4	3	9	2	1

Solution # 628

6	1	4	8	9	3	5	7	2
7	3	2	4	1	5	8	9	6
9	5	8	6	2	7	4	1	3
1	8	9	7	3	4	2	6	5
5	2	3	1	8	6	7	4	9
4	7	6	2	5	9	1	3	8
3	6	1	5	7	8	9	2	4
2	4	5	9	6	1	3	8	7
8	9	7	3	4	2	6	5	1

Solution # 629

6	7	4	3	8	2	9	5	1
3	8	9	6	1	5	4	7	2
2	1	5	9	7	4	8	6	3
1	6	3	2	4	9	7	8	5
7	5	2	8	3	6	1	4	9
9	4	8	1	5	7	3	2	6
8	3	6	7	2	1	5	9	4
5	2	1	4	9	8	6	3	7
4	9	7	5	6	3	2	1	8

Solution # 630

5	8	2	1	3	7	6	4	9
3	7	9	6	4	2	8	1	5
4	6	1	8	5	9	7	2	3
2	4	3	5	9	6	1	7	8
6	1	8	7	2	3	5	9	4
7	9	5	4	1	8	3	6	2
9	2	7	3	6	5	4	8	1
8	3	4	2	7	1	9	5	6
1	5	6	9	8	4	2	3	7

Solution # 631

4	2	7	9	6	1	8	5	3
1	3	6	8	7	5	4	9	2
9	8	5	2	3	4	1	6	7
2	1	4	3	5	7	9	8	6
8	5	3	1	9	6	2	7	4
7	6	9	4	2	8	3	1	5
5	4	2	7	1	9	6	3	8
6	9	8	5	4	3	7	2	1
3	7	1	6	8	2	5	4	9

Solution # 632

3	7	2	6	9	5	1	8	4
8	5	6	7	1	4	2	3	9
4	1	9	8	2	3	6	7	5
5	6	1	3	7	9	8	4	2
7	2	8	4	5	6	3	9	1
9	3	4	1	8	2	5	6	7
6	9	7	2	3	1	4	5	8
1	8	3	5	4	7	9	2	6
2	4	5	9	6	8	7	1	3

Solution # 633

1	5	3	8	7	4	9	2	6
4	6	2	9	1	5	8	3	7
9	8	7	3	2	6	1	4	5
5	7	4	2	6	9	3	8	1
3	2	8	7	5	1	4	6	9
6	9	1	4	3	8	7	5	2
8	1	6	5	4	7	2	9	3
7	3	9	6	8	2	5	1	4
2	4	5	1	9	3	6	7	8

Solution # 634

2	7	1	4	5	8	3	9	6
8	9	6	1	3	2	7	5	4
5	3	4	9	6	7	1	2	8
4	8	7	3	1	9	5	6	2
1	6	3	8	2	5	4	7	9
9	2	5	7	4	6	8	1	3
7	5	9	6	8	3	2	4	1
3	1	2	5	9	4	6	8	7
6	4	8	2	7	1	9	3	5

Solution # 635

6	2	4	9	1	5	7	3	8
8	9	7	2	4	3	1	6	5
1	5	3	7	6	8	9	4	2
2	8	5	3	9	4	6	1	7
7	3	1	5	2	6	4	8	9
9	4	6	8	7	1	5	2	3
4	7	9	6	8	2	3	5	1
5	1	2	4	3	9	8	7	6
3	6	8	1	5	7	2	9	4

Solution # 636

8	6	9	1	5	2	7	3	4
3	1	5	4	7	6	2	8	9
4	7	2	8	3	9	6	1	5
1	5	7	6	9	3	8	4	2
2	3	8	7	4	1	9	5	6
9	4	6	2	8	5	1	7	3
6	9	4	5	1	7	3	2	8
7	8	3	9	2	4	5	6	1
5	2	1	3	6	8	4	9	7

Solution # 637

9	8	7	6	4	1	2	5	3
1	2	5	3	7	9	4	6	8
3	6	4	5	8	2	7	1	9
2	4	9	7	1	5	8	3	6
7	1	8	4	6	3	5	9	2
5	3	6	9	2	8	1	4	7
6	5	2	1	9	7	3	8	4
8	9	1	2	3	4	6	7	5
4	7	3	8	5	6	9	2	1

Solution # 638

1	5	3	6	8	9	7	2	4
4	6	8	7	2	3	9	5	1
9	7	2	4	1	5	3	8	6
2	4	6	9	5	7	1	3	8
8	3	9	1	6	4	5	7	2
7	1	5	8	3	2	4	6	9
5	2	1	3	4	6	8	9	7
6	9	4	5	7	8	2	1	3
3	8	7	2	9	1	6	4	5

Solution # 639

1	6	2	5	4	8	7	3	9
8	7	5	1	3	9	2	4	6
3	9	4	6	2	7	8	1	5
9	5	8	2	7	1	4	6	3
7	1	6	4	8	3	5	9	2
2	4	3	9	5	6	1	8	7
6	2	9	8	1	5	3	7	4
5	8	7	3	9	4	6	2	1
4	3	1	7	6	2	9	5	8

Solution # 640

5	2	9	3	6	1	8	7	4
7	1	4	5	8	9	6	3	2
6	3	8	2	4	7	1	9	5
1	6	7	4	5	8	9	2	3
4	8	3	6	9	2	5	1	7
2	9	5	1	7	3	4	6	8
3	4	1	8	2	6	7	5	9
9	5	6	7	3	4	2	8	1
8	7	2	9	1	5	3	4	6

Solution # 641

3	8	6	1	9	2	7	5	4
7	2	9	5	8	4	1	6	3
5	1	4	3	6	7	8	9	2
4	5	1	2	7	9	3	8	6
6	9	3	4	1	8	2	7	5
2	7	8	6	5	3	4	1	9
9	3	5	8	2	1	6	4	7
8	6	2	7	4	5	9	3	1
1	4	7	9	3	6	5	2	8

Solution # 642

6	9	7	4	1	5	2	8	3
4	1	2	3	8	9	6	5	7
8	5	3	2	6	7	1	9	4
1	2	8	7	5	6	3	4	9
3	4	9	1	2	8	5	7	6
5	7	6	9	3	4	8	2	1
7	8	5	6	9	3	4	1	2
9	3	1	8	4	2	7	6	5
2	6	4	5	7	1	9	3	8

Solution # 643

1	4	5	6	8	2	9	7	3
3	7	2	9	5	1	4	6	8
9	8	6	7	4	3	5	1	2
2	9	8	5	7	6	3	4	1
5	3	7	1	2	4	8	9	6
4	6	1	8	3	9	2	5	7
8	1	3	4	9	7	6	2	5
7	5	9	2	6	8	1	3	4
6	2	4	3	1	5	7	8	9

Solution # 644

3	5	2	1	6	7	4	9	8
4	1	9	3	8	2	7	6	5
8	7	6	4	9	5	1	2	3
6	4	8	7	3	9	2	5	1
9	3	7	2	5	1	6	8	4
5	2	1	8	4	6	9	3	7
1	6	4	5	2	3	8	7	9
7	9	5	6	1	8	3	4	2
2	8	3	9	7	4	5	1	6

Solution # 645

6	2	9	4	5	7	1	8	3
5	7	1	8	2	3	4	6	9
4	3	8	1	9	6	5	7	2
1	4	2	7	6	5	3	9	8
3	8	7	9	1	4	6	2	5
9	6	5	3	8	2	7	1	4
7	9	4	6	3	8	2	5	1
8	5	3	2	7	1	9	4	6
2	1	6	5	4	9	8	3	7

Solution # 646

7	5	9	6	8	3	2	4	1
1	4	6	7	5	2	3	9	8
8	2	3	4	9	1	7	5	6
4	7	5	9	3	6	8	1	2
6	3	2	5	1	8	4	7	9
9	8	1	2	4	7	6	3	5
3	1	7	8	6	9	5	2	4
2	6	4	1	7	5	9	8	3
5	9	8	3	2	4	1	6	7

Solution # 647

5	3	1	7	2	6	4	8	9
6	4	2	5	9	8	3	1	7
7	9	8	1	3	4	5	6	2
3	2	6	9	1	7	8	5	4
4	8	5	2	6	3	9	7	1
1	7	9	4	8	5	2	3	6
2	1	7	8	5	9	6	4	3
9	5	3	6	4	1	7	2	8
8	6	4	3	7	2	1	9	5

Solution # 648

7	5	1	8	4	6	9	3	2
8	3	6	7	9	2	4	5	1
9	2	4	3	5	1	6	8	7
5	4	8	6	2	3	7	1	9
6	1	7	5	8	9	3	2	4
3	9	2	1	7	4	5	6	8
1	7	9	2	3	5	8	4	6
4	6	3	9	1	8	2	7	5
2	8	5	4	6	7	1	9	3

Solution # 649

5	3	2	8	1	6	4	7	9
1	7	6	4	3	9	5	8	2
4	9	8	7	5	2	3	1	6
2	4	1	9	8	5	6	3	7
6	5	3	2	7	1	8	9	4
7	8	9	6	4	3	1	2	5
8	2	4	1	6	7	9	5	3
9	6	5	3	2	8	7	4	1
3	1	7	5	9	4	2	6	8

Solution # 650

5	4	6	2	8	1	3	7	9
9	1	3	7	5	6	8	4	2
2	8	7	4	9	3	1	5	6
8	6	1	3	4	7	2	9	5
4	7	5	9	1	2	6	3	8
3	9	2	5	6	8	4	1	7
6	5	8	1	7	4	9	2	3
7	3	4	6	2	9	5	8	1
1	2	9	8	3	5	7	6	4

Solution # 651

5	3	2	8	9	6	7	1	4
4	8	1	3	7	5	9	6	2
6	9	7	4	2	1	8	3	5
9	1	3	5	8	7	4	2	6
8	5	6	9	4	2	3	7	1
2	7	4	1	6	3	5	9	8
7	6	9	2	5	8	1	4	3
1	2	5	7	3	4	6	8	9
3	4	8	6	1	9	2	5	7

Solution # 652

5	1	3	8	4	7	2	9	6
9	4	8	3	6	2	1	7	5
6	7	2	5	9	1	8	3	4
1	3	9	4	2	8	5	6	7
8	5	6	7	3	9	4	1	2
7	2	4	6	1	5	9	8	3
2	8	7	9	5	6	3	4	1
3	6	5	1	8	4	7	2	9
4	9	1	2	7	3	6	5	8

Solution # 653

4	7	1	8	9	3	5	6	2
8	2	3	4	5	6	7	9	1
6	9	5	2	1	7	8	4	3
5	8	7	9	2	1	6	3	4
1	6	9	3	7	4	2	8	5
3	4	2	6	8	5	1	7	9
2	3	8	5	6	9	4	1	7
9	1	6	7	4	2	3	5	8
7	5	4	1	3	8	9	2	6

Solution # 654

4	9	1	7	2	3	8	6	5
7	6	5	4	9	8	1	3	2
2	8	3	5	1	6	9	7	4
9	2	4	1	3	7	6	5	8
5	1	8	9	6	4	3	2	7
6	3	7	8	5	2	4	1	9
8	7	6	3	4	5	2	9	1
3	5	9	2	8	1	7	4	6
1	4	2	6	7	9	5	8	3

Solution # 655

9	8	1	6	5	2	4	7	3
5	3	6	8	4	7	1	2	9
2	7	4	9	1	3	8	5	6
7	4	9	1	2	5	6	3	8
1	6	3	7	8	9	2	4	5
8	2	5	3	6	4	7	9	1
4	9	8	5	7	6	3	1	2
3	1	7	2	9	8	5	6	4
6	5	2	4	3	1	9	8	7

Solution # 656

5	3	9	4	7	8	2	6	1
1	8	4	5	6	2	7	3	9
7	2	6	3	9	1	8	4	5
2	1	8	6	4	7	5	9	3
6	5	3	1	8	9	4	2	7
9	4	7	2	3	5	1	8	6
8	7	2	9	5	6	3	1	4
3	9	1	7	2	4	6	5	8
4	6	5	8	1	3	9	7	2

Solution # 657

2	8	1	3	9	7	4	6	5
3	9	7	4	5	6	8	1	2
6	4	5	2	1	8	7	3	9
4	2	6	8	7	3	9	5	1
7	5	9	1	6	2	3	4	8
1	3	8	9	4	5	6	2	7
9	6	4	7	2	1	5	8	3
8	7	2	5	3	4	1	9	6
5	1	3	6	8	9	2	7	4

Solution # 658

8	4	6	7	5	1	2	3	9
3	5	7	4	9	2	1	8	6
9	2	1	6	3	8	5	4	7
4	6	2	9	1	5	8	7	3
1	7	9	8	6	3	4	5	2
5	8	3	2	4	7	9	6	1
2	1	4	5	7	6	3	9	8
6	3	5	1	8	9	7	2	4
7	9	8	3	2	4	6	1	5

Solution # 659

6	3	4	1	8	2	7	5	9
7	8	9	5	4	6	3	1	2
1	5	2	9	7	3	4	8	6
4	7	3	8	2	9	1	6	5
5	6	8	7	1	4	9	2	3
2	9	1	6	3	5	8	4	7
3	4	7	2	6	8	5	9	1
9	1	6	4	5	7	2	3	8
8	2	5	3	9	1	6	7	4

Solution # 660

2	3	6	1	9	8	5	4	7
1	9	4	3	7	5	2	6	8
7	5	8	2	6	4	3	9	1
5	1	2	9	4	3	7	8	6
3	4	7	6	8	1	9	5	2
6	8	9	5	2	7	1	3	4
9	7	1	8	3	6	4	2	5
8	2	5	4	1	9	6	7	3
4	6	3	7	5	2	8	1	9

Solution # 661

7	4	8	5	6	9	3	1	2
3	5	6	8	2	1	7	4	9
1	2	9	7	3	4	8	5	6
8	9	7	1	4	3	2	6	5
4	3	5	6	7	2	1	9	8
2	6	1	9	5	8	4	7	3
9	1	4	3	8	6	5	2	7
5	8	2	4	9	7	6	3	1
6	7	3	2	1	5	9	8	4

Solution # 662

4	7	1	8	3	9	2	5	6
8	9	3	2	6	5	7	4	1
5	6	2	4	7	1	8	3	9
6	4	8	1	5	7	3	9	2
7	1	5	3	9	2	4	6	8
3	2	9	6	4	8	5	1	7
2	8	4	5	1	6	9	7	3
1	3	7	9	8	4	6	2	5
9	5	6	7	2	3	1	8	4

Solution # 663

9	8	1	2	5	4	6	3	7
2	6	7	8	9	3	1	4	5
5	4	3	1	7	6	8	9	2
3	2	4	7	6	8	5	1	9
8	9	5	3	1	2	7	6	4
7	1	6	5	4	9	2	8	3
1	3	8	9	2	7	4	5	6
6	5	2	4	3	1	9	7	8
4	7	9	6	8	5	3	2	1

Solution # 664

5	1	6	9	8	4	3	7	2
3	2	8	6	7	5	4	1	9
9	4	7	2	3	1	5	8	6
2	6	4	5	1	8	7	9	3
1	7	3	4	9	6	8	2	5
8	5	9	7	2	3	6	4	1
6	3	2	1	4	7	9	5	8
4	8	1	3	5	9	2	6	7
7	9	5	8	6	2	1	3	4

Solution # 665

1	9	7	6	2	4	3	8	5
5	6	8	3	9	7	1	2	4
3	2	4	5	1	8	7	9	6
6	8	9	4	7	1	2	5	3
4	5	1	9	3	2	8	6	7
2	7	3	8	6	5	4	1	9
8	3	6	2	4	9	5	7	1
7	4	2	1	5	6	9	3	8
9	1	5	7	8	3	6	4	2

Solution # 666

6	1	7	2	8	4	5	9	3
9	8	2	6	5	3	7	1	4
3	4	5	1	9	7	6	2	8
1	7	8	4	3	6	9	5	2
4	2	9	5	1	8	3	6	7
5	3	6	7	2	9	8	4	1
8	5	4	9	7	2	1	3	6
7	6	1	3	4	5	2	8	9
2	9	3	8	6	1	4	7	5

Solution # 667

7	1	2	8	5	3	6	4	9
6	4	9	7	2	1	8	5	3
3	8	5	9	4	6	1	7	2
5	6	1	3	7	4	9	2	8
4	2	8	5	6	9	3	1	7
9	7	3	2	1	8	4	6	5
8	5	4	1	9	7	2	3	6
2	9	6	4	3	5	7	8	1
1	3	7	6	8	2	5	9	4

Solution # 668

3	8	4	2	7	5	1	6	9
2	6	5	9	4	1	3	8	7
7	1	9	6	8	3	5	2	4
6	5	2	8	1	4	9	7	3
1	9	8	7	3	6	2	4	5
4	7	3	5	2	9	8	1	6
5	2	1	4	9	7	6	3	8
9	3	7	1	6	8	4	5	2
8	4	6	3	5	2	7	9	1

Solution # 669

3	5	1	2	9	6	8	7	4
9	7	2	5	4	8	3	1	6
6	4	8	1	3	7	5	2	9
8	3	6	7	1	5	9	4	2
7	2	9	8	6	4	1	5	3
5	1	4	9	2	3	7	6	8
2	6	7	3	5	9	4	8	1
1	9	5	4	8	2	6	3	7
4	8	3	6	7	1	2	9	5

Solution # 670

9	3	5	6	8	4	1	2	7
7	6	1	3	2	9	4	5	8
8	4	2	1	7	5	9	6	3
1	2	8	4	5	7	6	3	9
4	5	3	9	1	6	8	7	2
6	9	7	8	3	2	5	4	1
3	8	6	7	4	1	2	9	5
5	1	4	2	9	3	7	8	6
2	7	9	5	6	8	3	1	4

Solution # 671

1	5	6	9	4	7	2	8	3
8	7	3	6	2	5	9	1	4
4	9	2	8	3	1	7	6	5
3	8	4	7	9	2	6	5	1
2	1	9	3	5	6	4	7	8
7	6	5	1	8	4	3	9	2
6	2	1	5	7	3	8	4	9
9	3	7	4	1	8	5	2	6
5	4	8	2	6	9	1	3	7

Solution # 672

3	7	2	5	9	6	1	8	4
4	1	6	7	2	8	9	3	5
9	8	5	1	3	4	6	7	2
2	5	9	8	7	1	3	4	6
1	3	7	6	4	9	5	2	8
6	4	8	3	5	2	7	1	9
8	6	4	9	1	7	2	5	3
5	9	1	2	8	3	4	6	7
7	2	3	4	6	5	8	9	1

Solution # 673

6	4	3	9	7	8	1	5	2
7	9	2	4	5	1	8	6	3
1	5	8	3	6	2	9	7	4
4	1	9	7	3	6	2	8	5
5	3	6	8	2	9	4	1	7
2	8	7	1	4	5	3	9	6
9	2	4	6	8	7	5	3	1
8	7	5	2	1	3	6	4	9
3	6	1	5	9	4	7	2	8

Solution # 674

7	6	3	1	9	8	2	5	4
4	2	8	3	6	5	1	9	7
9	1	5	4	7	2	8	6	3
6	8	2	7	1	4	5	3	9
3	9	4	2	5	6	7	8	1
1	5	7	9	8	3	6	4	2
5	4	1	6	2	9	3	7	8
2	3	6	8	4	7	9	1	5
8	7	9	5	3	1	4	2	6

Solution # 675

8	6	2	3	4	9	1	7	5
5	1	3	6	7	2	9	4	8
7	4	9	5	8	1	3	2	6
4	3	5	9	2	6	8	1	7
6	7	8	1	3	4	5	9	2
9	2	1	8	5	7	4	6	3
2	5	7	4	9	8	6	3	1
3	9	6	7	1	5	2	8	4
1	8	4	2	6	3	7	5	9

Solution # 676

6	8	4	3	2	1	5	7	9
9	1	3	8	5	7	4	2	6
5	2	7	4	9	6	3	1	8
4	3	9	5	1	2	8	6	7
2	5	8	6	7	4	9	3	1
1	7	6	9	8	3	2	5	4
3	6	5	7	4	8	1	9	2
7	4	1	2	3	9	6	8	5
8	9	2	1	6	5	7	4	3

Solution # 677

9	1	2	7	5	3	4	6	8
8	4	7	9	1	6	5	2	3
5	3	6	4	8	2	1	9	7
6	7	1	5	2	8	3	4	9
3	8	4	6	9	1	7	5	2
2	5	9	3	4	7	8	1	6
7	2	5	1	3	9	6	8	4
1	9	3	8	6	4	2	7	5
4	6	8	2	7	5	9	3	1

Solution # 678

7	8	1	2	3	6	4	5	9
2	4	5	1	9	8	6	7	3
3	6	9	4	7	5	1	8	2
1	2	7	3	5	4	8	9	6
5	3	8	6	1	9	2	4	7
4	9	6	7	8	2	3	1	5
9	5	3	8	2	1	7	6	4
6	1	2	5	4	7	9	3	8
8	7	4	9	6	3	5	2	1

Solution # 679

5	6	3	9	1	8	7	4	2
1	7	2	4	5	6	8	9	3
8	4	9	2	3	7	1	6	5
9	3	8	1	7	4	5	2	6
4	2	1	5	6	3	9	7	8
7	5	6	8	9	2	3	1	4
6	8	7	3	4	1	2	5	9
2	1	5	6	8	9	4	3	7
3	9	4	7	2	5	6	8	1

Solution # 680

7	4	2	6	5	9	3	8	1
5	9	1	8	4	3	7	2	6
3	6	8	1	7	2	4	5	9
8	1	5	9	3	4	6	7	2
6	7	3	2	8	1	9	4	5
4	2	9	7	6	5	1	3	8
9	8	7	3	2	6	5	1	4
1	3	4	5	9	8	2	6	7
2	5	6	4	1	7	8	9	3

Solution # 681

2	1	8	3	9	6	7	5	4
4	6	5	7	1	8	9	3	2
3	7	9	4	5	2	1	8	6
7	9	1	6	4	5	3	2	8
5	3	4	2	8	1	6	7	9
8	2	6	9	7	3	4	1	5
6	8	3	1	2	9	5	4	7
9	4	2	5	3	7	8	6	1
1	5	7	8	6	4	2	9	3

Solution # 682

2	7	1	8	3	4	9	5	6
3	6	5	1	9	2	4	7	8
9	4	8	7	5	6	2	1	3
7	9	2	5	4	3	8	6	1
1	3	6	2	8	9	7	4	5
5	8	4	6	1	7	3	9	2
4	5	9	3	2	1	6	8	7
6	1	3	4	7	8	5	2	9
8	2	7	9	6	5	1	3	4

Solution # 683

9	6	1	3	7	8	5	4	2
8	2	7	4	1	5	3	9	6
4	5	3	6	2	9	8	7	1
7	8	5	1	3	6	4	2	9
1	4	9	5	8	2	6	3	7
2	3	6	9	4	7	1	8	5
6	7	4	2	5	3	9	1	8
5	1	8	7	9	4	2	6	3
3	9	2	8	6	1	7	5	4

Solution # 684

4	3	7	5	2	8	1	6	9
6	5	1	4	9	7	3	8	2
9	2	8	6	3	1	7	5	4
2	7	5	3	1	4	6	9	8
3	1	4	8	6	9	5	2	7
8	6	9	7	5	2	4	1	3
5	4	2	1	8	3	9	7	6
7	8	6	9	4	5	2	3	1
1	9	3	2	7	6	8	4	5

Solution # 685

8	5	3	7	2	9	1	6	4
4	2	1	5	6	8	3	9	7
7	9	6	1	3	4	8	5	2
5	8	9	2	4	1	6	7	3
3	7	4	8	9	6	2	1	5
6	1	2	3	7	5	9	4	8
2	6	7	4	1	3	5	8	9
9	3	8	6	5	7	4	2	1
1	4	5	9	8	2	7	3	6

Solution # 686

1	2	5	4	8	6	7	3	9
7	4	6	9	2	3	5	1	8
9	3	8	1	5	7	6	4	2
6	5	1	7	3	9	2	8	4
8	9	3	6	4	2	1	7	5
4	7	2	8	1	5	3	9	6
3	6	4	2	7	8	9	5	1
5	1	9	3	6	4	8	2	7
2	8	7	5	9	1	4	6	3

Solution # 687

4	6	3	5	2	7	8	9	1
7	2	9	8	1	4	3	5	6
8	5	1	3	6	9	2	4	7
2	3	5	7	8	6	4	1	9
9	4	6	2	3	1	7	8	5
1	8	7	4	9	5	6	2	3
6	1	4	9	7	8	5	3	2
5	9	2	6	4	3	1	7	8
3	7	8	1	5	2	9	6	4

Solution # 688

5	9	7	3	4	1	8	2	6
4	3	6	8	9	2	7	5	1
8	1	2	6	5	7	3	9	4
7	2	8	9	3	4	6	1	5
9	4	3	5	1	6	2	8	7
1	6	5	7	2	8	4	3	9
6	5	9	2	7	3	1	4	8
2	8	4	1	6	9	5	7	3
3	7	1	4	8	5	9	6	2

Solution # 689

6	2	8	5	7	4	9	3	1
4	1	3	2	6	9	8	5	7
7	5	9	1	8	3	2	4	6
1	3	7	8	9	2	4	6	5
5	6	2	4	1	7	3	9	8
9	8	4	6	3	5	7	1	2
2	9	5	7	4	6	1	8	3
8	4	6	3	2	1	5	7	9
3	7	1	9	5	8	6	2	4

Solution # 690

1	5	7	2	4	9	3	8	6
8	4	6	5	3	1	7	9	2
9	2	3	8	7	6	5	4	1
4	6	8	1	9	5	2	7	3
5	1	2	3	8	7	9	6	4
7	3	9	6	2	4	8	1	5
3	9	5	4	1	8	6	2	7
6	7	1	9	5	2	4	3	8
2	8	4	7	6	3	1	5	9

Solution # 691

3	6	7	5	4	2	1	9	8
1	4	5	8	9	3	6	7	2
2	9	8	1	6	7	3	4	5
5	1	4	9	3	6	2	8	7
9	7	6	2	5	8	4	3	1
8	3	2	7	1	4	5	6	9
7	5	3	6	2	9	8	1	4
6	2	9	4	8	1	7	5	3
4	8	1	3	7	5	9	2	6

Solution # 692

4	9	7	1	6	3	5	8	2
1	2	8	9	7	5	4	3	6
3	5	6	4	8	2	1	9	7
7	6	4	3	1	9	2	5	8
9	8	2	5	4	7	3	6	1
5	1	3	8	2	6	7	4	9
6	4	1	2	5	8	9	7	3
2	7	9	6	3	4	8	1	5
8	3	5	7	9	1	6	2	4

Solution # 693

1	8	5	3	4	7	9	2	6
3	7	6	9	1	2	4	8	5
9	4	2	5	8	6	1	7	3
5	9	3	8	7	1	6	4	2
4	2	7	6	9	5	3	1	8
6	1	8	2	3	4	7	5	9
8	3	1	4	2	9	5	6	7
2	5	4	7	6	3	8	9	1
7	6	9	1	5	8	2	3	4

Solution # 694

8	3	6	4	9	5	2	7	1
4	1	9	6	7	2	8	3	5
7	2	5	8	3	1	4	6	9
2	4	3	5	8	6	9	1	7
6	8	7	1	4	9	5	2	3
9	5	1	3	2	7	6	8	4
1	9	2	7	5	8	3	4	6
3	6	8	9	1	4	7	5	2
5	7	4	2	6	3	1	9	8

Solution # 695

9	8	3	4	5	6	1	7	2
7	2	4	1	9	3	5	8	6
6	5	1	8	7	2	3	9	4
1	4	5	2	8	9	7	6	3
8	3	7	6	4	1	9	2	5
2	9	6	7	3	5	8	4	1
4	7	2	3	1	8	6	5	9
3	6	9	5	2	7	4	1	8
5	1	8	9	6	4	2	3	7

Solution # 696

2	6	5	8	3	7	9	4	1
8	9	4	2	6	1	3	7	5
3	1	7	5	9	4	2	8	6
4	7	1	6	5	2	8	3	9
6	3	2	9	4	8	1	5	7
5	8	9	7	1	3	4	6	2
9	2	8	4	7	6	5	1	3
7	5	3	1	8	9	6	2	4
1	4	6	3	2	5	7	9	8

Solution # 697

8	4	2	1	7	5	3	6	9
1	9	6	8	2	3	7	4	5
3	5	7	6	9	4	2	8	1
7	1	3	2	6	9	4	5	8
2	8	9	5	4	1	6	3	7
4	6	5	3	8	7	9	1	2
9	3	4	7	1	8	5	2	6
6	7	8	4	5	2	1	9	3
5	2	1	9	3	6	8	7	4

Solution # 698

3	4	8	6	5	9	7	2	1
9	2	6	4	7	1	8	3	5
7	5	1	2	3	8	6	9	4
2	8	7	3	9	5	4	1	6
6	3	5	1	2	4	9	7	8
4	1	9	8	6	7	3	5	2
1	9	4	7	8	2	5	6	3
8	7	3	5	1	6	2	4	9
5	6	2	9	4	3	1	8	7

Solution # 699

8	9	2	7	6	3	5	1	4
6	7	1	5	4	8	9	3	2
5	3	4	2	1	9	8	7	6
4	5	6	9	8	1	7	2	3
2	8	3	4	5	7	1	6	9
9	1	7	3	2	6	4	8	5
1	4	5	8	3	2	6	9	7
7	2	8	6	9	4	3	5	1
3	6	9	1	7	5	2	4	8

Solution # 700

6	5	7	9	1	8	2	3	4
2	8	9	4	3	5	1	7	6
4	1	3	7	2	6	5	8	9
7	9	5	3	4	2	8	6	1
8	2	4	6	7	1	3	9	5
1	3	6	8	5	9	7	4	2
9	6	2	5	8	7	4	1	3
5	4	8	1	9	3	6	2	7
3	7	1	2	6	4	9	5	8

Solution # 701

1	4	5	6	8	3	2	7	9
3	9	8	5	2	7	1	6	4
7	6	2	1	9	4	3	5	8
8	3	7	9	4	6	5	1	2
6	2	1	3	5	8	9	4	7
4	5	9	7	1	2	8	3	6
9	7	3	2	6	1	4	8	5
5	8	6	4	3	9	7	2	1
2	1	4	8	7	5	6	9	3

Solution # 702

1	8	9	6	3	5	7	4	2
6	4	5	1	2	7	8	3	9
2	7	3	8	4	9	1	6	5
8	3	6	9	1	4	2	5	7
4	1	7	5	6	2	3	9	8
9	5	2	7	8	3	4	1	6
5	2	1	4	9	8	6	7	3
3	9	4	2	7	6	5	8	1
7	6	8	3	5	1	9	2	4

Solution # 703

6	1	4	8	9	5	2	3	7
8	3	5	7	4	2	9	6	1
7	9	2	6	1	3	8	5	4
9	8	6	5	2	7	1	4	3
3	5	7	1	8	4	6	2	9
4	2	1	9	3	6	5	7	8
5	6	9	4	7	8	3	1	2
2	7	8	3	6	1	4	9	5
1	4	3	2	5	9	7	8	6

Solution # 704

4	6	5	8	1	9	7	2	3
7	9	3	2	5	6	4	8	1
2	1	8	3	7	4	5	6	9
3	7	2	1	4	8	6	9	5
9	5	4	6	2	7	3	1	8
1	8	6	5	9	3	2	7	4
6	4	7	9	8	5	1	3	2
5	2	9	7	3	1	8	4	6
8	3	1	4	6	2	9	5	7

Solution # 705

8	4	2	9	3	6	1	5	7
9	1	7	4	2	5	3	6	8
6	3	5	8	1	7	4	9	2
4	6	8	2	5	3	9	7	1
5	9	1	7	6	4	8	2	3
2	7	3	1	8	9	6	4	5
3	2	6	5	4	1	7	8	9
1	8	9	6	7	2	5	3	4
7	5	4	3	9	8	2	1	6

Solution # 706

7	3	5	6	9	4	1	2	8
1	6	8	2	3	7	5	4	9
9	4	2	5	1	8	7	6	3
2	9	1	7	5	6	3	8	4
5	7	3	4	8	9	2	1	6
6	8	4	3	2	1	9	7	5
3	2	6	1	4	5	8	9	7
8	5	7	9	6	2	4	3	1
4	1	9	8	7	3	6	5	2

Solution # 707

1	4	3	2	9	7	8	5	6
6	2	7	5	8	1	3	4	9
9	8	5	4	3	6	1	7	2
3	6	4	7	1	8	9	2	5
8	5	9	3	6	2	4	1	7
2	7	1	9	4	5	6	3	8
7	9	6	1	2	3	5	8	4
5	3	8	6	7	4	2	9	1
4	1	2	8	5	9	7	6	3

Solution # 708

4	3	5	9	6	7	1	8	2
8	9	2	5	3	1	4	6	7
7	6	1	4	8	2	5	9	3
9	1	7	3	5	8	6	2	4
6	2	8	1	9	4	7	3	5
5	4	3	2	7	6	8	1	9
2	7	4	8	1	9	3	5	6
1	5	9	6	4	3	2	7	8
3	8	6	7	2	5	9	4	1

Solution # 709

7	8	6	9	3	5	1	4	2
5	4	2	1	7	8	6	9	3
3	1	9	6	2	4	8	7	5
6	5	4	2	8	7	9	3	1
1	2	7	3	9	6	4	5	8
8	9	3	4	5	1	7	2	6
4	3	1	7	6	2	5	8	9
2	7	8	5	1	9	3	6	4
9	6	5	8	4	3	2	1	7

Solution # 710

5	2	1	3	7	4	8	6	9
6	7	9	1	2	8	4	5	3
8	3	4	6	9	5	7	1	2
4	6	8	9	5	7	2	3	1
2	9	3	8	6	1	5	4	7
1	5	7	2	4	3	9	8	6
7	1	6	4	8	2	3	9	5
3	8	2	5	1	9	6	7	4
9	4	5	7	3	6	1	2	8

Solution # 711

3	5	9	4	7	2	1	6	8
2	1	6	8	5	9	3	7	4
4	7	8	3	6	1	2	5	9
1	3	5	6	9	7	4	8	2
9	2	7	1	8	4	6	3	5
8	6	4	2	3	5	9	1	7
6	9	3	7	4	8	5	2	1
7	4	1	5	2	3	8	9	6
5	8	2	9	1	6	7	4	3

Solution # 712

1	9	5	6	7	3	2	4	8
2	6	8	9	4	1	7	5	3
7	3	4	8	5	2	1	6	9
6	7	1	2	9	4	3	8	5
9	8	3	1	6	5	4	2	7
4	5	2	3	8	7	9	1	6
3	1	7	5	2	8	6	9	4
8	4	9	7	1	6	5	3	2
5	2	6	4	3	9	8	7	1

Solution # 713

4	8	1	5	3	2	6	9	7
2	3	7	4	9	6	1	8	5
6	9	5	8	1	7	3	2	4
5	1	8	6	7	4	9	3	2
9	7	4	3	2	1	8	5	6
3	6	2	9	8	5	4	7	1
7	2	9	1	6	8	5	4	3
1	4	3	7	5	9	2	6	8
8	5	6	2	4	3	7	1	9

Solution # 714

6	9	4	5	2	3	1	8	7
3	2	7	8	4	1	5	6	9
5	1	8	9	6	7	2	4	3
7	4	5	1	8	6	9	3	2
9	6	1	4	3	2	7	5	8
8	3	2	7	5	9	4	1	6
2	7	6	3	1	5	8	9	4
4	5	9	6	7	8	3	2	1
1	8	3	2	9	4	6	7	5

Solution # 715

7	2	5	4	3	8	9	1	6
4	8	1	6	9	5	2	7	3
3	9	6	1	2	7	4	8	5
6	4	2	8	5	1	3	9	7
9	7	8	2	6	3	1	5	4
1	5	3	7	4	9	8	6	2
5	3	7	9	1	2	6	4	8
8	1	4	3	7	6	5	2	9
2	6	9	5	8	4	7	3	1

Solution # 716

4	5	1	3	8	9	7	2	6
2	9	6	7	1	4	8	5	3
7	3	8	2	6	5	1	4	9
9	4	2	1	7	3	5	6	8
6	7	5	4	9	8	2	3	1
8	1	3	5	2	6	9	7	4
3	2	4	8	5	1	6	9	7
5	8	9	6	4	7	3	1	2
1	6	7	9	3	2	4	8	5

Solution # 717

5	8	2	3	1	9	4	7	6
1	6	9	4	8	7	2	5	3
7	4	3	6	5	2	9	1	8
4	1	8	2	9	5	3	6	7
9	3	5	1	7	6	8	4	2
6	2	7	8	3	4	5	9	1
8	9	4	7	2	1	6	3	5
2	7	6	5	4	3	1	8	9
3	5	1	9	6	8	7	2	4

Solution # 718

2	8	7	1	9	6	4	5	3
9	5	3	2	4	7	8	1	6
4	6	1	8	3	5	7	2	9
7	1	4	3	5	9	2	6	8
6	9	5	7	2	8	1	3	4
3	2	8	6	1	4	5	9	7
8	4	9	5	6	1	3	7	2
1	3	6	4	7	2	9	8	5
5	7	2	9	8	3	6	4	1

Solution # 719

7	1	3	6	4	2	8	5	9
2	5	8	3	9	7	1	6	4
9	6	4	5	8	1	7	2	3
6	7	9	4	1	5	3	8	2
5	8	1	2	3	9	4	7	6
4	3	2	7	6	8	9	1	5
3	4	7	8	2	6	5	9	1
8	9	6	1	5	3	2	4	7
1	2	5	9	7	4	6	3	8

Solution # 720

6	4	8	1	2	7	9	3	5
5	2	7	6	9	3	8	1	4
9	3	1	4	8	5	2	6	7
1	6	9	5	7	8	3	4	2
7	5	2	3	1	4	6	9	8
3	8	4	9	6	2	7	5	1
2	1	6	7	4	9	5	8	3
4	7	3	8	5	6	1	2	9
8	9	5	2	3	1	4	7	6

Solution # 721

8	9	2	7	4	3	1	6	5
5	4	6	8	1	2	9	3	7
7	1	3	9	6	5	8	2	4
3	7	1	2	8	4	6	5	9
9	5	8	3	7	6	2	4	1
2	6	4	1	5	9	7	8	3
1	8	5	6	3	7	4	9	2
4	2	7	5	9	8	3	1	6
6	3	9	4	2	1	5	7	8

Solution # 722

1	2	3	9	6	4	5	8	7
5	6	8	2	3	7	9	4	1
9	4	7	1	5	8	2	6	3
8	3	2	6	1	5	4	7	9
4	1	9	7	8	2	3	5	6
7	5	6	3	4	9	8	1	2
2	7	4	8	9	6	1	3	5
3	9	5	4	7	1	6	2	8
6	8	1	5	2	3	7	9	4

Solution # 723

8	5	4	9	3	1	2	6	7
2	7	3	4	8	6	1	9	5
9	6	1	7	5	2	4	3	8
1	8	2	3	6	9	5	7	4
5	3	7	1	4	8	6	2	9
4	9	6	5	2	7	8	1	3
7	4	9	6	1	5	3	8	2
3	1	8	2	9	4	7	5	6
6	2	5	8	7	3	9	4	1

Solution # 724

8	1	9	7	3	2	4	5	6
7	4	6	9	8	5	3	1	2
2	5	3	4	6	1	9	7	8
9	8	4	2	7	6	5	3	1
5	6	7	1	4	3	2	8	9
3	2	1	8	5	9	7	6	4
4	3	5	6	2	8	1	9	7
6	9	2	3	1	7	8	4	5
1	7	8	5	9	4	6	2	3

Solution # 725

3	7	4	8	9	2	5	1	6
6	2	9	3	1	5	8	7	4
8	5	1	4	7	6	3	9	2
5	6	8	9	4	1	7	2	3
2	9	7	5	8	3	6	4	1
1	4	3	6	2	7	9	8	5
4	3	2	7	6	9	1	5	8
9	1	6	2	5	8	4	3	7
7	8	5	1	3	4	2	6	9

Solution # 726

1	6	4	8	2	7	9	5	3
3	7	2	1	5	9	8	6	4
9	8	5	6	4	3	1	7	2
6	2	1	4	7	8	5	3	9
8	4	7	9	3	5	6	2	1
5	3	9	2	6	1	7	4	8
4	5	8	7	9	2	3	1	6
7	1	6	3	8	4	2	9	5
2	9	3	5	1	6	4	8	7

Solution # 727

3	4	2	8	9	1	6	7	5
1	8	6	7	5	2	4	9	3
7	5	9	4	3	6	1	2	8
6	1	5	9	2	7	8	3	4
9	3	4	5	6	8	7	1	2
8	2	7	1	4	3	9	5	6
5	6	8	2	1	9	3	4	7
4	7	1	3	8	5	2	6	9
2	9	3	6	7	4	5	8	1

Solution # 728

8	4	6	2	1	5	9	7	3
3	7	5	8	9	4	1	2	6
2	1	9	6	3	7	8	4	5
5	2	4	1	7	9	3	6	8
7	8	3	5	2	6	4	1	9
9	6	1	4	8	3	7	5	2
1	3	8	7	6	2	5	9	4
6	5	7	9	4	8	2	3	1
4	9	2	3	5	1	6	8	7

Solution # 729

1	2	6	5	9	8	3	4	7
8	7	4	2	1	3	5	6	9
9	5	3	7	6	4	2	1	8
7	9	8	1	4	2	6	3	5
2	3	1	6	8	5	7	9	4
4	6	5	9	3	7	8	2	1
5	1	7	3	2	9	4	8	6
3	8	9	4	7	6	1	5	2
6	4	2	8	5	1	9	7	3

Solution # 730

3	5	4	8	9	6	2	1	7
2	8	6	7	1	4	9	5	3
9	7	1	3	2	5	6	8	4
1	4	9	2	5	3	8	7	6
8	3	5	9	6	7	1	4	2
6	2	7	1	4	8	5	3	9
7	1	3	6	8	9	4	2	5
5	9	2	4	7	1	3	6	8
4	6	8	5	3	2	7	9	1

Solution # 731

7	4	9	6	1	3	8	5	2
1	8	3	4	2	5	6	7	9
6	5	2	9	7	8	1	3	4
2	6	7	3	9	1	5	4	8
3	1	5	2	8	4	7	9	6
8	9	4	7	5	6	3	2	1
4	2	6	8	3	7	9	1	5
9	3	1	5	6	2	4	8	7
5	7	8	1	4	9	2	6	3

Solution # 732

2	5	9	6	7	3	4	1	8
4	3	6	5	1	8	9	2	7
7	1	8	4	2	9	3	6	5
6	9	2	3	5	7	8	4	1
5	4	1	8	6	2	7	3	9
8	7	3	1	9	4	6	5	2
1	8	5	7	4	6	2	9	3
9	6	7	2	3	1	5	8	4
3	2	4	9	8	5	1	7	6

Solution # 733

4	5	8	7	2	6	9	3	1
9	3	2	1	4	5	6	8	7
6	1	7	9	8	3	2	5	4
2	6	1	4	5	8	7	9	3
5	9	4	3	7	2	8	1	6
8	7	3	6	1	9	5	4	2
7	8	5	2	3	1	4	6	9
3	2	6	5	9	4	1	7	8
1	4	9	8	6	7	3	2	5

Solution # 734

5	2	1	3	8	6	9	7	4
6	4	8	7	5	9	2	1	3
9	7	3	1	2	4	5	6	8
2	1	9	5	4	7	8	3	6
7	8	6	2	9	3	1	4	5
3	5	4	8	6	1	7	9	2
8	3	7	4	1	5	6	2	9
1	9	2	6	3	8	4	5	7
4	6	5	9	7	2	3	8	1

Solution # 735

6	3	2	5	9	1	8	7	4
1	4	9	8	3	7	6	2	5
7	8	5	4	6	2	9	1	3
8	9	6	3	2	5	1	4	7
3	2	7	6	1	4	5	9	8
5	1	4	9	7	8	3	6	2
9	5	8	7	4	6	2	3	1
2	7	3	1	5	9	4	8	6
4	6	1	2	8	3	7	5	9

Solution # 736

9	5	1	4	3	8	7	6	2
4	8	7	6	1	2	9	3	5
2	3	6	5	9	7	1	4	8
1	6	2	8	5	3	4	7	9
8	7	4	2	6	9	5	1	3
3	9	5	7	4	1	2	8	6
6	4	3	1	2	5	8	9	7
7	2	9	3	8	4	6	5	1
5	1	8	9	7	6	3	2	4

Solution # 737

6	8	7	5	3	4	1	2	9
3	5	9	8	1	2	7	6	4
4	2	1	7	6	9	8	3	5
2	3	6	4	5	8	9	1	7
1	9	8	2	7	6	5	4	3
5	7	4	1	9	3	6	8	2
9	1	2	3	8	5	4	7	6
8	4	5	6	2	7	3	9	1
7	6	3	9	4	1	2	5	8

Solution # 738

1	8	4	5	2	3	7	6	9
7	3	5	9	6	1	8	4	2
6	9	2	4	7	8	1	3	5
8	1	3	6	9	4	5	2	7
5	7	6	8	3	2	4	9	1
4	2	9	7	1	5	3	8	6
2	4	7	1	8	9	6	5	3
9	5	1	3	4	6	2	7	8
3	6	8	2	5	7	9	1	4

Solution # 739

8	7	3	5	9	4	2	6	1
5	1	2	7	8	6	4	3	9
9	4	6	2	1	3	7	5	8
7	2	8	6	4	1	3	9	5
3	9	5	8	7	2	1	4	6
4	6	1	9	3	5	8	7	2
2	3	9	1	6	7	5	8	4
1	8	4	3	5	9	6	2	7
6	5	7	4	2	8	9	1	3

Solution # 740

9	3	5	7	1	6	8	2	4
7	2	4	5	9	8	1	6	3
1	8	6	3	2	4	7	5	9
3	7	1	9	8	5	6	4	2
8	4	9	2	6	1	3	7	5
6	5	2	4	7	3	9	1	8
5	9	8	1	4	7	2	3	6
2	1	3	6	5	9	4	8	7
4	6	7	8	3	2	5	9	1

Solution # 741

1	3	5	6	7	4	9	8	2
2	8	7	5	1	9	4	6	3
6	9	4	3	2	8	1	5	7
3	5	1	9	4	7	8	2	6
8	7	9	2	6	5	3	1	4
4	2	6	8	3	1	7	9	5
5	1	2	7	8	3	6	4	9
9	4	3	1	5	6	2	7	8
7	6	8	4	9	2	5	3	1

Solution # 742

8	6	4	9	1	3	2	5	7
1	7	9	2	4	5	8	6	3
2	3	5	8	6	7	9	4	1
5	8	6	1	7	9	3	2	4
7	4	1	3	2	6	5	8	9
3	9	2	4	5	8	7	1	6
6	5	8	7	3	4	1	9	2
4	2	7	5	9	1	6	3	8
9	1	3	6	8	2	4	7	5

Solution # 743

6	3	9	1	4	5	8	7	2
4	1	8	6	2	7	3	9	5
5	2	7	3	8	9	6	1	4
1	8	5	4	6	3	9	2	7
2	7	4	9	1	8	5	3	6
3	9	6	5	7	2	4	8	1
8	6	3	2	5	1	7	4	9
9	5	2	7	3	4	1	6	8
7	4	1	8	9	6	2	5	3

Solution # 744

9	5	2	1	6	7	3	4	8
1	6	4	5	8	3	2	7	9
3	7	8	9	2	4	5	6	1
5	2	6	8	7	9	1	3	4
4	1	7	3	5	6	8	9	2
8	9	3	2	4	1	7	5	6
2	4	5	6	3	8	9	1	7
7	8	9	4	1	5	6	2	3
6	3	1	7	9	2	4	8	5

Solution # 745

5	1	9	8	4	7	6	3	2
6	4	7	5	2	3	1	9	8
3	8	2	1	9	6	7	4	5
2	9	4	6	7	8	3	5	1
1	7	6	3	5	2	4	8	9
8	5	3	9	1	4	2	6	7
7	2	8	4	6	9	5	1	3
9	6	1	7	3	5	8	2	4
4	3	5	2	8	1	9	7	6

Solution # 746

7	1	3	2	4	8	9	5	6
2	5	4	3	9	6	8	1	7
9	6	8	5	1	7	2	3	4
4	3	1	7	8	2	6	9	5
8	9	5	6	3	1	4	7	2
6	7	2	9	5	4	1	8	3
1	8	7	4	2	5	3	6	9
3	2	6	8	7	9	5	4	1
5	4	9	1	6	3	7	2	8

Solution # 747

3	9	4	8	6	7	5	1	2
8	1	7	4	2	5	6	9	3
2	6	5	9	1	3	8	4	7
9	4	3	1	5	6	2	7	8
1	8	6	2	7	4	3	5	9
7	5	2	3	9	8	1	6	4
5	3	8	7	4	1	9	2	6
6	7	9	5	8	2	4	3	1
4	2	1	6	3	9	7	8	5

Solution # 748

9	2	6	3	8	5	1	7	4
4	8	1	7	9	2	6	5	3
5	3	7	1	6	4	8	9	2
7	1	8	6	4	9	3	2	5
2	4	3	5	1	8	9	6	7
6	9	5	2	3	7	4	8	1
8	5	4	9	7	1	2	3	6
1	6	2	8	5	3	7	4	9
3	7	9	4	2	6	5	1	8

Solution # 749

1	8	6	4	3	5	7	9	2
5	3	7	1	2	9	4	6	8
9	2	4	6	8	7	3	1	5
8	5	3	9	6	4	1	2	7
6	4	9	2	7	1	5	8	3
2	7	1	3	5	8	6	4	9
4	9	2	7	1	3	8	5	6
7	6	5	8	4	2	9	3	1
3	1	8	5	9	6	2	7	4

Solution # 750

8	2	6	4	5	9	7	1	3
9	1	7	6	8	3	4	2	5
5	4	3	7	1	2	9	6	8
6	8	4	3	2	7	1	5	9
7	5	9	1	6	8	2	3	4
2	3	1	5	9	4	8	7	6
1	7	8	9	3	6	5	4	2
3	9	5	2	4	1	6	8	7
4	6	2	8	7	5	3	9	1

Solution # 751

2	8	5	1	7	6	3	9	4
6	9	3	4	5	2	7	8	1
1	4	7	9	3	8	6	5	2
8	7	1	5	6	3	4	2	9
4	2	6	8	9	7	5	1	3
3	5	9	2	4	1	8	6	7
9	3	4	6	1	5	2	7	8
7	6	8	3	2	9	1	4	5
5	1	2	7	8	4	9	3	6

Solution # 752

6	4	8	3	1	5	9	2	7
1	3	9	4	7	2	8	6	5
5	7	2	6	8	9	3	1	4
4	9	6	8	5	3	1	7	2
8	1	7	2	9	6	5	4	3
2	5	3	7	4	1	6	9	8
9	8	5	1	2	7	4	3	6
3	2	4	9	6	8	7	5	1
7	6	1	5	3	4	2	8	9

Solution # 753

4	7	3	1	8	9	6	5	2
9	1	6	5	2	4	8	3	7
8	2	5	6	3	7	9	4	1
3	6	2	8	7	5	1	9	4
1	8	4	3	9	2	5	7	6
7	5	9	4	1	6	2	8	3
5	9	7	2	6	3	4	1	8
6	3	1	9	4	8	7	2	5
2	4	8	7	5	1	3	6	9

Solution # 754

4	7	6	5	1	2	8	3	9
8	1	5	9	3	7	4	2	6
9	3	2	8	6	4	1	7	5
3	5	1	2	4	6	9	8	7
7	9	4	3	8	1	6	5	2
6	2	8	7	9	5	3	1	4
1	4	7	6	5	8	2	9	3
5	6	9	1	2	3	7	4	8
2	8	3	4	7	9	5	6	1

Solution # 755

4	2	7	1	6	8	5	9	3
8	5	9	4	3	2	1	6	7
1	6	3	7	5	9	4	8	2
5	7	6	8	1	4	3	2	9
9	8	1	5	2	3	7	4	6
3	4	2	6	9	7	8	1	5
2	3	8	9	7	1	6	5	4
7	1	5	2	4	6	9	3	8
6	9	4	3	8	5	2	7	1

Solution # 756

3	2	5	4	7	1	6	8	9
1	4	8	6	9	5	2	7	3
7	6	9	3	2	8	1	4	5
9	3	7	2	8	4	5	6	1
5	8	4	9	1	6	3	2	7
6	1	2	5	3	7	4	9	8
8	5	1	7	6	2	9	3	4
2	7	3	1	4	9	8	5	6
4	9	6	8	5	3	7	1	2

Solution # 757

7	8	6	9	1	4	5	3	2
1	5	3	6	2	8	4	9	7
4	9	2	5	7	3	1	8	6
2	4	5	1	8	9	6	7	3
3	6	1	2	4	7	9	5	8
9	7	8	3	6	5	2	1	4
8	1	7	4	9	2	3	6	5
6	3	4	8	5	1	7	2	9
5	2	9	7	3	6	8	4	1

Solution # 758

9	4	2	7	6	5	1	8	3
6	5	1	3	8	9	7	2	4
8	3	7	4	1	2	5	6	9
1	6	4	2	3	7	8	9	5
5	2	3	8	9	4	6	1	7
7	8	9	6	5	1	4	3	2
2	7	8	9	4	6	3	5	1
3	9	5	1	7	8	2	4	6
4	1	6	5	2	3	9	7	8

Solution # 759

4	6	3	5	7	1	8	2	9
7	1	2	9	4	8	3	6	5
9	8	5	3	6	2	1	7	4
8	7	9	2	3	6	5	4	1
3	5	6	1	9	4	7	8	2
2	4	1	8	5	7	6	9	3
6	3	4	7	1	9	2	5	8
1	2	7	4	8	5	9	3	6
5	9	8	6	2	3	4	1	7

Solution # 760

6	4	9	8	5	7	2	1	3
2	3	7	6	1	4	8	9	5
8	5	1	2	3	9	6	7	4
5	2	4	1	8	6	9	3	7
9	1	6	7	2	3	5	4	8
3	7	8	4	9	5	1	2	6
1	6	2	3	4	8	7	5	9
7	9	3	5	6	1	4	8	2
4	8	5	9	7	2	3	6	1

Solution # 761

9	7	8	4	6	2	5	1	3
1	4	2	3	9	5	8	7	6
5	3	6	7	1	8	4	2	9
8	5	7	1	3	4	6	9	2
2	9	1	8	7	6	3	5	4
3	6	4	5	2	9	7	8	1
7	8	3	9	4	1	2	6	5
4	2	9	6	5	7	1	3	8
6	1	5	2	8	3	9	4	7

Solution # 762

3	5	4	8	1	7	9	6	2
1	2	8	6	4	9	3	7	5
6	9	7	5	2	3	4	1	8
8	3	6	7	5	1	2	4	9
5	1	2	9	6	4	7	8	3
7	4	9	3	8	2	6	5	1
4	7	1	2	3	5	8	9	6
2	6	5	4	9	8	1	3	7
9	8	3	1	7	6	5	2	4

Solution # 763

8	1	5	4	7	2	9	6	3
2	7	3	5	6	9	1	4	8
6	9	4	8	1	3	7	2	5
7	8	9	6	5	4	3	1	2
3	2	1	7	9	8	4	5	6
5	4	6	3	2	1	8	9	7
1	5	7	9	3	6	2	8	4
4	6	2	1	8	7	5	3	9
9	3	8	2	4	5	6	7	1

Solution # 764

4	6	3	8	1	9	5	7	2
9	5	1	7	6	2	8	4	3
2	7	8	3	4	5	9	6	1
3	1	2	6	9	4	7	5	8
8	9	5	1	3	7	6	2	4
7	4	6	5	2	8	1	3	9
5	2	9	4	7	1	3	8	6
6	8	4	9	5	3	2	1	7
1	3	7	2	8	6	4	9	5

Solution # 765

1	3	2	9	4	5	7	6	8
4	9	6	1	8	7	5	2	3
8	7	5	6	2	3	4	9	1
6	2	8	4	3	9	1	5	7
7	4	9	5	1	2	8	3	6
5	1	3	8	7	6	9	4	2
3	6	4	7	9	8	2	1	5
2	8	1	3	5	4	6	7	9
9	5	7	2	6	1	3	8	4

Solution # 766

7	5	1	9	2	4	3	6	8
9	2	6	8	3	7	4	5	1
3	4	8	6	5	1	2	7	9
4	9	5	7	8	3	6	1	2
1	3	7	2	4	6	8	9	5
8	6	2	5	1	9	7	4	3
6	7	3	1	9	2	5	8	4
2	8	9	4	6	5	1	3	7
5	1	4	3	7	8	9	2	6

Solution # 767

2	1	3	8	6	5	4	9	7
7	4	9	2	1	3	8	5	6
8	6	5	9	4	7	1	2	3
5	8	4	6	3	9	2	7	1
3	9	6	1	7	2	5	8	4
1	2	7	4	5	8	3	6	9
9	7	1	5	8	4	6	3	2
6	3	8	7	2	1	9	4	5
4	5	2	3	9	6	7	1	8

Solution # 768

1	7	8	4	3	2	9	5	6
6	9	2	1	7	5	3	8	4
4	3	5	9	6	8	2	1	7
2	5	4	6	9	3	8	7	1
9	8	7	2	4	1	6	3	5
3	6	1	8	5	7	4	9	2
8	4	3	7	1	6	5	2	9
5	1	6	3	2	9	7	4	8
7	2	9	5	8	4	1	6	3

Solution # 769

9	1	6	5	4	2	3	8	7
2	7	4	9	8	3	5	6	1
3	8	5	7	1	6	2	4	9
4	9	7	3	2	8	6	1	5
5	6	8	4	9	1	7	3	2
1	2	3	6	5	7	4	9	8
7	5	9	8	6	4	1	2	3
8	4	1	2	3	5	9	7	6
6	3	2	1	7	9	8	5	4

Solution # 770

7	2	9	5	6	8	4	3	1
3	4	5	1	7	2	9	8	6
6	1	8	9	3	4	7	5	2
8	9	7	4	2	6	3	1	5
4	6	3	7	5	1	2	9	8
1	5	2	3	8	9	6	4	7
9	7	1	6	4	5	8	2	3
5	8	6	2	9	3	1	7	4
2	3	4	8	1	7	5	6	9

Solution # 771

4	6	3	2	1	7	8	9	5
9	8	1	4	5	3	6	7	2
5	2	7	8	6	9	1	3	4
8	4	5	7	9	6	3	2	1
7	3	2	1	4	5	9	8	6
6	1	9	3	8	2	5	4	7
3	9	4	5	2	1	7	6	8
1	7	8	6	3	4	2	5	9
2	5	6	9	7	8	4	1	3

Solution # 772

2	4	5	3	1	8	7	6	9
9	3	7	4	6	2	8	5	1
6	1	8	9	7	5	2	4	3
8	7	4	2	5	1	9	3	6
1	2	9	7	3	6	4	8	5
5	6	3	8	9	4	1	2	7
4	9	1	5	8	3	6	7	2
7	5	2	6	4	9	3	1	8
3	8	6	1	2	7	5	9	4

Solution # 773

5	3	1	4	6	8	7	9	2
6	2	9	7	5	1	3	4	8
4	8	7	9	2	3	6	1	5
7	9	6	2	8	5	4	3	1
3	4	8	1	9	6	5	2	7
1	5	2	3	4	7	9	8	6
2	6	3	8	7	4	1	5	9
8	7	4	5	1	9	2	6	3
9	1	5	6	3	2	8	7	4

Solution # 774

3	8	6	9	1	5	2	7	4
5	2	4	7	8	6	9	3	1
7	9	1	2	4	3	5	6	8
9	6	3	5	7	8	1	4	2
4	1	5	3	9	2	6	8	7
8	7	2	4	6	1	3	5	9
1	5	8	6	2	4	7	9	3
6	4	9	1	3	7	8	2	5
2	3	7	8	5	9	4	1	6

Solution # 775

2	9	7	8	3	5	4	6	1
8	5	4	1	6	7	9	2	3
6	1	3	9	4	2	7	8	5
9	4	6	5	7	8	3	1	2
3	2	8	6	9	1	5	4	7
1	7	5	3	2	4	8	9	6
5	3	2	4	8	6	1	7	9
7	8	1	2	5	9	6	3	4
4	6	9	7	1	3	2	5	8

Solution # 776

6	8	5	1	2	4	9	3	7
7	1	9	6	5	3	2	8	4
3	2	4	9	8	7	1	5	6
4	3	1	8	7	9	6	2	5
5	7	2	4	1	6	3	9	8
8	9	6	2	3	5	4	7	1
9	4	3	7	6	8	5	1	2
1	6	7	5	9	2	8	4	3
2	5	8	3	4	1	7	6	9

Solution # 777

8	2	3	9	5	1	4	6	7
7	9	6	2	8	4	3	5	1
1	4	5	3	7	6	9	2	8
6	8	7	1	4	9	5	3	2
9	1	2	5	6	3	7	8	4
5	3	4	8	2	7	6	1	9
2	7	8	4	3	5	1	9	6
4	5	1	6	9	2	8	7	3
3	6	9	7	1	8	2	4	5

Solution # 778

3	4	1	6	9	5	2	7	8
9	6	7	8	2	4	5	3	1
8	2	5	1	7	3	9	4	6
1	3	2	9	5	8	4	6	7
4	8	6	2	1	7	3	9	5
7	5	9	4	3	6	8	1	2
6	1	3	5	8	9	7	2	4
5	9	4	7	6	2	1	8	3
2	7	8	3	4	1	6	5	9

Solution # 779

8	2	3	4	6	1	7	5	9
5	9	1	2	7	3	8	6	4
4	6	7	9	8	5	1	3	2
1	5	6	7	3	2	4	9	8
3	7	8	6	4	9	2	1	5
2	4	9	5	1	8	3	7	6
6	3	2	8	9	7	5	4	1
9	1	5	3	2	4	6	8	7
7	8	4	1	5	6	9	2	3

Solution # 780

6	4	5	1	9	8	7	3	2
7	9	1	4	3	2	8	5	6
2	3	8	7	6	5	9	4	1
1	8	4	5	2	6	3	9	7
9	5	6	8	7	3	1	2	4
3	7	2	9	1	4	5	6	8
4	1	9	6	5	7	2	8	3
5	6	3	2	8	1	4	7	9
8	2	7	3	4	9	6	1	5

Solution # 781

3	1	6	9	4	7	8	2	5
9	7	5	8	6	2	4	1	3
2	4	8	1	5	3	9	6	7
5	3	2	4	7	6	1	8	9
4	8	7	5	9	1	2	3	6
1	6	9	3	2	8	7	5	4
7	5	1	2	3	4	6	9	8
6	2	3	7	8	9	5	4	1
8	9	4	6	1	5	3	7	2

Solution # 782

1	7	4	9	3	8	6	5	2
2	9	8	6	5	7	4	3	1
3	5	6	4	2	1	9	7	8
4	8	3	1	7	9	2	6	5
5	2	9	8	6	3	1	4	7
6	1	7	2	4	5	8	9	3
9	3	1	7	8	6	5	2	4
7	6	2	5	1	4	3	8	9
8	4	5	3	9	2	7	1	6

Solution # 783

1	7	3	4	8	9	5	6	2
9	5	2	1	6	7	4	8	3
6	4	8	3	5	2	9	7	1
2	9	1	7	4	8	6	3	5
7	6	4	5	1	3	2	9	8
8	3	5	9	2	6	1	4	7
4	1	6	8	3	5	7	2	9
3	2	7	6	9	1	8	5	4
5	8	9	2	7	4	3	1	6

Solution # 784

1	7	6	5	8	2	4	9	3
2	8	4	6	9	3	7	5	1
5	9	3	1	4	7	2	8	6
7	5	2	9	3	1	8	6	4
4	1	9	8	7	6	5	3	2
3	6	8	4	2	5	9	1	7
9	2	1	7	6	8	3	4	5
8	3	5	2	1	4	6	7	9
6	4	7	3	5	9	1	2	8

Solution # 785

7	4	8	9	1	3	2	5	6
1	2	9	6	8	5	3	4	7
6	5	3	7	2	4	8	9	1
8	3	6	1	5	2	9	7	4
5	7	1	8	4	9	6	2	3
4	9	2	3	7	6	1	8	5
2	8	7	5	6	1	4	3	9
9	6	5	4	3	8	7	1	2
3	1	4	2	9	7	5	6	8

Solution # 786

5	4	1	7	2	8	3	9	6
8	3	6	1	4	9	5	7	2
7	9	2	5	6	3	8	4	1
3	8	7	9	1	4	2	6	5
9	1	5	2	7	6	4	8	3
2	6	4	3	8	5	9	1	7
6	7	3	8	9	2	1	5	4
4	2	9	6	5	1	7	3	8
1	5	8	4	3	7	6	2	9

Solution # 787

8	5	7	2	6	4	9	3	1
9	2	4	3	5	1	7	8	6
1	6	3	7	8	9	4	2	5
7	8	1	5	4	2	3	6	9
5	9	6	8	1	3	2	4	7
4	3	2	6	9	7	5	1	8
3	1	5	4	7	8	6	9	2
6	4	8	9	2	5	1	7	3
2	7	9	1	3	6	8	5	4

Solution # 788

8	1	2	3	9	4	7	5	6
7	3	6	5	1	8	2	9	4
4	9	5	7	2	6	1	3	8
1	8	3	2	6	7	9	4	5
2	4	9	1	8	5	6	7	3
5	6	7	4	3	9	8	1	2
9	2	4	8	5	1	3	6	7
3	5	1	6	7	2	4	8	9
6	7	8	9	4	3	5	2	1

Solution # 789

3	6	1	2	7	5	8	4	9
4	7	8	3	6	9	1	5	2
5	9	2	4	1	8	7	6	3
1	2	9	7	5	6	3	8	4
6	5	3	1	8	4	9	2	7
7	8	4	9	2	3	6	1	5
8	4	7	5	9	1	2	3	6
9	1	5	6	3	2	4	7	8
2	3	6	8	4	7	5	9	1

Solution # 790

3	6	4	1	2	5	7	9	8
7	8	2	9	3	4	6	1	5
5	1	9	8	7	6	4	2	3
6	2	8	3	1	7	9	5	4
1	9	5	4	8	2	3	6	7
4	7	3	6	5	9	2	8	1
2	4	1	5	9	3	8	7	6
9	5	6	7	4	8	1	3	2
8	3	7	2	6	1	5	4	9

Solution # 791

5	4	9	1	3	6	8	7	2
7	8	6	5	2	4	3	1	9
1	2	3	8	9	7	5	6	4
8	3	1	7	4	5	9	2	6
2	6	7	9	1	8	4	5	3
9	5	4	3	6	2	1	8	7
4	1	2	6	5	3	7	9	8
3	9	8	2	7	1	6	4	5
6	7	5	4	8	9	2	3	1

Solution # 792

6	8	2	3	5	7	4	1	9
1	9	7	6	8	4	5	2	3
4	5	3	9	1	2	7	8	6
8	2	5	4	6	9	1	3	7
3	1	9	2	7	8	6	4	5
7	4	6	1	3	5	8	9	2
5	3	8	7	9	1	2	6	4
9	7	4	8	2	6	3	5	1
2	6	1	5	4	3	9	7	8

Solution # 793

5	7	4	9	6	2	3	1	8
9	6	8	1	3	5	2	7	4
1	2	3	7	8	4	6	9	5
3	1	2	6	5	9	8	4	7
8	9	5	3	4	7	1	6	2
7	4	6	2	1	8	9	5	3
2	8	9	5	7	1	4	3	6
4	3	7	8	9	6	5	2	1
6	5	1	4	2	3	7	8	9

Solution # 794

8	6	7	1	2	3	5	9	4
4	3	5	7	6	9	1	8	2
1	2	9	5	8	4	7	3	6
7	5	6	9	1	2	3	4	8
3	9	1	4	5	8	6	2	7
2	4	8	3	7	6	9	5	1
5	1	4	2	9	7	8	6	3
6	7	2	8	3	5	4	1	9
9	8	3	6	4	1	2	7	5

Solution # 795

6	7	5	4	2	1	8	3	9
1	3	9	5	8	7	4	6	2
8	4	2	6	9	3	1	5	7
5	1	7	3	6	4	9	2	8
2	6	8	1	5	9	3	7	4
4	9	3	2	7	8	5	1	6
9	2	6	8	3	5	7	4	1
7	5	1	9	4	6	2	8	3
3	8	4	7	1	2	6	9	5

Solution # 796

2	4	9	6	7	3	8	1	5
6	7	3	8	1	5	4	2	9
5	8	1	9	2	4	6	7	3
4	1	2	3	6	9	7	5	8
9	5	7	4	8	1	3	6	2
8	3	6	7	5	2	9	4	1
7	2	8	1	3	6	5	9	4
3	9	5	2	4	7	1	8	6
1	6	4	5	9	8	2	3	7

Solution # 797

1	7	5	6	3	9	2	4	8
9	4	3	8	2	7	5	6	1
2	8	6	5	4	1	7	9	3
6	5	7	2	9	3	8	1	4
3	2	4	1	6	8	9	7	5
8	1	9	4	7	5	3	2	6
4	9	8	7	5	6	1	3	2
7	6	1	3	8	2	4	5	9
5	3	2	9	1	4	6	8	7

Solution # 798

7	5	1	4	8	6	9	3	2
4	2	3	9	7	5	6	8	1
9	8	6	2	3	1	5	7	4
8	7	4	3	5	2	1	9	6
3	6	5	1	4	9	8	2	7
1	9	2	8	6	7	4	5	3
5	1	7	6	9	3	2	4	8
2	3	8	5	1	4	7	6	9
6	4	9	7	2	8	3	1	5

Solution # 799

2	7	5	1	4	9	8	3	6
6	8	1	2	3	7	5	9	4
4	9	3	6	5	8	1	2	7
8	3	7	4	1	5	9	6	2
5	4	9	8	2	6	7	1	3
1	6	2	7	9	3	4	8	5
3	2	4	5	8	1	6	7	9
7	5	8	9	6	2	3	4	1
9	1	6	3	7	4	2	5	8

Solution # 800

7	8	5	4	6	3	9	1	2
6	9	3	2	7	1	8	5	4
1	4	2	8	5	9	3	6	7
8	1	7	5	9	6	4	2	3
2	6	9	1	3	4	7	8	5
5	3	4	7	8	2	1	9	6
9	7	6	3	2	8	5	4	1
3	2	1	9	4	5	6	7	8
4	5	8	6	1	7	2	3	9

Solution # 801

4	8	1	7	5	6	9	3	2
5	9	7	8	2	3	4	6	1
3	6	2	9	1	4	5	8	7
1	7	6	4	9	5	3	2	8
8	3	9	1	6	2	7	4	5
2	4	5	3	7	8	6	1	9
6	2	8	5	3	9	1	7	4
9	1	4	6	8	7	2	5	3
7	5	3	2	4	1	8	9	6

Solution # 802

1	8	5	7	9	6	4	3	2
3	2	9	1	8	4	7	6	5
6	4	7	2	5	3	8	1	9
8	1	2	4	6	9	3	5	7
4	7	3	5	1	2	6	9	8
9	5	6	8	3	7	2	4	1
2	6	1	9	4	8	5	7	3
5	3	8	6	7	1	9	2	4
7	9	4	3	2	5	1	8	6

Solution # 803

3	2	1	8	6	9	7	5	4
4	8	7	2	3	5	9	6	1
6	5	9	1	7	4	2	8	3
9	3	4	5	2	1	6	7	8
7	1	8	4	9	6	5	3	2
2	6	5	3	8	7	4	1	9
1	9	3	7	5	2	8	4	6
8	7	6	9	4	3	1	2	5
5	4	2	6	1	8	3	9	7

Solution # 804

1	7	5	4	6	2	9	8	3
3	9	6	7	8	5	2	4	1
8	4	2	3	9	1	6	7	5
4	5	8	6	7	9	3	1	2
7	6	3	1	2	8	5	9	4
9	2	1	5	4	3	7	6	8
6	8	7	2	3	4	1	5	9
2	1	9	8	5	7	4	3	6
5	3	4	9	1	6	8	2	7

Solution # 805

8	5	4	7	1	2	6	3	9
7	9	6	4	5	3	8	1	2
2	3	1	8	9	6	5	7	4
4	6	3	5	8	1	9	2	7
9	2	5	6	4	7	3	8	1
1	8	7	3	2	9	4	5	6
3	4	9	2	7	5	1	6	8
5	7	8	1	6	4	2	9	3
6	1	2	9	3	8	7	4	5

Solution # 806

4	2	7	3	1	8	6	5	9
6	5	1	9	7	4	2	3	8
8	9	3	6	5	2	4	7	1
7	4	2	5	6	9	1	8	3
1	8	9	7	2	3	5	6	4
3	6	5	8	4	1	9	2	7
9	3	4	2	8	5	7	1	6
2	1	6	4	3	7	8	9	5
5	7	8	1	9	6	3	4	2

Solution # 807

6	9	1	8	5	4	7	2	3
8	2	4	1	7	3	5	6	9
5	3	7	6	9	2	4	8	1
2	7	3	9	4	8	1	5	6
9	4	6	3	1	5	2	7	8
1	8	5	7	2	6	9	3	4
4	6	9	2	8	7	3	1	5
7	5	8	4	3	1	6	9	2
3	1	2	5	6	9	8	4	7

Solution # 808

3	4	8	1	7	9	5	6	2
9	7	2	6	5	8	1	3	4
1	6	5	3	4	2	8	7	9
5	9	3	4	8	6	2	1	7
7	2	1	5	9	3	6	4	8
6	8	4	2	1	7	9	5	3
2	3	9	7	6	1	4	8	5
4	1	7	8	2	5	3	9	6
8	5	6	9	3	4	7	2	1

Solution # 809

7	4	9	3	5	1	2	8	6
6	2	1	7	4	8	3	5	9
8	5	3	6	9	2	4	7	1
4	7	5	9	2	3	1	6	8
9	8	2	1	6	5	7	3	4
1	3	6	8	7	4	9	2	5
3	6	7	4	8	9	5	1	2
2	1	4	5	3	6	8	9	7
5	9	8	2	1	7	6	4	3

Solution # 810

1	9	6	2	8	5	4	7	3
7	5	3	1	9	4	6	2	8
4	8	2	6	7	3	1	5	9
8	2	1	5	3	7	9	6	4
3	6	9	4	1	2	7	8	5
5	4	7	9	6	8	3	1	2
6	1	4	8	5	9	2	3	7
9	7	5	3	2	6	8	4	1
2	3	8	7	4	1	5	9	6

Solution # 811

7	5	6	9	1	4	2	3	8
3	8	9	7	2	6	5	1	4
1	2	4	8	3	5	7	9	6
8	7	3	4	5	2	1	6	9
4	6	5	1	9	3	8	7	2
2	9	1	6	8	7	3	4	5
5	4	2	3	6	1	9	8	7
6	3	8	2	7	9	4	5	1
9	1	7	5	4	8	6	2	3

Solution # 812

5	6	9	3	2	8	1	7	4
1	2	3	4	5	7	6	9	8
4	8	7	6	9	1	2	3	5
2	1	4	7	8	6	3	5	9
8	3	6	5	1	9	7	4	2
9	7	5	2	4	3	8	6	1
6	9	1	8	3	4	5	2	7
3	5	8	9	7	2	4	1	6
7	4	2	1	6	5	9	8	3

Solution # 813

5	8	2	4	9	3	1	6	7
1	6	4	5	7	8	9	2	3
9	7	3	2	1	6	5	4	8
3	4	7	8	5	1	2	9	6
8	2	9	7	6	4	3	5	1
6	5	1	3	2	9	7	8	4
7	3	8	9	4	2	6	1	5
2	1	5	6	8	7	4	3	9
4	9	6	1	3	5	8	7	2

Solution # 814

6	7	8	1	2	3	9	4	5
3	9	4	7	8	5	6	2	1
2	1	5	9	6	4	3	8	7
1	4	2	3	7	6	8	5	9
5	6	3	8	1	9	4	7	2
7	8	9	4	5	2	1	3	6
9	2	6	5	4	8	7	1	3
4	5	7	6	3	1	2	9	8
8	3	1	2	9	7	5	6	4

Solution # 815

3	9	2	4	5	1	7	6	8
4	7	5	8	9	6	1	3	2
8	1	6	3	7	2	5	4	9
6	5	3	2	1	7	8	9	4
7	8	9	5	3	4	6	2	1
2	4	1	6	8	9	3	5	7
9	6	7	1	2	3	4	8	5
1	3	8	9	4	5	2	7	6
5	2	4	7	6	8	9	1	3

Solution # 816

7	3	8	4	6	5	9	2	1
6	4	5	1	9	2	8	7	3
9	1	2	7	8	3	6	5	4
2	7	1	3	4	9	5	8	6
3	8	6	2	5	7	1	4	9
4	5	9	8	1	6	7	3	2
5	2	7	9	3	1	4	6	8
8	9	3	6	7	4	2	1	5
1	6	4	5	2	8	3	9	7

Solution # 817

7	3	5	1	9	2	8	4	6
9	2	8	5	4	6	1	3	7
6	1	4	7	8	3	9	2	5
2	5	1	6	7	8	3	9	4
3	7	9	2	5	4	6	1	8
8	4	6	3	1	9	5	7	2
5	6	2	4	3	1	7	8	9
4	9	3	8	6	7	2	5	1
1	8	7	9	2	5	4	6	3

Solution # 818

4	3	1	5	7	9	6	8	2
9	6	8	1	2	3	5	7	4
2	5	7	8	6	4	9	3	1
1	9	6	4	3	8	2	5	7
7	4	3	9	5	2	1	6	8
8	2	5	6	1	7	4	9	3
6	8	2	3	4	5	7	1	9
3	1	4	7	9	6	8	2	5
5	7	9	2	8	1	3	4	6

Solution # 819

8	9	2	6	4	5	7	3	1
3	4	7	1	9	8	5	6	2
5	1	6	7	3	2	8	9	4
2	7	8	4	5	3	9	1	6
4	5	9	8	1	6	3	2	7
6	3	1	2	7	9	4	8	5
1	8	4	3	2	7	6	5	9
9	2	3	5	6	4	1	7	8
7	6	5	9	8	1	2	4	3

Solution # 820

5	2	1	3	6	9	8	4	7
9	6	4	8	7	2	1	5	3
3	7	8	1	5	4	2	6	9
4	3	2	9	1	6	5	7	8
8	1	5	7	4	3	6	9	2
6	9	7	2	8	5	4	3	1
1	4	3	5	9	8	7	2	6
2	8	6	4	3	7	9	1	5
7	5	9	6	2	1	3	8	4

Solution # 821

5	4	3	1	6	8	9	2	7
1	9	8	2	7	3	5	4	6
7	2	6	4	5	9	8	1	3
6	5	1	8	3	4	2	7	9
9	8	2	7	1	6	4	3	5
3	7	4	9	2	5	1	6	8
2	1	9	6	8	7	3	5	4
8	3	7	5	4	2	6	9	1
4	6	5	3	9	1	7	8	2

Solution # 822

4	6	9	1	5	3	8	2	7
2	1	7	9	4	8	5	3	6
3	8	5	7	2	6	4	1	9
6	5	4	3	1	7	9	8	2
8	2	3	6	9	5	1	7	4
7	9	1	4	8	2	3	6	5
9	4	8	2	6	1	7	5	3
5	3	2	8	7	9	6	4	1
1	7	6	5	3	4	2	9	8

Solution # 823

7	8	5	4	1	9	6	3	2
6	2	1	7	5	3	9	8	4
4	9	3	6	8	2	7	1	5
1	7	6	8	2	5	3	4	9
9	5	8	1	3	4	2	7	6
2	3	4	9	7	6	1	5	8
3	6	9	5	4	1	8	2	7
8	4	2	3	6	7	5	9	1
5	1	7	2	9	8	4	6	3

Solution # 824

8	7	3	2	6	4	9	5	1
9	1	4	3	5	7	6	2	8
2	5	6	8	1	9	7	4	3
4	9	7	6	2	3	8	1	5
5	6	8	7	4	1	3	9	2
1	3	2	9	8	5	4	7	6
3	8	9	1	7	2	5	6	4
7	2	5	4	3	6	1	8	9
6	4	1	5	9	8	2	3	7

Solution # 825

4	6	7	9	8	1	2	5	3
3	9	5	7	2	4	1	8	6
8	2	1	3	5	6	4	7	9
1	8	2	4	7	9	3	6	5
5	7	4	8	6	3	9	2	1
9	3	6	2	1	5	8	4	7
2	5	9	6	3	8	7	1	4
6	4	8	1	9	7	5	3	2
7	1	3	5	4	2	6	9	8

Solution # 826

1	4	8	9	6	3	2	5	7
2	6	7	1	5	4	9	8	3
9	3	5	8	7	2	4	6	1
8	1	9	4	3	6	5	7	2
4	5	6	7	2	1	8	3	9
7	2	3	5	9	8	6	1	4
5	7	1	6	4	9	3	2	8
6	9	2	3	8	7	1	4	5
3	8	4	2	1	5	7	9	6

Solution # 827

2	5	9	4	7	6	8	3	1
1	7	3	8	2	9	6	4	5
4	8	6	1	3	5	2	7	9
9	4	2	6	8	7	1	5	3
3	1	8	2	5	4	9	6	7
5	6	7	3	9	1	4	8	2
8	3	5	9	4	2	7	1	6
7	2	1	5	6	8	3	9	4
6	9	4	7	1	3	5	2	8

Solution # 828

8	4	1	5	7	9	3	2	6
6	5	2	4	1	3	8	7	9
3	9	7	2	6	8	4	5	1
9	7	5	1	8	4	2	6	3
2	1	3	6	9	5	7	4	8
4	8	6	7	3	2	1	9	5
7	3	4	8	5	6	9	1	2
5	2	9	3	4	1	6	8	7
1	6	8	9	2	7	5	3	4

Solution # 829

5	1	2	8	4	7	6	9	3
3	7	6	1	5	9	8	4	2
9	4	8	3	2	6	1	7	5
7	2	4	5	1	3	9	8	6
8	3	9	6	7	2	4	5	1
1	6	5	9	8	4	3	2	7
6	5	7	4	3	8	2	1	9
4	9	1	2	6	5	7	3	8
2	8	3	7	9	1	5	6	4

Solution # 830

1	7	8	9	6	2	5	3	4
6	5	9	7	3	4	1	2	8
2	3	4	5	1	8	7	9	6
7	4	3	8	2	1	9	6	5
9	8	6	3	7	5	4	1	2
5	2	1	4	9	6	8	7	3
4	9	7	2	8	3	6	5	1
3	1	5	6	4	9	2	8	7
8	6	2	1	5	7	3	4	9

Solution # 831

2	4	5	3	9	8	6	1	7
8	7	9	5	1	6	4	2	3
1	3	6	4	2	7	8	9	5
3	2	8	1	6	5	9	7	4
9	6	7	8	4	3	2	5	1
5	1	4	9	7	2	3	8	6
6	8	2	7	3	1	5	4	9
7	9	3	2	5	4	1	6	8
4	5	1	6	8	9	7	3	2

Solution # 832

7	8	9	6	5	2	1	4	3
1	4	6	8	9	3	7	5	2
5	3	2	7	1	4	6	8	9
8	9	5	1	3	6	2	7	4
4	6	7	2	8	5	9	3	1
2	1	3	4	7	9	8	6	5
6	5	1	9	4	7	3	2	8
3	7	8	5	2	1	4	9	6
9	2	4	3	6	8	5	1	7

Solution # 833

4	9	7	6	3	2	8	1	5
2	3	8	5	1	4	6	7	9
1	5	6	9	8	7	3	2	4
9	7	2	1	4	8	5	3	6
6	8	3	2	7	5	4	9	1
5	1	4	3	6	9	2	8	7
8	4	1	7	5	3	9	6	2
3	6	9	4	2	1	7	5	8
7	2	5	8	9	6	1	4	3

Solution # 834

9	4	8	2	6	1	7	3	5
5	3	2	4	8	7	9	1	6
1	7	6	9	3	5	8	4	2
3	8	4	1	7	6	2	5	9
2	1	7	5	9	4	6	8	3
6	5	9	8	2	3	1	7	4
8	2	1	3	5	9	4	6	7
4	6	5	7	1	2	3	9	8
7	9	3	6	4	8	5	2	1

Solution # 835

3	1	9	6	2	4	8	5	7
7	6	5	1	9	8	4	2	3
4	8	2	3	5	7	6	1	9
6	9	7	5	4	3	1	8	2
1	4	8	9	6	2	7	3	5
5	2	3	7	8	1	9	4	6
9	3	6	4	1	5	2	7	8
8	5	1	2	7	9	3	6	4
2	7	4	8	3	6	5	9	1

Solution # 836

4	6	9	8	3	7	5	2	1
3	8	2	5	1	4	9	7	6
1	7	5	2	9	6	8	3	4
9	3	8	7	5	1	6	4	2
2	4	7	9	6	3	1	8	5
6	5	1	4	2	8	7	9	3
5	9	4	1	7	2	3	6	8
8	1	6	3	4	9	2	5	7
7	2	3	6	8	5	4	1	9

Solution # 837

1	8	9	2	7	3	4	6	5
5	3	6	1	4	8	7	9	2
4	7	2	6	5	9	8	1	3
9	2	7	4	8	1	5	3	6
8	5	1	9	3	6	2	4	7
3	6	4	5	2	7	9	8	1
6	4	8	7	1	2	3	5	9
2	1	3	8	9	5	6	7	4
7	9	5	3	6	4	1	2	8

Solution # 838

8	5	1	7	3	2	4	6	9
2	9	3	4	6	1	8	5	7
4	6	7	5	8	9	3	1	2
6	1	5	8	9	4	2	7	3
3	2	4	1	7	6	5	9	8
7	8	9	3	2	5	1	4	6
9	4	6	2	1	8	7	3	5
5	3	2	6	4	7	9	8	1
1	7	8	9	5	3	6	2	4

Solution # 839

1	9	3	6	4	2	7	8	5
4	5	2	7	3	8	6	1	9
8	7	6	9	1	5	2	4	3
9	2	5	8	6	3	4	7	1
7	6	8	1	9	4	5	3	2
3	1	4	5	2	7	9	6	8
2	8	1	4	7	9	3	5	6
6	4	9	3	5	1	8	2	7
5	3	7	2	8	6	1	9	4

Solution # 840

9	2	6	8	1	7	4	5	3
7	1	4	9	5	3	6	8	2
8	5	3	6	4	2	1	9	7
4	3	9	5	7	1	8	2	6
2	8	5	3	6	4	9	7	1
1	6	7	2	8	9	5	3	4
6	9	1	7	3	8	2	4	5
5	7	8	4	2	6	3	1	9
3	4	2	1	9	5	7	6	8

Solution # 841

7	1	3	5	2	8	9	4	6
6	2	4	3	1	9	8	5	7
8	5	9	4	7	6	2	1	3
1	3	7	9	8	2	4	6	5
5	8	2	6	3	4	7	9	1
4	9	6	7	5	1	3	8	2
3	4	1	2	9	5	6	7	8
9	7	5	8	6	3	1	2	4
2	6	8	1	4	7	5	3	9

Solution # 842

8	2	1	5	4	7	9	6	3
4	5	6	3	2	9	8	7	1
7	9	3	8	6	1	2	4	5
3	4	2	6	9	5	7	1	8
5	6	7	2	1	8	4	3	9
1	8	9	4	7	3	5	2	6
6	1	8	7	5	4	3	9	2
2	7	5	9	3	6	1	8	4
9	3	4	1	8	2	6	5	7

Solution # 843

8	4	2	5	1	9	3	6	7
1	7	6	2	3	4	8	9	5
5	9	3	8	7	6	1	2	4
3	2	9	7	4	8	6	5	1
7	1	5	3	6	2	4	8	9
6	8	4	9	5	1	2	7	3
9	3	8	1	2	7	5	4	6
4	5	7	6	8	3	9	1	2
2	6	1	4	9	5	7	3	8

Solution # 844

3	5	4	8	9	1	7	6	2
1	7	8	6	2	5	3	9	4
2	9	6	7	3	4	1	5	8
4	2	9	3	1	8	5	7	6
5	1	7	9	4	6	2	8	3
6	8	3	5	7	2	4	1	9
7	4	2	1	8	9	6	3	5
9	6	1	4	5	3	8	2	7
8	3	5	2	6	7	9	4	1

Solution # 845

7	3	2	1	8	5	6	4	9
6	9	8	3	4	2	1	5	7
5	4	1	7	6	9	3	8	2
8	1	3	5	7	4	9	2	6
9	2	6	8	1	3	5	7	4
4	7	5	2	9	6	8	1	3
3	8	4	9	5	7	2	6	1
1	6	9	4	2	8	7	3	5
2	5	7	6	3	1	4	9	8

Solution # 846

2	8	5	3	9	7	4	6	1
1	3	7	6	4	2	9	8	5
9	4	6	8	1	5	2	7	3
8	9	2	1	7	3	5	4	6
5	7	1	2	6	4	3	9	8
3	6	4	5	8	9	7	1	2
4	5	8	9	2	1	6	3	7
6	2	9	7	3	8	1	5	4
7	1	3	4	5	6	8	2	9

Solution # 847

3	1	8	5	9	2	4	6	7
4	2	5	6	7	1	8	3	9
7	6	9	4	8	3	1	5	2
9	3	2	1	5	6	7	4	8
1	7	6	8	3	4	2	9	5
5	8	4	9	2	7	6	1	3
8	4	7	3	1	9	5	2	6
2	9	1	7	6	5	3	8	4
6	5	3	2	4	8	9	7	1

Solution # 848

4	1	8	9	3	7	6	2	5
3	7	2	5	6	8	1	4	9
5	9	6	2	1	4	7	8	3
7	6	1	3	5	2	8	9	4
2	5	9	8	4	6	3	1	7
8	3	4	7	9	1	5	6	2
9	4	5	1	8	3	2	7	6
1	2	3	6	7	9	4	5	8
6	8	7	4	2	5	9	3	1

Solution # 849

7	6	2	4	5	1	3	9	8
8	1	4	2	9	3	7	6	5
3	9	5	8	6	7	1	4	2
6	8	3	5	4	9	2	1	7
2	7	9	1	8	6	4	5	3
4	5	1	3	7	2	6	8	9
5	4	7	6	2	8	9	3	1
1	2	8	9	3	4	5	7	6
9	3	6	7	1	5	8	2	4

Solution # 850

6	1	9	5	4	2	8	7	3
8	2	4	7	3	6	9	1	5
5	7	3	1	9	8	6	2	4
1	8	2	4	6	3	7	5	9
3	5	6	8	7	9	1	4	2
9	4	7	2	1	5	3	6	8
2	3	5	6	8	1	4	9	7
7	6	8	9	2	4	5	3	1
4	9	1	3	5	7	2	8	6

Solution # 851

9	4	5	7	6	8	1	2	3
8	6	1	2	4	3	9	5	7
7	3	2	1	9	5	8	4	6
4	8	3	9	1	2	6	7	5
1	5	6	3	8	7	2	9	4
2	9	7	4	5	6	3	1	8
5	1	9	8	3	4	7	6	2
6	7	8	5	2	1	4	3	9
3	2	4	6	7	9	5	8	1

Solution # 852

8	5	1	6	2	7	9	4	3
3	6	4	5	9	8	7	2	1
7	9	2	4	1	3	5	6	8
4	8	3	7	6	9	1	5	2
5	2	7	3	4	1	8	9	6
9	1	6	8	5	2	3	7	4
2	4	8	9	3	5	6	1	7
6	7	5	1	8	4	2	3	9
1	3	9	2	7	6	4	8	5

Solution # 853

1	5	7	4	9	8	6	3	2
6	9	8	2	1	3	7	5	4
2	4	3	5	6	7	1	9	8
5	2	6	7	8	1	3	4	9
7	3	1	9	2	4	8	6	5
4	8	9	6	3	5	2	1	7
3	1	5	8	4	2	9	7	6
9	7	2	1	5	6	4	8	3
8	6	4	3	7	9	5	2	1

Solution # 854

8	7	3	4	6	2	1	5	9
9	4	1	7	3	5	2	6	8
2	6	5	9	1	8	3	7	4
7	1	2	6	4	9	5	8	3
3	5	9	1	8	7	6	4	2
4	8	6	2	5	3	7	9	1
1	3	8	5	9	6	4	2	7
6	2	4	8	7	1	9	3	5
5	9	7	3	2	4	8	1	6

Solution # 855

6	3	7	4	2	1	9	8	5
2	9	4	7	8	5	6	3	1
8	5	1	6	9	3	7	2	4
1	4	2	5	3	9	8	6	7
9	7	3	8	1	6	4	5	2
5	6	8	2	4	7	1	9	3
3	2	6	1	7	8	5	4	9
4	1	5	9	6	2	3	7	8
7	8	9	3	5	4	2	1	6

Solution # 856

7	3	8	6	5	2	1	4	9
6	2	4	9	7	1	8	3	5
5	1	9	8	4	3	6	7	2
4	5	2	7	1	8	3	9	6
8	6	1	2	3	9	7	5	4
9	7	3	4	6	5	2	1	8
2	9	5	1	8	7	4	6	3
1	8	6	3	9	4	5	2	7
3	4	7	5	2	6	9	8	1

Solution # 857

1	4	7	6	5	9	8	3	2
8	5	2	1	7	3	4	6	9
6	9	3	8	2	4	7	1	5
9	2	1	4	8	7	6	5	3
4	8	5	3	1	6	2	9	7
3	7	6	5	9	2	1	8	4
2	1	8	7	3	5	9	4	6
5	6	9	2	4	1	3	7	8
7	3	4	9	6	8	5	2	1

Solution # 858

3	6	4	2	7	5	9	8	1
2	9	5	8	3	1	7	4	6
8	1	7	4	9	6	2	5	3
5	8	2	9	6	7	3	1	4
9	7	6	1	4	3	5	2	8
1	4	3	5	8	2	6	9	7
4	3	1	6	5	9	8	7	2
6	2	9	7	1	8	4	3	5
7	5	8	3	2	4	1	6	9

Solution # 859

4	7	1	9	2	6	8	5	3
3	5	6	8	4	1	7	9	2
8	9	2	7	5	3	4	6	1
2	6	9	5	3	7	1	4	8
1	3	4	2	9	8	6	7	5
7	8	5	6	1	4	3	2	9
5	4	7	3	8	9	2	1	6
9	1	3	4	6	2	5	8	7
6	2	8	1	7	5	9	3	4

Solution # 860

6	9	4	1	8	2	3	7	5
8	3	5	9	7	4	6	1	2
2	1	7	6	5	3	8	9	4
1	4	2	7	3	6	9	5	8
9	5	3	4	1	8	7	2	6
7	8	6	5	2	9	4	3	1
4	7	9	2	6	1	5	8	3
5	2	8	3	4	7	1	6	9
3	6	1	8	9	5	2	4	7

Solution # 861

9	3	1	4	6	2	7	5	8
8	2	6	5	7	3	1	9	4
4	7	5	9	1	8	6	2	3
5	8	7	1	4	9	3	6	2
3	1	2	6	8	5	4	7	9
6	4	9	2	3	7	8	1	5
2	6	8	7	9	4	5	3	1
1	5	3	8	2	6	9	4	7
7	9	4	3	5	1	2	8	6

Solution # 862

1	6	7	2	9	8	3	5	4
8	3	2	7	4	5	9	1	6
9	4	5	1	3	6	7	2	8
4	7	9	3	8	1	2	6	5
2	5	3	4	6	7	8	9	1
6	1	8	9	5	2	4	7	3
3	8	1	6	7	9	5	4	2
7	2	4	5	1	3	6	8	9
5	9	6	8	2	4	1	3	7

Solution # 863

8	7	3	6	2	4	9	5	1
6	5	2	7	9	1	8	4	3
1	4	9	5	8	3	2	7	6
4	3	7	1	6	2	5	9	8
5	9	8	4	3	7	6	1	2
2	6	1	8	5	9	4	3	7
3	1	6	2	4	5	7	8	9
9	8	5	3	7	6	1	2	4
7	2	4	9	1	8	3	6	5

Solution # 864

1	4	9	7	8	6	2	5	3
3	6	5	9	2	4	1	8	7
2	7	8	1	3	5	4	9	6
5	8	4	2	7	9	6	3	1
7	9	1	3	6	8	5	4	2
6	3	2	5	4	1	9	7	8
9	5	6	8	1	7	3	2	4
8	1	3	4	9	2	7	6	5
4	2	7	6	5	3	8	1	9

Solution # 865

7	6	4	8	5	2	3	9	1
8	3	2	7	1	9	6	4	5
1	5	9	6	4	3	8	7	2
2	8	7	9	3	1	5	6	4
4	9	3	5	6	8	2	1	7
5	1	6	2	7	4	9	8	3
9	2	1	3	8	7	4	5	6
3	7	5	4	9	6	1	2	8
6	4	8	1	2	5	7	3	9

Solution # 866

5	7	8	2	9	1	3	4	6
4	1	2	6	3	8	7	9	5
6	9	3	5	7	4	2	1	8
8	6	7	9	1	5	4	2	3
1	5	9	3	4	2	6	8	7
3	2	4	7	8	6	9	5	1
7	3	5	1	2	9	8	6	4
9	8	1	4	6	3	5	7	2
2	4	6	8	5	7	1	3	9

Solution # 867

3	8	6	5	9	1	4	7	2
1	5	7	2	6	4	3	8	9
2	9	4	7	3	8	5	1	6
5	2	3	8	7	6	9	4	1
6	4	9	1	2	5	8	3	7
8	7	1	9	4	3	2	6	5
4	1	2	6	8	9	7	5	3
9	6	8	3	5	7	1	2	4
7	3	5	4	1	2	6	9	8

Solution # 868

1	5	7	8	9	3	4	6	2
9	3	4	6	2	7	1	5	8
2	8	6	1	4	5	9	3	7
3	6	9	5	8	1	7	2	4
8	7	1	4	6	2	3	9	5
5	4	2	3	7	9	8	1	6
6	2	8	9	3	4	5	7	1
4	1	3	7	5	6	2	8	9
7	9	5	2	1	8	6	4	3

Solution # 869

6	4	2	5	1	3	7	8	9
5	7	9	2	6	8	3	1	4
1	8	3	4	7	9	6	2	5
7	6	4	1	5	2	8	9	3
9	3	5	7	8	6	1	4	2
2	1	8	9	3	4	5	7	6
3	2	6	8	9	1	4	5	7
8	9	7	6	4	5	2	3	1
4	5	1	3	2	7	9	6	8

Solution # 870

9	2	8	4	5	1	7	6	3
7	6	5	3	8	9	1	2	4
1	4	3	2	7	6	8	5	9
8	9	6	1	2	5	3	4	7
2	1	4	9	3	7	6	8	5
3	5	7	6	4	8	2	9	1
6	3	2	7	9	4	5	1	8
4	8	1	5	6	3	9	7	2
5	7	9	8	1	2	4	3	6

Solution # 871

4	8	5	6	9	2	3	7	1
6	1	3	4	5	7	8	9	2
9	7	2	3	8	1	4	6	5
2	3	8	7	1	9	5	4	6
7	4	6	5	2	3	1	8	9
1	5	9	8	4	6	2	3	7
8	6	1	2	7	4	9	5	3
5	2	7	9	3	8	6	1	4
3	9	4	1	6	5	7	2	8

Solution # 872

8	3	9	4	5	7	6	1	2
5	1	4	2	8	6	9	3	7
2	6	7	9	1	3	5	8	4
4	8	1	5	3	9	2	7	6
7	9	3	8	6	2	1	4	5
6	5	2	7	4	1	8	9	3
9	2	8	6	7	4	3	5	1
3	4	6	1	9	5	7	2	8
1	7	5	3	2	8	4	6	9

Solution # 873

4	3	5	2	7	6	8	9	1
9	7	2	5	8	1	4	6	3
6	8	1	3	9	4	7	5	2
7	5	6	4	2	3	1	8	9
2	9	8	1	6	7	3	4	5
3	1	4	9	5	8	2	7	6
1	6	3	7	4	9	5	2	8
8	2	7	6	1	5	9	3	4
5	4	9	8	3	2	6	1	7

Solution # 874

8	6	9	3	2	5	1	4	7
4	7	5	9	1	6	8	3	2
3	1	2	4	8	7	6	9	5
2	9	1	8	3	4	7	5	6
6	3	8	7	5	2	9	1	4
7	5	4	1	6	9	2	8	3
9	4	6	5	7	8	3	2	1
1	8	7	2	4	3	5	6	9
5	2	3	6	9	1	4	7	8

Solution # 875

6	1	9	5	4	7	3	2	8
3	4	5	9	2	8	1	7	6
7	8	2	1	6	3	4	9	5
4	6	7	3	9	2	8	5	1
9	5	8	7	1	6	2	4	3
2	3	1	8	5	4	7	6	9
8	9	4	6	7	1	5	3	2
1	7	6	2	3	5	9	8	4
5	2	3	4	8	9	6	1	7

Solution # 876

7	3	4	1	8	9	6	2	5
9	6	8	2	7	5	1	3	4
5	2	1	4	3	6	8	9	7
8	4	6	9	1	3	5	7	2
2	9	7	6	5	8	4	1	3
3	1	5	7	2	4	9	6	8
6	8	9	3	4	2	7	5	1
4	7	2	5	9	1	3	8	6
1	5	3	8	6	7	2	4	9

Solution # 877

3	7	1	4	6	8	2	9	5
4	6	5	7	9	2	1	3	8
9	8	2	5	1	3	7	4	6
8	1	9	6	2	7	3	5	4
2	3	4	8	5	1	6	7	9
6	5	7	3	4	9	8	2	1
1	2	6	9	7	4	5	8	3
5	9	8	2	3	6	4	1	7
7	4	3	1	8	5	9	6	2

Solution # 878

7	3	6	1	8	4	2	5	9
4	9	1	7	2	5	3	6	8
8	2	5	6	3	9	1	4	7
3	1	8	4	5	6	7	9	2
9	4	7	3	1	2	6	8	5
6	5	2	8	9	7	4	3	1
1	6	4	9	7	8	5	2	3
5	8	3	2	4	1	9	7	6
2	7	9	5	6	3	8	1	4

Solution # 879

4	3	6	9	7	8	1	2	5
5	9	8	2	3	1	4	7	6
2	7	1	6	4	5	8	9	3
3	1	7	8	9	2	6	5	4
9	6	5	4	1	3	2	8	7
8	4	2	7	5	6	3	1	9
7	2	9	1	6	4	5	3	8
1	5	4	3	8	7	9	6	2
6	8	3	5	2	9	7	4	1

Solution # 880

9	4	5	1	3	8	7	2	6
8	2	7	6	4	9	5	1	3
6	1	3	7	2	5	4	9	8
1	9	8	3	5	7	2	6	4
3	7	2	4	6	1	9	8	5
5	6	4	9	8	2	1	3	7
2	5	1	8	7	6	3	4	9
7	3	6	2	9	4	8	5	1
4	8	9	5	1	3	6	7	2

Solution # 881

2	1	6	5	9	4	3	7	8
7	9	8	3	1	6	5	4	2
4	3	5	2	8	7	1	6	9
3	7	4	8	6	5	2	9	1
1	6	2	7	3	9	4	8	5
8	5	9	1	4	2	7	3	6
5	2	3	6	7	8	9	1	4
6	4	1	9	2	3	8	5	7
9	8	7	4	5	1	6	2	3

Solution # 882

3	1	4	6	5	8	7	9	2
2	8	7	3	9	1	4	6	5
5	6	9	2	7	4	1	3	8
4	2	8	5	1	3	6	7	9
7	5	3	9	2	6	8	4	1
6	9	1	8	4	7	2	5	3
1	7	5	4	8	9	3	2	6
8	3	2	7	6	5	9	1	4
9	4	6	1	3	2	5	8	7

Solution # 883

5	1	8	6	7	2	9	4	3
6	2	4	9	5	3	7	1	8
3	7	9	8	1	4	5	2	6
2	9	6	4	3	7	8	5	1
8	4	1	5	2	6	3	7	9
7	5	3	1	9	8	4	6	2
1	3	2	7	4	9	6	8	5
9	6	7	2	8	5	1	3	4
4	8	5	3	6	1	2	9	7

Solution # 884

7	1	2	8	5	9	6	3	4
9	8	4	7	6	3	5	1	2
6	3	5	2	1	4	8	9	7
4	5	7	1	3	2	9	8	6
3	2	6	5	9	8	7	4	1
1	9	8	4	7	6	3	2	5
2	7	9	3	4	5	1	6	8
5	4	3	6	8	1	2	7	9
8	6	1	9	2	7	4	5	3

Solution # 885

7	2	3	6	9	1	5	8	4
5	6	8	7	4	3	2	9	1
4	9	1	8	5	2	6	7	3
1	8	6	9	3	5	7	4	2
9	4	5	1	2	7	8	3	6
3	7	2	4	6	8	9	1	5
8	3	7	2	1	6	4	5	9
2	1	4	5	7	9	3	6	8
6	5	9	3	8	4	1	2	7

Solution # 886

9	1	4	7	8	3	2	6	5
7	3	6	9	2	5	1	4	8
2	8	5	4	6	1	3	9	7
1	2	9	5	3	7	4	8	6
6	4	7	8	1	2	9	5	3
3	5	8	6	9	4	7	1	2
4	7	2	1	5	6	8	3	9
8	6	1	3	7	9	5	2	4
5	9	3	2	4	8	6	7	1

Solution # 887

7	4	2	6	1	5	8	3	9
8	5	9	7	4	3	2	1	6
6	1	3	2	9	8	4	7	5
2	7	5	4	3	9	6	8	1
4	6	8	1	5	7	9	2	3
3	9	1	8	6	2	7	5	4
5	8	6	3	2	4	1	9	7
9	2	4	5	7	1	3	6	8
1	3	7	9	8	6	5	4	2

Solution # 888

7	5	3	9	4	8	1	6	2
2	1	9	3	6	7	8	5	4
8	4	6	5	1	2	7	9	3
1	3	7	4	8	6	9	2	5
5	6	8	1	2	9	3	4	7
4	9	2	7	5	3	6	8	1
6	8	4	2	3	1	5	7	9
3	7	5	8	9	4	2	1	6
9	2	1	6	7	5	4	3	8

Solution # 889

2	7	1	8	9	5	6	4	3
9	8	3	2	6	4	7	5	1
4	6	5	1	7	3	9	8	2
5	4	8	9	3	1	2	6	7
6	2	9	4	5	7	1	3	8
3	1	7	6	8	2	5	9	4
8	5	2	7	4	9	3	1	6
7	3	4	5	1	6	8	2	9
1	9	6	3	2	8	4	7	5

Solution # 890

5	3	9	1	6	2	8	7	4
1	6	4	8	7	3	9	2	5
7	2	8	9	5	4	6	1	3
6	4	2	7	9	5	1	3	8
3	1	7	6	4	8	5	9	2
8	9	5	3	2	1	4	6	7
9	5	6	4	3	7	2	8	1
4	8	3	2	1	6	7	5	9
2	7	1	5	8	9	3	4	6

Solution # 891

9	5	8	6	3	7	4	1	2
1	2	7	8	4	9	6	3	5
4	3	6	1	5	2	7	9	8
8	4	2	9	7	6	1	5	3
3	1	9	5	8	4	2	7	6
6	7	5	3	2	1	9	8	4
5	9	1	4	6	3	8	2	7
7	8	4	2	1	5	3	6	9
2	6	3	7	9	8	5	4	1

Solution # 892

2	3	4	7	1	9	8	5	6
8	1	5	6	2	3	7	4	9
7	6	9	8	5	4	1	2	3
6	7	1	3	4	2	5	9	8
5	8	2	9	7	6	3	1	4
9	4	3	1	8	5	6	7	2
1	5	6	2	9	8	4	3	7
3	2	7	4	6	1	9	8	5
4	9	8	5	3	7	2	6	1

Solution # 893

7	1	9	3	4	5	2	6	8
4	2	6	1	8	7	3	5	9
5	3	8	6	2	9	1	4	7
3	7	4	8	6	2	5	9	1
6	8	1	5	9	3	4	7	2
2	9	5	7	1	4	8	3	6
9	6	2	4	3	8	7	1	5
1	4	7	2	5	6	9	8	3
8	5	3	9	7	1	6	2	4

Solution # 894

2	4	1	6	8	3	9	5	7
9	7	6	2	1	5	4	8	3
5	8	3	9	4	7	1	2	6
4	6	5	3	2	9	7	1	8
8	9	7	1	5	4	3	6	2
1	3	2	8	7	6	5	4	9
7	2	8	5	3	1	6	9	4
6	5	4	7	9	2	8	3	1
3	1	9	4	6	8	2	7	5

Solution # 895

8	4	2	6	9	1	7	5	3
9	6	5	3	7	8	1	4	2
3	1	7	4	2	5	9	8	6
6	3	1	7	4	9	8	2	5
4	7	8	5	6	2	3	9	1
5	2	9	8	1	3	4	6	7
2	9	4	1	3	6	5	7	8
1	5	6	9	8	7	2	3	4
7	8	3	2	5	4	6	1	9

Solution # 896

3	6	1	9	5	2	8	7	4
4	7	8	1	3	6	2	9	5
2	5	9	7	8	4	1	6	3
1	9	3	2	7	5	6	4	8
6	8	5	4	1	3	7	2	9
7	2	4	8	6	9	3	5	1
8	1	2	5	9	7	4	3	6
9	3	7	6	4	1	5	8	2
5	4	6	3	2	8	9	1	7

Solution # 897

3	1	5	7	9	2	6	8	4
6	4	7	1	8	5	9	3	2
8	2	9	3	4	6	7	5	1
4	7	2	8	5	1	3	6	9
5	9	3	2	6	4	8	1	7
1	8	6	9	7	3	2	4	5
2	6	8	5	1	7	4	9	3
9	3	1	4	2	8	5	7	6
7	5	4	6	3	9	1	2	8

Solution # 898

2	6	1	8	3	7	9	4	5
9	3	8	6	4	5	7	1	2
4	5	7	9	1	2	8	3	6
7	2	9	4	5	8	1	6	3
5	1	6	3	2	9	4	7	8
8	4	3	1	7	6	2	5	9
6	8	4	7	9	3	5	2	1
3	7	5	2	8	1	6	9	4
1	9	2	5	6	4	3	8	7

Solution # 899

8	7	2	1	9	4	6	5	3
1	6	4	3	2	5	8	9	7
3	5	9	7	6	8	1	2	4
7	3	5	2	1	6	4	8	9
4	2	1	8	3	9	7	6	5
6	9	8	4	5	7	3	1	2
2	8	6	9	7	3	5	4	1
9	4	3	5	8	1	2	7	6
5	1	7	6	4	2	9	3	8

Solution # 900

3	9	6	2	1	4	8	7	5
7	8	1	5	9	3	4	6	2
5	2	4	7	6	8	3	1	9
9	1	7	3	8	2	5	4	6
8	4	5	1	7	6	2	9	3
6	3	2	4	5	9	1	8	7
2	7	8	6	3	1	9	5	4
4	6	9	8	2	5	7	3	1
1	5	3	9	4	7	6	2	8

Solution # 901

8	4	5	1	3	6	2	9	7
1	6	7	8	2	9	3	4	5
3	2	9	4	7	5	1	6	8
2	5	3	7	9	1	4	8	6
6	1	4	5	8	3	7	2	9
7	9	8	2	6	4	5	1	3
4	3	1	6	5	8	9	7	2
9	8	2	3	1	7	6	5	4
5	7	6	9	4	2	8	3	1

Solution # 902

7	8	9	3	1	2	4	5	6
5	2	3	9	6	4	8	1	7
1	4	6	7	8	5	3	9	2
6	5	1	4	3	8	7	2	9
2	9	4	5	7	6	1	8	3
8	3	7	1	2	9	5	6	4
3	7	8	2	9	1	6	4	5
4	6	2	8	5	3	9	7	1
9	1	5	6	4	7	2	3	8

Solution # 903

1	6	2	8	9	4	3	5	7
5	8	4	1	3	7	2	6	9
7	3	9	6	2	5	1	4	8
6	7	3	2	8	9	4	1	5
8	2	5	4	6	1	9	7	3
4	9	1	5	7	3	8	2	6
2	4	7	9	5	8	6	3	1
9	5	6	3	1	2	7	8	4
3	1	8	7	4	6	5	9	2

Solution # 904

3	2	8	1	4	5	6	7	9
1	5	7	2	6	9	8	4	3
4	6	9	8	7	3	2	5	1
8	4	1	3	9	2	7	6	5
2	7	3	4	5	6	9	1	8
6	9	5	7	1	8	3	2	4
7	3	2	5	8	1	4	9	6
9	1	4	6	3	7	5	8	2
5	8	6	9	2	4	1	3	7

Solution # 905

5	9	1	3	7	2	4	6	8
6	8	2	9	5	4	1	7	3
4	7	3	8	1	6	2	9	5
9	3	7	1	2	8	6	5	4
2	6	5	4	9	3	7	8	1
1	4	8	5	6	7	9	3	2
7	5	4	2	8	9	3	1	6
8	2	9	6	3	1	5	4	7
3	1	6	7	4	5	8	2	9

Solution # 906

8	6	7	2	1	4	5	3	9
2	9	3	7	6	5	8	1	4
4	1	5	3	9	8	2	6	7
6	4	9	1	7	2	3	5	8
1	3	2	8	5	9	4	7	6
7	5	8	6	4	3	9	2	1
3	2	1	4	8	6	7	9	5
5	8	6	9	2	7	1	4	3
9	7	4	5	3	1	6	8	2

Solution # 907

3	9	6	7	5	4	8	1	2
4	2	7	8	9	1	6	5	3
5	1	8	6	2	3	4	9	7
2	6	5	9	8	7	1	3	4
1	8	4	2	3	5	9	7	6
9	7	3	1	4	6	2	8	5
6	3	1	4	7	8	5	2	9
7	4	9	5	1	2	3	6	8
8	5	2	3	6	9	7	4	1

Solution # 908

8	2	6	3	4	1	9	7	5
1	5	3	9	8	7	6	4	2
7	9	4	2	6	5	8	1	3
4	1	8	5	2	6	3	9	7
9	7	2	1	3	8	5	6	4
6	3	5	7	9	4	2	8	1
5	4	9	6	1	2	7	3	8
2	6	1	8	7	3	4	5	9
3	8	7	4	5	9	1	2	6

Solution # 909

8	5	1	3	2	6	9	4	7
6	3	4	9	7	8	1	5	2
7	9	2	1	5	4	6	3	8
3	1	7	2	4	5	8	6	9
2	8	9	6	3	1	4	7	5
5	4	6	7	8	9	2	1	3
4	7	3	8	1	2	5	9	6
9	2	5	4	6	7	3	8	1
1	6	8	5	9	3	7	2	4

Solution # 910

8	7	1	9	6	2	4	5	3
4	9	3	1	5	7	6	8	2
5	2	6	8	4	3	1	9	7
7	1	2	3	8	6	5	4	9
6	4	9	5	7	1	2	3	8
3	5	8	4	2	9	7	6	1
1	6	5	7	3	8	9	2	4
9	8	4	2	1	5	3	7	6
2	3	7	6	9	4	8	1	5

Solution # 911

3	6	7	8	1	4	9	5	2
5	8	4	9	3	2	7	1	6
2	1	9	7	5	6	4	3	8
8	4	3	1	2	9	6	7	5
1	9	6	4	7	5	8	2	3
7	5	2	3	6	8	1	9	4
4	7	1	2	8	3	5	6	9
9	3	5	6	4	1	2	8	7
6	2	8	5	9	7	3	4	1

Solution # 912

6	5	4	2	8	1	7	9	3
3	9	8	6	7	4	2	5	1
2	7	1	9	5	3	6	8	4
4	6	5	7	1	2	9	3	8
1	2	3	8	4	9	5	7	6
9	8	7	3	6	5	1	4	2
5	1	9	4	3	6	8	2	7
7	3	6	5	2	8	4	1	9
8	4	2	1	9	7	3	6	5

Solution # 913

1	7	9	6	8	2	4	5	3
4	6	8	1	5	3	9	2	7
5	3	2	4	9	7	6	8	1
8	9	4	7	3	6	2	1	5
3	5	1	2	4	8	7	6	9
6	2	7	5	1	9	3	4	8
9	8	6	3	2	5	1	7	4
2	1	3	8	7	4	5	9	6
7	4	5	9	6	1	8	3	2

Solution # 914

1	9	4	7	3	5	6	2	8
8	3	5	1	6	2	9	7	4
2	7	6	4	8	9	1	3	5
7	8	3	9	4	6	2	5	1
9	6	2	5	7	1	4	8	3
5	4	1	8	2	3	7	6	9
6	2	8	3	9	4	5	1	7
4	5	7	2	1	8	3	9	6
3	1	9	6	5	7	8	4	2

Solution # 915

3	4	8	1	2	7	5	9	6
7	1	6	5	3	9	2	8	4
9	5	2	8	4	6	3	7	1
8	6	4	2	9	1	7	3	5
1	3	9	7	5	4	8	6	2
2	7	5	6	8	3	1	4	9
5	2	7	4	6	8	9	1	3
4	8	3	9	1	2	6	5	7
6	9	1	3	7	5	4	2	8

Solution # 916

2	9	7	1	8	5	6	3	4
3	6	1	9	7	4	5	2	8
5	8	4	3	6	2	1	7	9
7	4	3	8	9	1	2	6	5
9	1	2	5	3	6	8	4	7
6	5	8	2	4	7	9	1	3
4	7	5	6	2	8	3	9	1
1	2	9	7	5	3	4	8	6
8	3	6	4	1	9	7	5	2

Solution # 917

7	9	1	5	4	6	3	8	2
6	3	8	7	2	1	5	9	4
2	4	5	8	9	3	7	1	6
1	8	4	2	3	7	6	5	9
3	5	6	4	1	9	8	2	7
9	2	7	6	8	5	4	3	1
4	1	9	3	6	8	2	7	5
8	7	2	1	5	4	9	6	3
5	6	3	9	7	2	1	4	8

Solution # 918

2	6	7	3	4	8	1	5	9
9	4	3	2	5	1	8	6	7
1	8	5	7	6	9	3	4	2
3	9	8	1	2	5	6	7	4
7	1	4	9	3	6	5	2	8
6	5	2	8	7	4	9	1	3
5	3	6	4	8	2	7	9	1
8	2	9	6	1	7	4	3	5
4	7	1	5	9	3	2	8	6

Solution # 919

9	3	4	2	5	8	1	7	6
2	1	7	4	6	3	8	9	5
8	6	5	7	1	9	3	4	2
4	5	1	8	9	6	7	2	3
7	9	8	1	3	2	6	5	4
3	2	6	5	7	4	9	8	1
1	8	3	9	2	5	4	6	7
5	7	9	6	4	1	2	3	8
6	4	2	3	8	7	5	1	9

Solution # 920

4	5	8	6	2	7	1	3	9
1	3	6	9	8	5	2	7	4
7	9	2	4	1	3	5	6	8
5	6	9	2	7	4	8	1	3
2	8	4	3	6	1	9	5	7
3	1	7	5	9	8	4	2	6
8	4	1	7	3	2	6	9	5
6	7	5	1	4	9	3	8	2
9	2	3	8	5	6	7	4	1

Solution # 921

5	7	8	9	6	3	4	2	1
3	2	6	8	4	1	5	7	9
9	1	4	7	5	2	8	6	3
8	5	2	4	3	9	6	1	7
7	9	1	2	8	6	3	5	4
6	4	3	1	7	5	9	8	2
2	8	9	6	1	4	7	3	5
4	3	7	5	2	8	1	9	6
1	6	5	3	9	7	2	4	8

Solution # 922

1	3	9	4	5	8	6	2	7
7	8	5	1	6	2	9	3	4
4	2	6	7	3	9	8	1	5
8	6	4	2	9	1	7	5	3
5	1	3	6	8	7	2	4	9
2	9	7	3	4	5	1	6	8
3	4	8	9	1	6	5	7	2
6	5	2	8	7	3	4	9	1
9	7	1	5	2	4	3	8	6

Solution # 923

1	3	6	2	4	7	9	8	5
9	4	5	6	3	8	1	7	2
8	7	2	1	9	5	6	4	3
3	5	1	7	6	9	8	2	4
6	8	7	5	2	4	3	1	9
4	2	9	3	8	1	5	6	7
7	9	3	8	1	2	4	5	6
5	6	8	4	7	3	2	9	1
2	1	4	9	5	6	7	3	8

Solution # 924

7	2	4	8	6	5	3	1	9
6	3	1	2	4	9	7	8	5
5	8	9	7	3	1	2	4	6
9	4	8	5	2	7	6	3	1
1	5	7	6	8	3	4	9	2
2	6	3	9	1	4	8	5	7
3	1	5	4	7	2	9	6	8
4	7	6	1	9	8	5	2	3
8	9	2	3	5	6	1	7	4

Solution # 925

8	5	3	4	2	9	7	6	1
9	4	7	5	6	1	3	8	2
6	1	2	3	8	7	5	4	9
2	3	5	9	1	4	6	7	8
7	9	8	6	5	3	1	2	4
4	6	1	2	7	8	9	5	3
3	8	9	7	4	6	2	1	5
1	2	6	8	3	5	4	9	7
5	7	4	1	9	2	8	3	6

Solution # 926

1	8	6	3	5	4	2	9	7
2	4	3	1	9	7	6	8	5
5	7	9	2	6	8	3	1	4
4	5	1	7	8	6	9	3	2
6	2	7	9	1	3	4	5	8
3	9	8	5	4	2	1	7	6
9	6	4	8	3	5	7	2	1
8	1	2	4	7	9	5	6	3
7	3	5	6	2	1	8	4	9

Solution # 927

2	7	8	9	1	5	6	3	4
1	6	5	3	7	4	2	9	8
9	3	4	8	2	6	5	1	7
8	9	1	7	6	2	3	4	5
6	4	3	1	5	9	8	7	2
5	2	7	4	3	8	1	6	9
4	5	2	6	9	3	7	8	1
3	1	9	2	8	7	4	5	6
7	8	6	5	4	1	9	2	3

Solution # 928

2	1	8	4	5	3	7	9	6
5	4	9	1	6	7	8	2	3
3	7	6	9	2	8	1	5	4
9	8	1	2	7	4	6	3	5
6	5	2	3	8	9	4	7	1
4	3	7	6	1	5	9	8	2
7	9	3	5	4	1	2	6	8
8	2	4	7	3	6	5	1	9
1	6	5	8	9	2	3	4	7

Solution # 929

3	2	1	5	7	6	8	4	9
4	7	6	8	9	2	1	5	3
9	8	5	4	3	1	6	7	2
8	1	4	6	2	5	3	9	7
6	9	3	7	8	4	2	1	5
2	5	7	3	1	9	4	8	6
7	3	9	2	4	8	5	6	1
5	4	2	1	6	7	9	3	8
1	6	8	9	5	3	7	2	4

Solution # 930

7	4	5	8	3	6	9	1	2
8	2	9	5	1	7	6	4	3
3	1	6	4	9	2	5	7	8
4	6	7	9	8	3	2	5	1
9	3	1	7	2	5	8	6	4
2	5	8	6	4	1	3	9	7
1	8	4	3	5	9	7	2	6
6	9	3	2	7	4	1	8	5
5	7	2	1	6	8	4	3	9

Solution # 931

1	9	5	2	3	4	8	6	7
2	6	8	1	5	7	9	4	3
3	7	4	6	8	9	1	2	5
9	4	2	3	7	6	5	1	8
5	1	3	8	4	2	7	9	6
7	8	6	5	9	1	4	3	2
4	2	9	7	6	5	3	8	1
6	3	7	4	1	8	2	5	9
8	5	1	9	2	3	6	7	4

Solution # 932

4	7	9	1	2	5	6	8	3
3	2	8	9	6	4	1	7	5
6	1	5	8	7	3	4	9	2
2	3	1	5	4	7	9	6	8
8	6	7	3	1	9	5	2	4
9	5	4	2	8	6	3	1	7
1	4	6	7	3	8	2	5	9
7	9	2	4	5	1	8	3	6
5	8	3	6	9	2	7	4	1

Solution # 933

1	8	5	6	3	2	4	7	9
6	3	7	1	9	4	8	2	5
4	9	2	7	5	8	6	1	3
8	2	6	5	4	7	9	3	1
3	4	1	8	2	9	5	6	7
7	5	9	3	1	6	2	4	8
5	1	8	4	6	3	7	9	2
2	6	3	9	7	5	1	8	4
9	7	4	2	8	1	3	5	6

Solution # 934

4	6	2	1	7	5	3	8	9
3	9	1	4	2	8	7	6	5
5	8	7	3	9	6	1	4	2
1	2	8	7	5	4	6	9	3
9	4	6	8	3	2	5	1	7
7	5	3	6	1	9	8	2	4
2	1	9	5	8	3	4	7	6
8	3	4	9	6	7	2	5	1
6	7	5	2	4	1	9	3	8

Solution # 935

7	8	2	9	5	3	6	1	4
5	9	3	6	1	4	7	8	2
6	4	1	7	2	8	9	5	3
2	1	4	5	7	6	8	3	9
8	6	9	2	3	1	4	7	5
3	7	5	8	4	9	2	6	1
1	5	8	4	9	7	3	2	6
4	2	6	3	8	5	1	9	7
9	3	7	1	6	2	5	4	8

Solution # 936

2	4	1	9	6	3	7	8	5
5	3	8	4	7	2	6	9	1
9	6	7	5	1	8	4	2	3
8	5	6	1	2	7	3	4	9
7	9	2	3	5	4	8	1	6
3	1	4	6	8	9	5	7	2
4	2	3	7	9	6	1	5	8
1	7	9	8	3	5	2	6	4
6	8	5	2	4	1	9	3	7

Solution # 937

6	2	1	4	5	3	7	9	8
8	5	9	1	7	2	4	3	6
3	7	4	8	6	9	2	5	1
7	3	6	5	9	4	8	1	2
2	1	5	3	8	6	9	4	7
4	9	8	2	1	7	5	6	3
5	6	2	7	4	1	3	8	9
1	8	7	9	3	5	6	2	4
9	4	3	6	2	8	1	7	5

Solution # 938

2	5	1	3	9	6	7	4	8
8	6	9	7	2	4	1	3	5
3	7	4	8	1	5	6	2	9
6	1	8	4	3	2	5	9	7
4	9	2	5	7	1	8	6	3
7	3	5	6	8	9	4	1	2
9	2	6	1	5	7	3	8	4
5	4	3	9	6	8	2	7	1
1	8	7	2	4	3	9	5	6

Solution # 939

8	9	6	3	4	2	7	1	5
4	1	2	9	5	7	6	8	3
7	5	3	1	8	6	2	9	4
2	3	9	7	6	8	4	5	1
1	8	7	4	9	5	3	6	2
5	6	4	2	3	1	8	7	9
9	2	1	6	7	3	5	4	8
6	4	8	5	2	9	1	3	7
3	7	5	8	1	4	9	2	6

Solution # 940

8	2	3	1	7	6	9	5	4
6	7	5	4	2	9	1	3	8
1	4	9	5	3	8	7	6	2
7	3	6	8	1	2	5	4	9
5	8	2	6	9	4	3	7	1
9	1	4	7	5	3	8	2	6
3	5	8	2	6	1	4	9	7
2	9	1	3	4	7	6	8	5
4	6	7	9	8	5	2	1	3

Solution # 941

1	9	4	3	8	6	2	5	7
8	7	6	2	5	4	9	1	3
3	5	2	9	7	1	4	8	6
4	2	8	1	3	7	6	9	5
6	1	7	4	9	5	8	3	2
9	3	5	8	6	2	7	4	1
2	8	1	7	4	3	5	6	9
7	6	9	5	1	8	3	2	4
5	4	3	6	2	9	1	7	8

Solution # 942

6	2	3	4	7	5	9	1	8
8	5	7	1	9	2	4	6	3
4	9	1	8	6	3	2	7	5
7	4	8	2	3	9	6	5	1
5	6	2	7	4	1	8	3	9
1	3	9	5	8	6	7	2	4
9	8	5	6	1	7	3	4	2
2	7	4	3	5	8	1	9	6
3	1	6	9	2	4	5	8	7

Solution # 943

9	4	5	7	1	8	3	2	6
2	7	1	5	3	6	4	9	8
3	6	8	2	4	9	5	1	7
4	9	7	3	6	1	8	5	2
8	3	2	4	5	7	9	6	1
5	1	6	8	9	2	7	3	4
7	8	9	6	2	5	1	4	3
1	2	4	9	7	3	6	8	5
6	5	3	1	8	4	2	7	9

Solution # 944

2	3	1	4	7	8	9	5	6
6	8	7	5	9	3	2	4	1
4	5	9	2	1	6	3	7	8
9	4	6	3	2	5	8	1	7
3	1	8	6	4	7	5	2	9
5	7	2	9	8	1	6	3	4
8	9	4	1	5	2	7	6	3
7	2	3	8	6	4	1	9	5
1	6	5	7	3	9	4	8	2

Solution # 945

5	7	6	9	4	2	8	1	3
8	9	1	7	5	3	6	2	4
4	3	2	6	8	1	9	7	5
7	2	8	4	9	5	1	3	6
6	1	4	8	3	7	5	9	2
9	5	3	1	2	6	7	4	8
2	4	7	5	6	9	3	8	1
3	6	9	2	1	8	4	5	7
1	8	5	3	7	4	2	6	9

Solution # 946

3	6	2	7	5	4	9	8	1
7	5	9	8	1	2	6	3	4
1	8	4	6	3	9	2	5	7
9	7	6	4	8	5	3	1	2
5	1	3	2	7	6	8	4	9
2	4	8	3	9	1	5	7	6
4	9	5	1	2	8	7	6	3
6	2	7	5	4	3	1	9	8
8	3	1	9	6	7	4	2	5

Solution # 947

1	8	3	7	2	9	6	5	4
7	5	9	6	4	1	8	2	3
4	6	2	8	3	5	1	7	9
8	1	7	9	5	4	3	6	2
2	9	5	3	8	6	4	1	7
6	3	4	1	7	2	9	8	5
5	2	8	4	1	3	7	9	6
3	7	6	2	9	8	5	4	1
9	4	1	5	6	7	2	3	8

Solution # 948

5	4	8	9	3	2	1	7	6
1	6	7	8	4	5	2	3	9
2	3	9	6	7	1	4	8	5
8	1	3	4	2	9	6	5	7
7	2	5	3	1	6	9	4	8
6	9	4	7	5	8	3	2	1
9	5	6	2	8	3	7	1	4
3	7	1	5	9	4	8	6	2
4	8	2	1	6	7	5	9	3

Solution # 949

7	3	4	9	6	5	8	2	1
6	1	5	8	2	3	4	7	9
9	2	8	4	7	1	6	5	3
2	9	3	7	1	6	5	4	8
5	7	1	2	8	4	3	9	6
8	4	6	3	5	9	2	1	7
4	5	9	1	3	8	7	6	2
1	8	2	6	4	7	9	3	5
3	6	7	5	9	2	1	8	4

Solution # 950

4	7	6	8	3	5	1	2	9
1	5	9	4	7	2	6	3	8
3	8	2	1	6	9	7	4	5
5	2	8	7	4	6	9	1	3
9	3	7	2	1	8	4	5	6
6	4	1	9	5	3	8	7	2
2	6	4	5	9	1	3	8	7
8	1	3	6	2	7	5	9	4
7	9	5	3	8	4	2	6	1

Solution # 951

1	8	3	4	5	7	9	6	2
9	6	7	8	3	2	1	5	4
2	4	5	6	9	1	7	3	8
3	1	9	5	8	4	2	7	6
6	5	4	2	7	9	8	1	3
7	2	8	1	6	3	4	9	5
4	7	2	3	1	5	6	8	9
5	9	6	7	4	8	3	2	1
8	3	1	9	2	6	5	4	7

Solution # 952

9	8	6	5	3	1	4	2	7
5	4	2	9	7	8	3	6	1
7	3	1	2	6	4	9	5	8
6	7	4	8	2	3	5	1	9
8	2	9	1	4	5	7	3	6
3	1	5	6	9	7	8	4	2
2	5	7	4	8	6	1	9	3
4	9	8	3	1	2	6	7	5
1	6	3	7	5	9	2	8	4

Solution # 953

5	9	4	7	6	1	8	2	3
1	3	2	5	8	4	6	9	7
7	8	6	2	9	3	1	5	4
8	5	1	3	2	9	4	7	6
4	7	9	8	1	6	2	3	5
2	6	3	4	5	7	9	8	1
6	1	5	9	3	8	7	4	2
3	4	8	1	7	2	5	6	9
9	2	7	6	4	5	3	1	8

Solution # 954

6	8	5	9	4	3	7	2	1
4	3	7	5	1	2	8	9	6
1	9	2	8	7	6	5	3	4
3	1	4	7	2	9	6	5	8
7	5	6	4	3	8	9	1	2
8	2	9	1	6	5	3	4	7
5	6	1	3	8	4	2	7	9
9	4	8	2	5	7	1	6	3
2	7	3	6	9	1	4	8	5

Solution # 955

5	7	6	8	4	3	1	2	9
8	4	2	6	1	9	3	7	5
1	3	9	7	2	5	4	6	8
9	2	1	4	6	8	5	3	7
3	5	4	2	9	7	8	1	6
7	6	8	3	5	1	9	4	2
4	1	7	9	8	2	6	5	3
2	8	5	1	3	6	7	9	4
6	9	3	5	7	4	2	8	1

Solution # 956

7	3	1	5	6	4	2	8	9
6	8	2	3	9	1	5	7	4
9	4	5	8	7	2	6	3	1
5	6	7	4	8	9	3	1	2
3	2	8	1	5	6	4	9	7
4	1	9	2	3	7	8	6	5
2	5	6	9	1	8	7	4	3
8	9	4	7	2	3	1	5	6
1	7	3	6	4	5	9	2	8

Solution # 957

6	1	9	2	3	7	5	4	8
4	2	5	1	6	8	7	3	9
3	8	7	4	5	9	6	1	2
7	4	2	6	8	1	9	5	3
9	3	6	7	4	5	8	2	1
1	5	8	9	2	3	4	7	6
5	9	4	3	1	6	2	8	7
8	7	1	5	9	2	3	6	4
2	6	3	8	7	4	1	9	5

Solution # 958

9	8	4	6	5	2	3	1	7
3	6	2	7	9	1	8	4	5
7	5	1	8	4	3	6	9	2
6	4	5	9	7	8	2	3	1
1	9	7	2	3	6	5	8	4
2	3	8	4	1	5	9	7	6
8	7	3	5	6	4	1	2	9
4	1	6	3	2	9	7	5	8
5	2	9	1	8	7	4	6	3

Solution # 959

6	4	7	3	2	5	1	8	9
5	1	2	8	6	9	7	3	4
8	3	9	4	1	7	5	2	6
1	9	6	7	4	2	3	5	8
3	2	5	6	8	1	9	4	7
4	7	8	9	5	3	2	6	1
2	8	1	5	7	4	6	9	3
7	6	3	2	9	8	4	1	5
9	5	4	1	3	6	8	7	2

Solution # 960

3	8	5	1	7	2	9	6	4
1	2	6	4	5	9	7	8	3
9	4	7	8	3	6	2	5	1
2	9	8	7	4	1	5	3	6
5	3	1	9	6	8	4	7	2
6	7	4	5	2	3	1	9	8
8	1	3	2	9	5	6	4	7
4	6	9	3	1	7	8	2	5
7	5	2	6	8	4	3	1	9

Solution # 961

9	8	7	1	6	3	4	2	5
3	2	1	4	5	7	6	9	8
4	6	5	9	8	2	7	1	3
1	5	6	8	9	4	2	3	7
7	3	4	2	1	5	9	8	6
2	9	8	7	3	6	1	5	4
8	7	2	3	4	1	5	6	9
6	1	3	5	7	9	8	4	2
5	4	9	6	2	8	3	7	1

Solution # 962

8	1	7	6	5	3	4	9	2
9	4	3	1	7	2	8	5	6
5	2	6	8	9	4	1	3	7
6	7	9	5	8	1	2	4	3
2	3	1	4	6	9	5	7	8
4	8	5	3	2	7	6	1	9
1	5	2	7	3	8	9	6	4
3	9	4	2	1	6	7	8	5
7	6	8	9	4	5	3	2	1

Solution # 963

8	6	2	1	7	5	3	9	4
4	1	9	3	8	2	5	7	6
7	3	5	4	6	9	8	2	1
1	5	8	6	2	3	7	4	9
3	2	6	9	4	7	1	8	5
9	7	4	8	5	1	6	3	2
2	8	7	5	9	6	4	1	3
6	4	1	2	3	8	9	5	7
5	9	3	7	1	4	2	6	8

Solution # 964

3	7	2	9	4	6	1	8	5
8	1	5	7	3	2	9	6	4
4	9	6	5	1	8	3	7	2
5	3	1	4	8	9	7	2	6
7	6	8	2	5	1	4	9	3
2	4	9	6	7	3	5	1	8
1	5	4	8	6	7	2	3	9
9	8	7	3	2	4	6	5	1
6	2	3	1	9	5	8	4	7

Solution # 965

5	1	7	9	4	3	8	6	2
9	3	4	8	2	6	5	1	7
8	2	6	5	1	7	9	4	3
1	8	2	4	3	5	7	9	6
7	4	5	2	6	9	1	3	8
6	9	3	1	7	8	4	2	5
2	5	9	3	8	1	6	7	4
3	6	1	7	5	4	2	8	9
4	7	8	6	9	2	3	5	1

Solution # 966

9	3	6	2	1	5	4	7	8
8	4	2	7	9	6	5	1	3
7	5	1	8	4	3	9	6	2
3	8	5	1	7	4	6	2	9
2	6	4	3	5	9	1	8	7
1	7	9	6	2	8	3	5	4
4	1	7	9	6	2	8	3	5
5	2	8	4	3	1	7	9	6
6	9	3	5	8	7	2	4	1

Solution # 967

8	3	9	6	4	5	1	7	2
6	7	5	8	1	2	4	3	9
4	1	2	9	3	7	8	6	5
9	5	3	1	6	8	7	2	4
2	4	6	7	9	3	5	8	1
7	8	1	2	5	4	6	9	3
5	9	4	3	7	6	2	1	8
1	6	8	4	2	9	3	5	7
3	2	7	5	8	1	9	4	6

Solution # 968

9	2	4	3	6	5	8	7	1
3	1	8	7	4	9	6	5	2
7	5	6	2	1	8	9	4	3
1	8	9	6	5	4	3	2	7
4	3	5	9	7	2	1	6	8
2	6	7	1	8	3	5	9	4
8	9	2	5	3	7	4	1	6
6	7	3	4	9	1	2	8	5
5	4	1	8	2	6	7	3	9

Solution # 969

8	4	5	3	7	6	1	9	2
3	7	9	4	1	2	8	5	6
1	2	6	9	8	5	3	7	4
9	5	2	8	3	7	6	4	1
7	1	3	6	2	4	5	8	9
4	6	8	5	9	1	2	3	7
5	9	4	1	6	8	7	2	3
6	8	7	2	4	3	9	1	5
2	3	1	7	5	9	4	6	8

Solution # 970

4	2	6	9	8	5	7	1	3
8	5	1	3	2	7	4	6	9
3	9	7	6	4	1	5	8	2
5	1	8	4	7	3	9	2	6
7	4	9	2	1	6	8	3	5
6	3	2	8	5	9	1	7	4
2	8	3	7	9	4	6	5	1
1	6	4	5	3	8	2	9	7
9	7	5	1	6	2	3	4	8

Solution # 971

4	8	2	9	6	7	5	1	3
6	3	5	2	1	4	7	9	8
9	7	1	3	8	5	6	4	2
5	1	8	4	2	6	3	7	9
3	4	9	5	7	1	2	8	6
2	6	7	8	3	9	4	5	1
7	2	6	1	4	8	9	3	5
1	9	3	7	5	2	8	6	4
8	5	4	6	9	3	1	2	7

Solution # 972

8	1	7	6	3	2	9	5	4
6	4	9	5	8	7	1	2	3
2	3	5	1	4	9	8	6	7
4	8	2	3	9	6	7	1	5
5	9	6	7	1	4	3	8	2
3	7	1	8	2	5	4	9	6
7	6	8	4	5	1	2	3	9
1	2	4	9	6	3	5	7	8
9	5	3	2	7	8	6	4	1

Solution # 973

5	1	7	2	3	8	6	4	9
2	3	4	6	9	1	7	5	8
9	6	8	7	4	5	1	2	3
4	9	6	1	7	3	5	8	2
7	8	3	9	5	2	4	6	1
1	2	5	8	6	4	3	9	7
6	7	1	4	8	9	2	3	5
3	4	9	5	2	7	8	1	6
8	5	2	3	1	6	9	7	4

Solution # 974

1	8	4	3	5	6	7	9	2
7	3	6	9	2	4	8	1	5
5	9	2	1	7	8	3	6	4
8	6	3	4	1	2	9	5	7
4	7	5	8	9	3	1	2	6
2	1	9	7	6	5	4	8	3
9	2	7	5	4	1	6	3	8
3	5	1	6	8	7	2	4	9
6	4	8	2	3	9	5	7	1

Solution # 975

5	1	4	8	6	9	3	7	2
9	3	6	7	1	2	4	8	5
2	8	7	3	4	5	9	1	6
3	6	8	2	9	7	5	4	1
7	9	1	6	5	4	2	3	8
4	5	2	1	8	3	6	9	7
6	2	3	4	7	1	8	5	9
8	7	5	9	3	6	1	2	4
1	4	9	5	2	8	7	6	3

Solution # 976

1	5	4	3	8	7	6	9	2
6	8	7	1	2	9	4	3	5
2	9	3	4	5	6	7	8	1
7	4	5	9	6	1	3	2	8
9	1	8	2	4	3	5	6	7
3	2	6	5	7	8	9	1	4
5	7	9	6	1	2	8	4	3
4	3	2	8	9	5	1	7	6
8	6	1	7	3	4	2	5	9

Solution # 977

4	2	6	8	5	9	3	7	1
5	8	7	1	2	3	4	9	6
1	3	9	7	4	6	5	8	2
6	9	1	3	8	5	7	2	4
2	7	5	9	1	4	8	6	3
3	4	8	6	7	2	1	5	9
7	6	2	4	3	8	9	1	5
8	5	4	2	9	1	6	3	7
9	1	3	5	6	7	2	4	8

Solution # 978

6	4	5	2	3	8	1	7	9
7	8	9	1	5	6	4	2	3
1	2	3	9	4	7	8	5	6
8	9	1	4	7	2	6	3	5
4	3	6	8	9	5	2	1	7
2	5	7	3	6	1	9	8	4
5	7	2	6	8	4	3	9	1
3	6	8	7	1	9	5	4	2
9	1	4	5	2	3	7	6	8

Solution # 979

6	4	9	8	7	3	5	2	1
5	7	2	4	6	1	8	9	3
8	1	3	5	2	9	6	4	7
3	5	6	9	4	7	2	1	8
7	8	4	2	1	6	9	3	5
2	9	1	3	8	5	4	7	6
4	3	7	6	5	2	1	8	9
9	6	8	1	3	4	7	5	2
1	2	5	7	9	8	3	6	4

Solution # 980

8	7	1	9	5	2	6	3	4
5	6	9	1	3	4	8	2	7
3	4	2	7	6	8	1	5	9
9	2	8	5	4	7	3	6	1
6	1	7	8	9	3	5	4	2
4	5	3	2	1	6	7	9	8
2	9	5	3	7	1	4	8	6
1	8	6	4	2	5	9	7	3
7	3	4	6	8	9	2	1	5

Solution # 981

1	9	8	3	7	6	2	5	4
3	7	2	9	4	5	1	8	6
6	4	5	8	2	1	9	7	3
4	6	3	7	5	9	8	2	1
8	2	9	1	6	4	7	3	5
5	1	7	2	8	3	4	6	9
7	5	6	4	1	8	3	9	2
2	3	4	6	9	7	5	1	8
9	8	1	5	3	2	6	4	7

Solution # 982

9	7	4	8	5	6	1	2	3
2	6	1	3	4	9	8	5	7
8	3	5	1	2	7	9	4	6
3	1	2	4	9	8	7	6	5
6	5	7	2	1	3	4	8	9
4	8	9	6	7	5	3	1	2
5	4	3	7	8	2	6	9	1
1	2	6	9	3	4	5	7	8
7	9	8	5	6	1	2	3	4

Solution # 983

8	2	4	9	3	5	7	1	6
7	9	6	2	1	4	8	5	3
5	1	3	8	6	7	4	9	2
9	3	1	5	7	8	6	2	4
6	8	7	1	4	2	9	3	5
2	4	5	6	9	3	1	8	7
4	5	8	7	2	9	3	6	1
3	6	2	4	8	1	5	7	9
1	7	9	3	5	6	2	4	8

Solution # 984

7	4	2	9	8	6	5	1	3
9	6	5	2	1	3	7	4	8
1	8	3	5	4	7	9	2	6
5	7	6	4	9	1	8	3	2
2	3	4	6	7	8	1	5	9
8	9	1	3	2	5	4	6	7
4	2	8	1	6	9	3	7	5
3	1	9	7	5	2	6	8	4
6	5	7	8	3	4	2	9	1

Solution # 985

6	4	5	7	1	8	3	2	9
7	8	3	2	9	6	4	1	5
2	1	9	3	4	5	7	6	8
1	7	8	5	6	3	2	9	4
3	2	4	1	7	9	8	5	6
5	9	6	8	2	4	1	3	7
4	3	1	9	5	7	6	8	2
9	6	2	4	8	1	5	7	3
8	5	7	6	3	2	9	4	1

Solution # 986

5	7	2	9	3	1	8	4	6
6	4	3	7	8	5	1	2	9
8	9	1	6	2	4	7	3	5
1	6	7	4	5	2	9	8	3
3	5	9	8	7	6	4	1	2
4	2	8	1	9	3	5	6	7
9	3	4	5	6	8	2	7	1
2	8	5	3	1	7	6	9	4
7	1	6	2	4	9	3	5	8

Solution # 987

6	8	9	4	1	5	7	2	3
1	5	3	6	7	2	9	4	8
2	7	4	8	3	9	5	1	6
5	4	6	7	8	1	2	3	9
8	9	1	5	2	3	4	6	7
3	2	7	9	4	6	1	8	5
4	3	8	2	5	7	6	9	1
7	6	2	1	9	8	3	5	4
9	1	5	3	6	4	8	7	2

Solution # 988

8	7	5	6	3	9	4	1	2
1	4	2	8	5	7	3	9	6
3	6	9	1	4	2	7	8	5
6	1	8	5	2	4	9	3	7
7	2	3	9	6	8	1	5	4
9	5	4	3	7	1	2	6	8
4	8	1	7	9	5	6	2	3
5	3	7	2	1	6	8	4	9
2	9	6	4	8	3	5	7	1

Solution # 989

4	9	7	5	3	2	1	8	6
6	1	3	9	8	7	5	4	2
8	2	5	4	1	6	3	7	9
9	3	8	7	2	1	6	5	4
1	4	2	6	9	5	8	3	7
5	7	6	8	4	3	9	2	1
3	8	4	1	7	9	2	6	5
2	6	9	3	5	4	7	1	8
7	5	1	2	6	8	4	9	3

Solution # 990

6	2	7	8	5	9	3	4	1
5	1	3	4	2	6	9	8	7
9	4	8	3	1	7	6	5	2
2	5	4	1	6	3	8	7	9
8	6	9	7	4	2	5	1	3
3	7	1	9	8	5	2	6	4
1	8	2	6	9	4	7	3	5
4	3	5	2	7	8	1	9	6
7	9	6	5	3	1	4	2	8

Solution # 991

7	9	4	8	3	5	2	1	6
6	2	3	7	1	9	8	5	4
8	5	1	6	2	4	9	7	3
4	6	5	3	9	7	1	2	8
3	1	7	2	8	6	5	4	9
9	8	2	4	5	1	6	3	7
2	7	9	5	6	3	4	8	1
1	4	8	9	7	2	3	6	5
5	3	6	1	4	8	7	9	2

Solution # 992

2	3	5	7	8	6	1	4	9
6	9	1	4	3	2	7	8	5
8	4	7	5	1	9	2	6	3
1	2	8	3	4	5	6	9	7
7	5	4	9	6	8	3	1	2
3	6	9	1	2	7	8	5	4
5	8	6	2	7	4	9	3	1
4	1	2	8	9	3	5	7	6
9	7	3	6	5	1	4	2	8

Solution # 993

6	5	2	8	4	9	1	7	3
7	9	1	3	2	5	8	6	4
4	8	3	6	1	7	9	2	5
1	4	5	2	7	8	6	3	9
2	3	9	4	5	6	7	8	1
8	6	7	9	3	1	4	5	2
9	1	8	5	6	3	2	4	7
5	2	6	7	9	4	3	1	8
3	7	4	1	8	2	5	9	6

Solution # 994

7	9	8	2	4	5	1	6	3
1	2	5	6	8	3	4	9	7
4	3	6	1	9	7	8	2	5
2	6	9	4	7	8	3	5	1
5	1	4	9	3	2	7	8	6
3	8	7	5	6	1	9	4	2
9	7	3	8	5	6	2	1	4
6	4	2	3	1	9	5	7	8
8	5	1	7	2	4	6	3	9

Solution # 995

8	7	6	3	5	1	4	9	2
9	5	3	4	2	8	1	6	7
4	2	1	9	6	7	5	3	8
7	6	5	1	4	9	2	8	3
2	4	9	6	8	3	7	5	1
3	1	8	2	7	5	6	4	9
1	8	7	5	3	4	9	2	6
5	9	2	8	1	6	3	7	4
6	3	4	7	9	2	8	1	5

Solution # 996

4	2	8	3	1	7	6	9	5
7	6	1	9	4	5	8	2	3
9	5	3	6	8	2	4	1	7
1	4	6	8	7	3	2	5	9
2	3	7	5	9	6	1	4	8
8	9	5	4	2	1	7	3	6
6	7	2	1	5	9	3	8	4
5	1	4	7	3	8	9	6	2
3	8	9	2	6	4	5	7	1

Solution # 997

3	5	6	8	9	7	2	1	4
8	4	9	3	1	2	5	6	7
1	2	7	5	6	4	3	9	8
5	8	3	1	7	6	9	4	2
9	6	2	4	5	8	1	7	3
4	7	1	2	3	9	8	5	6
2	9	8	6	4	5	7	3	1
7	1	4	9	2	3	6	8	5
6	3	5	7	8	1	4	2	9

Solution # 998

8	1	3	2	4	5	7	6	9
6	5	4	9	7	8	1	2	3
7	2	9	6	1	3	8	4	5
5	9	7	1	6	4	3	8	2
4	8	2	7	3	9	5	1	6
1	3	6	8	5	2	9	7	4
3	4	8	5	2	1	6	9	7
2	7	1	3	9	6	4	5	8
9	6	5	4	8	7	2	3	1

Solution # 999

4	6	7	9	5	1	3	2	8
1	5	3	8	2	4	6	7	9
9	2	8	6	7	3	4	1	5
3	4	5	1	6	8	7	9	2
8	7	1	2	3	9	5	4	6
6	9	2	7	4	5	8	3	1
7	1	6	3	8	2	9	5	4
5	8	9	4	1	7	2	6	3
2	3	4	5	9	6	1	8	7

Solution # 1000

7	4	9	5	6	2	1	8	3
8	3	5	9	7	1	6	4	2
6	1	2	4	8	3	5	9	7
3	9	8	6	1	5	2	7	4
5	6	7	2	3	4	8	1	9
4	2	1	8	9	7	3	6	5
1	7	4	3	2	6	9	5	8
9	5	3	1	4	8	7	2	6
2	8	6	7	5	9	4	3	1

Solution # 1001

3	1	8	5	7	2	9	4	6
4	9	2	3	1	6	8	7	5
6	7	5	8	4	9	1	2	3
9	5	3	2	8	1	4	6	7
7	8	4	6	3	5	2	1	9
1	2	6	4	9	7	5	3	8
8	4	9	1	6	3	7	5	2
2	6	7	9	5	4	3	8	1
5	3	1	7	2	8	6	9	4

Solution # 1002

6	8	9	3	4	2	7	5	1
5	4	3	1	7	9	6	8	2
2	1	7	8	5	6	4	9	3
4	3	8	7	6	5	1	2	9
1	6	2	4	9	8	5	3	7
9	7	5	2	1	3	8	4	6
8	9	6	5	2	7	3	1	4
3	2	1	6	8	4	9	7	5
7	5	4	9	3	1	2	6	8

Solution # 1003

3	8	1	6	9	4	5	2	7
6	7	5	8	2	1	3	4	9
2	9	4	3	5	7	6	8	1
4	2	6	9	7	8	1	3	5
5	1	7	2	4	3	8	9	6
8	3	9	1	6	5	4	7	2
1	6	3	7	8	9	2	5	4
7	4	8	5	1	2	9	6	3
9	5	2	4	3	6	7	1	8

Solution # 1004

2	1	8	6	5	9	4	7	3
7	3	6	2	1	4	9	5	8
4	5	9	7	3	8	1	2	6
6	4	5	1	9	3	7	8	2
9	8	7	4	6	2	3	1	5
3	2	1	8	7	5	6	4	9
1	9	3	5	8	7	2	6	4
8	6	4	3	2	1	5	9	7
5	7	2	9	4	6	8	3	1

Solution # 1005

4	5	7	1	6	9	3	8	2
9	1	3	7	8	2	6	4	5
2	8	6	3	5	4	7	9	1
7	6	4	2	1	8	5	3	9
3	9	1	6	4	5	8	2	7
5	2	8	9	7	3	1	6	4
1	7	9	8	2	6	4	5	3
6	3	5	4	9	7	2	1	8
8	4	2	5	3	1	9	7	6

Solution # 1006

3	1	7	4	5	8	6	2	9
8	4	2	9	6	1	3	5	7
9	5	6	7	2	3	1	4	8
6	3	1	2	8	4	7	9	5
7	9	8	6	1	5	2	3	4
4	2	5	3	7	9	8	6	1
5	8	3	1	4	2	9	7	6
1	6	9	5	3	7	4	8	2
2	7	4	8	9	6	5	1	3

Solution # 1007

9	8	2	5	6	7	3	4	1
4	7	6	3	8	1	2	9	5
1	3	5	2	9	4	7	6	8
7	5	9	8	4	3	6	1	2
6	1	8	9	7	2	5	3	4
2	4	3	1	5	6	8	7	9
8	2	7	6	1	9	4	5	3
5	6	1	4	3	8	9	2	7
3	9	4	7	2	5	1	8	6

Solution # 1008

8	7	2	3	9	1	6	5	4
6	4	5	8	7	2	1	3	9
3	1	9	6	4	5	2	7	8
2	3	7	4	1	8	5	9	6
4	8	6	9	5	7	3	2	1
5	9	1	2	3	6	4	8	7
1	6	8	5	2	9	7	4	3
7	5	4	1	8	3	9	6	2
9	2	3	7	6	4	8	1	5

Solution # 1009

9	7	4	2	3	1	6	8	5
3	2	8	5	6	4	7	9	1
6	1	5	9	8	7	4	3	2
2	4	1	8	9	6	5	7	3
5	6	9	7	4	3	1	2	8
8	3	7	1	2	5	9	6	4
7	8	3	4	1	9	2	5	6
4	5	2	6	7	8	3	1	9
1	9	6	3	5	2	8	4	7

Solution # 1010

3	5	1	6	4	8	2	9	7
7	4	2	1	9	5	8	6	3
9	6	8	2	7	3	4	5	1
1	2	4	8	6	7	9	3	5
6	3	9	5	1	4	7	8	2
5	8	7	3	2	9	1	4	6
4	9	6	7	5	1	3	2	8
8	7	5	4	3	2	6	1	9
2	1	3	9	8	6	5	7	4

Solution # 1011

1	9	4	5	3	6	2	8	7
6	2	3	8	7	1	4	5	9
8	7	5	9	4	2	1	6	3
3	6	8	2	1	7	5	9	4
9	4	1	6	5	8	7	3	2
2	5	7	3	9	4	8	1	6
7	8	6	1	2	9	3	4	5
4	3	9	7	8	5	6	2	1
5	1	2	4	6	3	9	7	8

Solution # 1012

7	4	1	3	8	9	5	6	2
3	2	6	7	4	5	8	9	1
5	9	8	6	1	2	7	3	4
1	6	2	5	9	4	3	8	7
4	5	7	8	2	3	6	1	9
9	8	3	1	6	7	4	2	5
6	1	9	4	7	8	2	5	3
8	3	4	2	5	1	9	7	6
2	7	5	9	3	6	1	4	8

Solution # 1013

8	3	2	9	4	6	7	1	5
1	4	7	5	3	2	8	9	6
5	9	6	8	1	7	3	2	4
4	1	3	6	9	5	2	8	7
9	2	5	3	7	8	4	6	1
6	7	8	4	2	1	9	5	3
2	6	1	7	8	3	5	4	9
3	8	9	1	5	4	6	7	2
7	5	4	2	6	9	1	3	8

Solution # 1014

8	7	9	1	2	3	4	6	5
3	5	1	7	4	6	9	8	2
2	6	4	5	8	9	7	1	3
9	4	6	3	1	2	8	5	7
7	2	8	6	5	4	1	3	9
5	1	3	9	7	8	6	2	4
1	3	7	4	6	5	2	9	8
4	8	5	2	9	1	3	7	6
6	9	2	8	3	7	5	4	1

Solution # 1015

7	6	1	5	3	4	8	9	2
2	3	5	8	7	9	4	6	1
9	4	8	6	1	2	3	5	7
3	8	6	9	5	7	1	2	4
1	7	2	3	4	6	9	8	5
4	5	9	2	8	1	7	3	6
5	9	4	1	2	3	6	7	8
8	1	3	7	6	5	2	4	9
6	2	7	4	9	8	5	1	3

Solution # 1016

2	3	4	8	1	5	6	7	9
5	8	7	2	9	6	1	3	4
6	1	9	3	7	4	8	5	2
9	6	8	7	5	2	3	4	1
4	2	1	6	8	3	7	9	5
7	5	3	1	4	9	2	6	8
3	9	6	4	2	8	5	1	7
8	7	5	9	3	1	4	2	6
1	4	2	5	6	7	9	8	3

Solution # 1017

1	2	4	7	8	5	9	3	6
9	8	6	4	3	2	7	1	5
5	7	3	1	9	6	4	2	8
7	4	8	2	6	3	1	5	9
3	6	1	5	7	9	2	8	4
2	5	9	8	1	4	6	7	3
6	3	7	9	2	8	5	4	1
4	9	2	3	5	1	8	6	7
8	1	5	6	4	7	3	9	2

Solution # 1018

9	1	3	7	4	2	6	5	8
6	2	5	8	1	3	4	9	7
4	8	7	5	6	9	1	3	2
2	5	4	6	9	1	8	7	3
8	6	1	2	3	7	9	4	5
7	3	9	4	5	8	2	6	1
5	9	8	1	7	6	3	2	4
1	4	6	3	2	5	7	8	9
3	7	2	9	8	4	5	1	6

Solution # 1019

4	3	6	2	1	5	8	7	9
2	9	5	8	6	7	4	1	3
7	8	1	3	4	9	6	5	2
9	5	8	7	3	6	1	2	4
3	6	2	1	8	4	7	9	5
1	7	4	9	5	2	3	6	8
8	2	9	6	7	3	5	4	1
6	4	3	5	9	1	2	8	7
5	1	7	4	2	8	9	3	6

Solution # 1020

1	6	4	8	5	9	2	7	3
7	5	3	6	2	4	1	8	9
9	8	2	1	3	7	4	6	5
4	1	9	7	6	2	3	5	8
3	7	8	5	4	1	6	9	2
6	2	5	3	9	8	7	1	4
8	9	7	4	1	3	5	2	6
5	4	1	2	8	6	9	3	7
2	3	6	9	7	5	8	4	1

Solution # 1021

7	6	8	1	9	5	4	2	3
9	2	1	7	4	3	5	8	6
3	4	5	6	2	8	9	1	7
6	9	3	2	8	7	1	5	4
5	1	2	4	3	6	8	7	9
8	7	4	5	1	9	6	3	2
1	8	7	9	6	2	3	4	5
4	5	6	3	7	1	2	9	8
2	3	9	8	5	4	7	6	1

Solution # 1022

4	5	7	3	6	2	1	8	9
2	1	6	8	9	5	3	7	4
9	8	3	7	1	4	5	6	2
8	9	5	2	3	7	6	4	1
1	3	4	5	8	6	9	2	7
7	6	2	9	4	1	8	5	3
5	2	8	1	7	9	4	3	6
6	7	9	4	5	3	2	1	8
3	4	1	6	2	8	7	9	5

Solution # 1023

5	7	4	3	1	9	8	6	2
1	3	6	4	8	2	9	7	5
8	9	2	5	6	7	4	1	3
9	4	5	8	3	1	6	2	7
3	8	7	2	4	6	5	9	1
6	2	1	9	7	5	3	4	8
7	1	8	6	5	4	2	3	9
2	6	3	1	9	8	7	5	4
4	5	9	7	2	3	1	8	6

Solution # 1024

4	8	1	5	3	7	9	6	2
7	3	9	8	2	6	5	4	1
2	5	6	9	1	4	8	3	7
3	6	5	7	9	2	4	1	8
1	9	2	4	8	3	6	7	5
8	7	4	1	6	5	3	2	9
5	1	7	6	4	8	2	9	3
6	2	8	3	7	9	1	5	4
9	4	3	2	5	1	7	8	6

Solution # 1025

9	3	6	1	7	4	5	8	2
7	1	2	8	3	5	6	9	4
8	4	5	2	6	9	1	7	3
2	8	4	9	5	1	7	3	6
1	6	9	7	2	3	8	4	5
3	5	7	6	4	8	9	2	1
5	7	3	4	9	6	2	1	8
4	2	8	5	1	7	3	6	9
6	9	1	3	8	2	4	5	7

Solution # 1026

1	7	6	5	3	9	4	2	8
8	5	9	1	4	2	6	3	7
4	3	2	8	6	7	1	9	5
5	6	3	4	7	8	9	1	2
7	4	1	2	9	6	8	5	3
9	2	8	3	5	1	7	6	4
6	8	7	9	2	3	5	4	1
2	1	4	6	8	5	3	7	9
3	9	5	7	1	4	2	8	6

Solution # 1027

4	9	7	8	3	5	6	2	1
8	3	6	2	1	9	7	5	4
2	5	1	6	4	7	8	9	3
5	6	9	7	8	1	4	3	2
1	7	4	9	2	3	5	6	8
3	8	2	5	6	4	9	1	7
6	4	8	1	5	2	3	7	9
9	1	3	4	7	6	2	8	5
7	2	5	3	9	8	1	4	6

Solution # 1028

2	7	1	6	5	8	9	3	4
6	9	3	2	4	1	8	7	5
4	5	8	3	9	7	6	2	1
8	4	2	1	3	6	7	5	9
1	6	5	4	7	9	2	8	3
7	3	9	5	8	2	1	4	6
3	1	7	9	2	5	4	6	8
5	2	6	8	1	4	3	9	7
9	8	4	7	6	3	5	1	2

Solution # 1029

9	8	4	6	7	1	2	3	5
7	3	6	5	9	2	4	1	8
1	5	2	3	8	4	9	6	7
3	4	5	7	6	8	1	9	2
8	1	9	4	2	5	3	7	6
6	2	7	1	3	9	5	8	4
4	7	1	9	5	6	8	2	3
5	6	8	2	1	3	7	4	9
2	9	3	8	4	7	6	5	1

Solution # 1030

3	8	1	7	5	4	9	6	2
5	7	4	2	6	9	8	1	3
9	2	6	3	8	1	7	5	4
2	1	8	9	4	6	5	3	7
6	4	5	8	3	7	1	2	9
7	9	3	5	1	2	6	4	8
1	3	9	4	7	5	2	8	6
4	6	2	1	9	8	3	7	5
8	5	7	6	2	3	4	9	1

Solution # 1031

8	9	5	6	4	3	7	2	1
7	6	2	1	9	5	3	8	4
4	1	3	8	7	2	6	5	9
1	8	6	9	3	7	2	4	5
3	5	9	2	1	4	8	6	7
2	4	7	5	6	8	9	1	3
5	7	1	3	2	6	4	9	8
6	3	8	4	5	9	1	7	2
9	2	4	7	8	1	5	3	6

Solution # 1032

5	2	4	8	6	9	1	7	3
9	1	8	5	3	7	4	2	6
6	7	3	1	4	2	8	9	5
8	5	1	4	7	6	2	3	9
3	9	6	2	1	8	5	4	7
2	4	7	9	5	3	6	1	8
4	8	2	7	9	5	3	6	1
1	6	9	3	8	4	7	5	2
7	3	5	6	2	1	9	8	4

Solution # 1033

5	6	1	4	3	7	2	9	8
7	3	2	9	8	5	6	1	4
4	8	9	1	6	2	3	7	5
1	4	6	2	5	3	9	8	7
2	5	3	7	9	8	4	6	1
8	9	7	6	4	1	5	3	2
3	2	5	8	1	9	7	4	6
9	1	4	5	7	6	8	2	3
6	7	8	3	2	4	1	5	9

Solution # 1034

1	7	6	2	3	9	8	4	5
8	4	5	1	6	7	3	9	2
9	3	2	4	8	5	7	6	1
3	8	1	9	2	4	5	7	6
6	9	7	8	5	1	4	2	3
5	2	4	3	7	6	1	8	9
2	1	3	7	9	8	6	5	4
7	6	9	5	4	3	2	1	8
4	5	8	6	1	2	9	3	7

Solution # 1035

7	6	2	9	3	5	1	8	4
5	9	8	2	4	1	3	7	6
4	1	3	7	8	6	9	2	5
6	7	1	3	9	4	8	5	2
2	3	4	5	1	8	6	9	7
8	5	9	6	7	2	4	1	3
1	8	5	4	6	7	2	3	9
3	4	7	1	2	9	5	6	8
9	2	6	8	5	3	7	4	1

Solution # 1036

9	7	3	5	8	4	2	1	6
8	5	2	9	1	6	3	7	4
6	4	1	2	7	3	8	9	5
4	2	8	3	6	9	1	5	7
3	1	6	7	5	2	4	8	9
7	9	5	8	4	1	6	3	2
5	3	4	1	2	7	9	6	8
1	6	7	4	9	8	5	2	3
2	8	9	6	3	5	7	4	1

Solution # 1037

7	3	8	1	6	2	4	5	9
6	5	2	8	9	4	3	7	1
1	4	9	3	7	5	8	2	6
5	1	7	2	3	8	9	6	4
9	8	4	6	5	7	1	3	2
3	2	6	4	1	9	5	8	7
2	6	3	9	8	1	7	4	5
4	7	1	5	2	3	6	9	8
8	9	5	7	4	6	2	1	3

Solution # 1038

4	7	3	1	2	8	6	9	5
2	6	1	3	5	9	7	4	8
9	8	5	4	6	7	2	1	3
6	2	4	9	3	5	8	7	1
1	9	8	7	4	6	5	3	2
3	5	7	8	1	2	9	6	4
5	4	9	2	7	1	3	8	6
8	3	6	5	9	4	1	2	7
7	1	2	6	8	3	4	5	9

Solution # 1039

8	7	4	9	5	2	1	6	3
1	2	9	3	6	4	5	7	8
6	5	3	8	7	1	9	4	2
2	8	5	1	9	6	4	3	7
9	3	7	4	8	5	2	1	6
4	6	1	2	3	7	8	5	9
7	4	6	5	2	9	3	8	1
5	9	8	6	1	3	7	2	4
3	1	2	7	4	8	6	9	5

Solution # 1040

4	5	2	9	3	6	1	8	7
6	8	1	4	2	7	9	5	3
9	3	7	5	1	8	2	6	4
7	1	5	3	6	2	4	9	8
3	2	6	8	9	4	7	1	5
8	4	9	1	7	5	3	2	6
2	6	3	7	5	1	8	4	9
1	9	4	6	8	3	5	7	2
5	7	8	2	4	9	6	3	1

Solution # 1041

3	4	1	5	6	2	9	7	8
9	7	2	4	1	8	5	3	6
6	8	5	7	9	3	1	2	4
2	1	9	6	7	5	8	4	3
5	6	7	8	3	4	2	9	1
8	3	4	9	2	1	6	5	7
7	5	8	2	4	6	3	1	9
4	2	3	1	8	9	7	6	5
1	9	6	3	5	7	4	8	2

Solution # 1042

8	9	1	7	5	2	4	6	3
5	6	2	8	4	3	9	1	7
3	7	4	9	6	1	5	8	2
9	2	5	4	1	7	6	3	8
6	4	8	2	3	9	7	5	1
1	3	7	6	8	5	2	4	9
7	5	6	3	9	8	1	2	4
4	8	9	1	2	6	3	7	5
2	1	3	5	7	4	8	9	6

Solution # 1043

1	3	9	7	2	4	8	6	5
6	4	5	9	1	8	3	2	7
7	8	2	6	5	3	1	9	4
8	2	1	4	7	9	6	5	3
9	5	6	1	3	2	7	4	8
4	7	3	8	6	5	9	1	2
5	6	4	3	9	7	2	8	1
3	9	8	2	4	1	5	7	6
2	1	7	5	8	6	4	3	9

Solution # 1044

8	5	2	3	4	7	9	6	1
7	9	3	1	6	5	8	2	4
4	6	1	8	2	9	7	5	3
3	4	6	9	7	8	5	1	2
5	7	9	4	1	2	6	3	8
1	2	8	5	3	6	4	7	9
6	1	5	2	8	4	3	9	7
9	3	4	7	5	1	2	8	6
2	8	7	6	9	3	1	4	5

Solution # 1045

4	8	3	5	1	7	2	6	9
7	6	2	4	8	9	5	1	3
9	5	1	6	2	3	8	4	7
6	1	5	7	9	2	4	3	8
8	3	7	1	5	4	6	9	2
2	4	9	8	3	6	1	7	5
5	7	8	3	6	1	9	2	4
1	2	4	9	7	8	3	5	6
3	9	6	2	4	5	7	8	1

Solution # 1046

6	8	1	5	9	4	2	7	3
5	3	7	2	6	8	9	1	4
9	2	4	1	3	7	5	8	6
7	4	8	3	5	9	1	6	2
3	5	6	4	1	2	8	9	7
1	9	2	8	7	6	4	3	5
2	6	3	9	4	1	7	5	8
4	1	5	7	8	3	6	2	9
8	7	9	6	2	5	3	4	1

Solution # 1047

1	6	3	7	5	2	9	4	8
8	2	9	3	4	1	7	6	5
7	4	5	6	9	8	1	2	3
5	1	7	4	2	6	8	3	9
4	3	6	8	1	9	2	5	7
2	9	8	5	3	7	4	1	6
9	7	4	1	6	5	3	8	2
3	5	2	9	8	4	6	7	1
6	8	1	2	7	3	5	9	4

Solution # 1048

7	1	2	9	3	5	6	4	8
3	8	5	4	6	2	7	1	9
6	9	4	7	8	1	3	5	2
4	7	9	6	2	3	5	8	1
8	6	1	5	7	9	2	3	4
2	5	3	1	4	8	9	6	7
9	4	7	8	5	6	1	2	3
1	2	6	3	9	4	8	7	5
5	3	8	2	1	7	4	9	6

Solution # 1049

1	3	9	7	2	6	8	5	4
8	7	4	1	5	3	6	2	9
6	5	2	4	8	9	7	1	3
7	9	8	6	3	2	1	4	5
4	2	3	8	1	5	9	6	7
5	1	6	9	4	7	3	8	2
9	4	5	3	6	1	2	7	8
3	8	1	2	7	4	5	9	6
2	6	7	5	9	8	4	3	1

Solution # 1050

1	6	7	8	3	5	4	2	9
8	3	4	1	9	2	5	7	6
2	5	9	4	6	7	8	1	3
5	1	2	6	4	8	9	3	7
7	9	8	2	5	3	1	6	4
3	4	6	7	1	9	2	8	5
4	7	5	3	2	1	6	9	8
9	2	3	5	8	6	7	4	1
6	8	1	9	7	4	3	5	2

Solution # 1051

2	9	6	4	7	1	8	3	5
4	8	3	9	2	5	1	6	7
7	5	1	6	8	3	9	4	2
1	7	5	3	4	2	6	8	9
8	6	2	7	1	9	4	5	3
3	4	9	8	5	6	2	7	1
9	3	8	1	6	7	5	2	4
5	1	4	2	3	8	7	9	6
6	2	7	5	9	4	3	1	8

Solution # 1052

4	7	3	2	9	6	1	8	5
8	1	9	7	4	5	2	3	6
6	2	5	8	1	3	7	9	4
2	8	1	4	6	9	3	5	7
5	9	4	3	7	2	8	6	1
3	6	7	5	8	1	9	4	2
1	5	6	9	3	7	4	2	8
9	4	2	1	5	8	6	7	3
7	3	8	6	2	4	5	1	9

Solution # 1053

3	6	9	7	5	4	1	8	2
1	5	8	3	9	2	6	7	4
7	2	4	6	1	8	9	3	5
9	7	2	1	4	3	8	5	6
4	1	3	5	8	6	2	9	7
6	8	5	9	2	7	3	4	1
8	4	6	2	7	9	5	1	3
5	3	7	8	6	1	4	2	9
2	9	1	4	3	5	7	6	8

Solution # 1054

3	2	8	9	7	5	4	1	6
4	7	6	2	1	8	5	3	9
1	9	5	4	3	6	7	2	8
2	6	1	3	5	7	8	9	4
8	5	9	1	2	4	3	6	7
7	4	3	8	6	9	2	5	1
5	1	4	6	8	2	9	7	3
9	3	7	5	4	1	6	8	2
6	8	2	7	9	3	1	4	5

Solution # 1055

9	6	7	1	2	8	3	5	4
2	5	1	3	9	4	7	8	6
8	3	4	6	5	7	1	9	2
6	7	3	2	1	9	5	4	8
4	1	2	8	6	5	9	3	7
5	8	9	4	7	3	6	2	1
1	9	6	5	8	2	4	7	3
3	2	5	7	4	6	8	1	9
7	4	8	9	3	1	2	6	5

Solution # 1056

8	4	7	3	2	1	6	5	9
6	3	9	4	8	5	1	7	2
5	1	2	7	6	9	4	8	3
2	6	1	9	7	8	5	3	4
9	5	8	1	4	3	7	2	6
4	7	3	2	5	6	9	1	8
3	2	6	5	1	4	8	9	7
1	9	4	8	3	7	2	6	5
7	8	5	6	9	2	3	4	1

Solution # 1057

3	5	6	9	7	4	8	2	1
2	9	4	5	1	8	3	6	7
7	1	8	3	2	6	5	9	4
8	2	3	1	4	5	9	7	6
1	4	5	6	9	7	2	8	3
9	6	7	8	3	2	1	4	5
6	3	2	7	5	9	4	1	8
4	7	1	2	8	3	6	5	9
5	8	9	4	6	1	7	3	2

Solution # 1058

8	9	7	5	1	4	3	2	6
3	2	1	8	7	6	5	9	4
6	5	4	3	2	9	7	1	8
5	7	8	9	4	1	2	6	3
9	6	3	7	8	2	4	5	1
1	4	2	6	5	3	8	7	9
2	8	9	1	3	7	6	4	5
7	1	5	4	6	8	9	3	2
4	3	6	2	9	5	1	8	7

Solution # 1059

8	1	7	3	2	5	4	6	9
5	4	6	9	1	7	8	3	2
9	3	2	4	8	6	1	5	7
7	8	3	6	4	2	9	1	5
4	2	9	5	3	1	7	8	6
1	6	5	7	9	8	2	4	3
6	5	8	1	7	9	3	2	4
3	7	1	2	5	4	6	9	8
2	9	4	8	6	3	5	7	1

Solution # 1060

3	5	6	8	9	4	2	1	7
1	9	4	2	3	7	6	5	8
8	2	7	1	5	6	4	9	3
2	1	8	3	6	9	7	4	5
7	6	9	4	8	5	3	2	1
4	3	5	7	1	2	8	6	9
9	7	2	5	4	3	1	8	6
5	8	3	6	2	1	9	7	4
6	4	1	9	7	8	5	3	2

Solution # 1061

3	6	7	9	5	8	4	1	2
4	1	8	3	6	2	9	5	7
5	2	9	4	1	7	8	3	6
7	4	1	2	9	5	3	6	8
6	8	5	1	7	3	2	4	9
9	3	2	6	8	4	5	7	1
1	9	4	5	2	6	7	8	3
8	5	6	7	3	9	1	2	4
2	7	3	8	4	1	6	9	5

Solution # 1062

8	9	3	1	4	2	5	7	6
2	5	4	7	9	6	8	1	3
1	7	6	3	8	5	2	4	9
5	8	2	9	1	3	4	6	7
4	1	7	6	5	8	9	3	2
6	3	9	2	7	4	1	8	5
3	6	5	4	2	1	7	9	8
9	4	8	5	6	7	3	2	1
7	2	1	8	3	9	6	5	4

Solution # 1063

7	8	6	1	2	9	5	4	3
4	5	3	8	6	7	9	2	1
1	2	9	3	5	4	6	7	8
8	1	7	5	9	2	3	6	4
3	9	4	6	7	8	1	5	2
2	6	5	4	1	3	8	9	7
5	7	2	9	8	1	4	3	6
6	3	8	2	4	5	7	1	9
9	4	1	7	3	6	2	8	5

Solution # 1064

7	8	3	5	2	9	4	1	6
1	4	5	7	6	8	2	9	3
2	6	9	3	4	1	8	7	5
5	7	4	2	9	3	6	8	1
8	1	2	6	7	4	5	3	9
3	9	6	1	8	5	7	2	4
9	5	8	4	3	2	1	6	7
4	2	7	9	1	6	3	5	8
6	3	1	8	5	7	9	4	2

Solution # 1065

6	9	3	8	4	5	7	1	2
8	4	1	9	2	7	6	5	3
5	2	7	6	1	3	4	9	8
4	7	8	5	3	9	2	6	1
9	5	6	1	8	2	3	4	7
1	3	2	4	7	6	9	8	5
2	8	5	3	9	4	1	7	6
7	1	4	2	6	8	5	3	9
3	6	9	7	5	1	8	2	4

Solution # 1066

6	3	4	2	7	1	9	8	5
9	7	1	6	8	5	2	4	3
8	2	5	9	3	4	1	7	6
1	9	6	4	2	3	8	5	7
7	8	2	5	6	9	3	1	4
5	4	3	8	1	7	6	2	9
2	5	8	3	4	6	7	9	1
3	1	9	7	5	2	4	6	8
4	6	7	1	9	8	5	3	2

Solution # 1067

4	7	5	3	6	2	1	8	9
9	2	1	4	8	5	3	7	6
8	3	6	1	9	7	4	5	2
5	4	7	8	2	1	6	9	3
1	8	9	6	5	3	2	4	7
3	6	2	7	4	9	5	1	8
7	5	3	2	1	8	9	6	4
2	9	4	5	7	6	8	3	1
6	1	8	9	3	4	7	2	5

Solution # 1068

6	9	3	4	2	5	8	1	7
5	8	2	1	7	9	6	3	4
4	7	1	8	6	3	2	5	9
3	4	5	7	8	6	9	2	1
8	1	9	5	4	2	7	6	3
2	6	7	3	9	1	4	8	5
9	3	4	6	1	8	5	7	2
7	5	6	2	3	4	1	9	8
1	2	8	9	5	7	3	4	6

Solution # 1069

1	7	9	5	8	4	2	6	3
6	5	8	1	2	3	9	4	7
2	3	4	9	7	6	5	8	1
9	4	1	7	6	2	8	3	5
7	8	3	4	1	5	6	9	2
5	2	6	8	3	9	1	7	4
8	9	5	3	4	1	7	2	6
3	1	2	6	9	7	4	5	8
4	6	7	2	5	8	3	1	9

Solution # 1070

5	9	4	6	7	1	2	8	3
7	6	1	3	8	2	5	9	4
2	8	3	5	9	4	1	6	7
8	3	6	2	1	9	4	7	5
9	1	5	7	4	3	8	2	6
4	7	2	8	6	5	3	1	9
3	4	8	9	2	6	7	5	1
1	2	9	4	5	7	6	3	8
6	5	7	1	3	8	9	4	2

Solution # 1071

4	6	2	7	8	3	5	1	9
8	1	7	4	9	5	6	3	2
5	3	9	2	6	1	8	7	4
1	4	8	6	5	7	2	9	3
7	9	3	8	4	2	1	6	5
6	2	5	3	1	9	4	8	7
3	7	4	1	2	6	9	5	8
2	5	1	9	7	8	3	4	6
9	8	6	5	3	4	7	2	1

Solution # 1072

5	1	9	4	8	3	7	6	2
7	6	4	1	5	2	8	9	3
3	2	8	6	9	7	5	1	4
2	7	5	8	6	4	1	3	9
8	4	1	5	3	9	6	2	7
9	3	6	7	2	1	4	5	8
1	8	2	3	4	5	9	7	6
4	9	7	2	1	6	3	8	5
6	5	3	9	7	8	2	4	1

Solution # 1073

1	6	4	2	9	8	3	7	5
9	2	7	3	5	1	8	4	6
5	8	3	6	7	4	9	2	1
3	7	2	4	1	9	6	5	8
8	9	6	7	2	5	1	3	4
4	1	5	8	6	3	2	9	7
7	5	8	1	3	2	4	6	9
2	4	9	5	8	6	7	1	3
6	3	1	9	4	7	5	8	2

Solution # 1074

5	4	2	1	7	6	9	8	3
6	1	3	8	9	4	2	5	7
8	9	7	3	5	2	4	1	6
2	8	1	4	6	5	7	3	9
7	3	6	2	8	9	1	4	5
9	5	4	7	3	1	6	2	8
3	2	8	6	1	7	5	9	4
4	6	5	9	2	3	8	7	1
1	7	9	5	4	8	3	6	2

Solution # 1075

6	1	3	5	4	9	8	7	2
9	7	8	2	3	1	6	4	5
5	2	4	8	7	6	3	9	1
8	9	1	4	6	3	5	2	7
4	5	6	7	1	2	9	8	3
2	3	7	9	8	5	1	6	4
7	8	5	1	9	4	2	3	6
3	4	2	6	5	8	7	1	9
1	6	9	3	2	7	4	5	8

Solution # 1076

9	5	3	7	1	4	2	8	6
2	1	4	8	6	3	5	7	9
6	7	8	5	9	2	3	4	1
3	6	7	9	2	5	4	1	8
5	4	9	1	3	8	6	2	7
1	8	2	6	4	7	9	3	5
4	9	1	2	7	6	8	5	3
8	3	6	4	5	1	7	9	2
7	2	5	3	8	9	1	6	4

Solution # 1077

5	8	3	4	1	9	7	2	6
4	9	7	2	6	5	8	3	1
1	6	2	8	7	3	9	5	4
6	1	9	5	2	7	4	8	3
7	2	4	1	3	8	6	9	5
3	5	8	6	9	4	2	1	7
2	4	1	3	8	6	5	7	9
9	3	5	7	4	2	1	6	8
8	7	6	9	5	1	3	4	2

Solution # 1078

8	1	7	5	4	9	2	3	6
6	4	2	8	7	3	5	1	9
3	5	9	1	6	2	7	8	4
9	3	6	7	2	4	1	5	8
5	2	4	6	8	1	3	9	7
1	7	8	3	9	5	6	4	2
4	9	1	2	3	6	8	7	5
7	6	3	9	5	8	4	2	1
2	8	5	4	1	7	9	6	3

Solution # 1079

9	3	1	2	6	4	5	7	8
8	4	5	9	7	3	2	6	1
6	2	7	5	8	1	4	3	9
2	9	3	4	5	6	8	1	7
1	7	6	3	2	8	9	4	5
5	8	4	1	9	7	6	2	3
7	5	9	6	3	2	1	8	4
3	1	2	8	4	5	7	9	6
4	6	8	7	1	9	3	5	2

Solution # 1080

1	5	8	3	7	9	6	2	4
3	2	7	6	4	5	9	8	1
4	9	6	8	1	2	5	3	7
8	6	2	7	5	1	3	4	9
5	3	1	4	9	6	2	7	8
7	4	9	2	8	3	1	5	6
2	7	5	1	6	4	8	9	3
9	1	4	5	3	8	7	6	2
6	8	3	9	2	7	4	1	5

Solution # 1081

6	5	7	3	9	1	8	2	4
4	2	9	8	7	6	1	5	3
3	8	1	4	2	5	7	6	9
5	7	4	6	1	8	9	3	2
2	9	8	7	4	3	5	1	6
1	3	6	9	5	2	4	8	7
9	1	5	2	3	4	6	7	8
7	6	3	5	8	9	2	4	1
8	4	2	1	6	7	3	9	5

Solution # 1082

3	7	2	4	5	6	8	9	1
8	6	4	9	1	7	2	3	5
9	1	5	2	8	3	7	4	6
1	2	7	6	3	9	4	5	8
4	5	9	1	2	8	6	7	3
6	8	3	5	7	4	9	1	2
5	4	6	3	9	2	1	8	7
7	9	1	8	6	5	3	2	4
2	3	8	7	4	1	5	6	9

Solution # 1083

2	9	5	6	8	3	1	4	7
7	3	4	9	1	5	8	6	2
8	6	1	4	2	7	9	5	3
9	2	6	8	3	4	7	1	5
4	1	7	2	5	9	3	8	6
5	8	3	1	7	6	2	9	4
3	5	8	7	4	1	6	2	9
6	4	2	3	9	8	5	7	1
1	7	9	5	6	2	4	3	8

Solution # 1084

1	9	6	3	5	7	2	4	8
2	4	7	8	1	6	9	5	3
3	8	5	2	9	4	7	1	6
8	5	4	6	2	3	1	7	9
6	7	1	5	4	9	8	3	2
9	3	2	7	8	1	4	6	5
5	6	9	1	7	8	3	2	4
4	1	3	9	6	2	5	8	7
7	2	8	4	3	5	6	9	1

Solution # 1085

2	9	1	4	6	7	3	5	8
4	8	3	9	5	1	6	2	7
7	6	5	3	8	2	9	4	1
8	7	6	5	2	3	4	1	9
5	2	9	6	1	4	7	8	3
3	1	4	8	7	9	2	6	5
9	5	2	1	3	6	8	7	4
1	4	7	2	9	8	5	3	6
6	3	8	7	4	5	1	9	2

Solution # 1086

9	5	1	4	7	8	2	6	3
8	3	7	2	6	1	4	5	9
2	4	6	9	5	3	8	1	7
7	2	9	8	1	4	5	3	6
4	1	5	6	3	9	7	8	2
6	8	3	7	2	5	9	4	1
3	6	8	5	9	2	1	7	4
1	9	4	3	8	7	6	2	5
5	7	2	1	4	6	3	9	8

Solution # 1087

5	1	4	8	7	3	9	6	2
7	9	6	1	5	2	8	4	3
3	2	8	9	4	6	1	7	5
9	8	3	6	2	7	5	1	4
6	5	1	3	9	4	2	8	7
2	4	7	5	1	8	3	9	6
8	6	2	4	3	9	7	5	1
4	7	5	2	8	1	6	3	9
1	3	9	7	6	5	4	2	8

Solution # 1088

3	8	4	5	6	2	7	9	1
7	6	5	8	1	9	2	4	3
9	1	2	4	3	7	6	5	8
2	9	6	3	4	8	1	7	5
5	4	3	6	7	1	8	2	9
8	7	1	2	9	5	3	6	4
6	5	8	1	2	4	9	3	7
4	2	9	7	8	3	5	1	6
1	3	7	9	5	6	4	8	2

Solution # 1089

8	5	7	1	2	6	3	9	4
6	3	4	7	9	5	8	2	1
9	1	2	8	3	4	5	6	7
5	7	9	6	4	3	1	8	2
2	6	8	5	7	1	4	3	9
3	4	1	2	8	9	6	7	5
4	8	3	9	5	2	7	1	6
1	9	5	3	6	7	2	4	8
7	2	6	4	1	8	9	5	3

Solution # 1090

3	8	7	2	1	9	6	5	4
1	6	2	8	4	5	7	3	9
4	5	9	3	7	6	2	1	8
9	2	3	1	5	8	4	7	6
7	4	5	6	3	2	8	9	1
8	1	6	7	9	4	5	2	3
5	9	1	4	8	7	3	6	2
2	3	8	5	6	1	9	4	7
6	7	4	9	2	3	1	8	5

Solution # 1091

7	5	6	8	4	3	2	9	1
8	9	2	6	7	1	3	4	5
3	1	4	2	5	9	6	8	7
6	2	7	5	3	4	9	1	8
1	4	5	9	8	2	7	3	6
9	8	3	1	6	7	5	2	4
4	3	8	7	2	5	1	6	9
5	6	9	3	1	8	4	7	2
2	7	1	4	9	6	8	5	3

Solution # 1092

3	5	4	9	8	6	2	1	7
7	8	1	5	2	3	9	6	4
2	6	9	7	1	4	3	5	8
5	9	3	4	7	2	1	8	6
6	1	7	8	5	9	4	2	3
4	2	8	3	6	1	7	9	5
9	7	2	6	4	5	8	3	1
1	4	6	2	3	8	5	7	9
8	3	5	1	9	7	6	4	2

Solution # 1093

9	2	8	7	1	4	6	5	3
6	3	1	5	9	2	4	7	8
5	4	7	3	6	8	1	9	2
2	8	4	6	5	9	7	3	1
1	7	5	8	4	3	2	6	9
3	9	6	1	2	7	8	4	5
7	5	2	9	8	6	3	1	4
8	6	9	4	3	1	5	2	7
4	1	3	2	7	5	9	8	6

Solution # 1094

1	6	8	2	9	4	7	3	5
3	9	2	8	7	5	6	4	1
5	7	4	6	3	1	8	2	9
6	5	7	3	1	8	4	9	2
4	8	3	9	2	7	5	1	6
2	1	9	4	5	6	3	7	8
9	2	6	5	4	3	1	8	7
8	4	1	7	6	2	9	5	3
7	3	5	1	8	9	2	6	4

Solution # 1095

4	3	2	7	9	5	1	6	8
5	1	7	6	3	8	9	2	4
6	9	8	1	2	4	3	5	7
1	8	4	5	6	3	2	7	9
9	7	3	4	8	2	5	1	6
2	5	6	9	1	7	8	4	3
7	2	9	8	5	6	4	3	1
8	4	5	3	7	1	6	9	2
3	6	1	2	4	9	7	8	5

Solution # 1096

4	3	6	9	8	2	5	7	1
7	8	2	5	4	1	3	9	6
5	1	9	3	7	6	8	2	4
3	5	4	8	1	7	2	6	9
8	6	1	2	9	5	7	4	3
2	9	7	6	3	4	1	8	5
9	4	5	7	2	3	6	1	8
1	2	3	4	6	8	9	5	7
6	7	8	1	5	9	4	3	2

Solution # 1097

5	1	9	8	7	3	4	6	2
2	3	6	1	4	5	8	7	9
8	4	7	9	2	6	5	1	3
6	2	8	7	3	1	9	4	5
1	9	5	2	6	4	7	3	8
3	7	4	5	9	8	1	2	6
9	6	3	4	8	7	2	5	1
7	8	1	3	5	2	6	9	4
4	5	2	6	1	9	3	8	7

Solution # 1098

3	7	6	2	8	1	5	4	9
5	2	4	6	7	9	3	8	1
8	9	1	4	5	3	6	7	2
2	3	7	9	1	4	8	5	6
6	5	8	3	2	7	1	9	4
1	4	9	5	6	8	2	3	7
7	8	2	1	9	5	4	6	3
9	1	3	8	4	6	7	2	5
4	6	5	7	3	2	9	1	8

Solution # 1099

7	1	3	6	4	5	8	9	2
6	9	5	8	2	7	4	3	1
2	8	4	1	9	3	6	7	5
3	6	8	2	5	4	9	1	7
5	7	2	9	1	6	3	4	8
1	4	9	7	3	8	2	5	6
4	3	1	5	8	2	7	6	9
9	2	7	4	6	1	5	8	3
8	5	6	3	7	9	1	2	4

Solution # 1100

8	3	6	5	2	1	7	4	9
4	5	2	7	9	6	8	3	1
7	9	1	3	8	4	2	5	6
1	2	4	9	5	8	3	6	7
5	7	8	6	4	3	9	1	2
9	6	3	1	7	2	5	8	4
3	1	5	2	6	7	4	9	8
2	4	9	8	1	5	6	7	3
6	8	7	4	3	9	1	2	5

Solution # 1101

4	8	5	3	6	7	1	9	2
2	9	6	8	1	4	7	5	3
3	7	1	5	9	2	8	4	6
9	1	8	7	4	6	3	2	5
6	5	3	2	8	9	4	7	1
7	4	2	1	5	3	6	8	9
1	6	7	4	2	5	9	3	8
5	3	9	6	7	8	2	1	4
8	2	4	9	3	1	5	6	7

Solution # 1102

6	9	7	8	2	4	5	1	3
5	1	4	6	7	3	9	2	8
3	2	8	9	1	5	7	6	4
4	7	2	1	5	6	3	8	9
9	5	6	3	4	8	2	7	1
8	3	1	7	9	2	6	4	5
7	6	3	5	8	1	4	9	2
2	8	9	4	3	7	1	5	6
1	4	5	2	6	9	8	3	7

Solution # 1103

4	3	7	9	6	5	8	2	1
5	1	2	4	3	8	6	7	9
6	9	8	1	7	2	4	5	3
2	7	5	3	8	1	9	4	6
1	8	4	6	2	9	5	3	7
3	6	9	7	5	4	1	8	2
9	2	3	5	4	6	7	1	8
8	4	1	2	9	7	3	6	5
7	5	6	8	1	3	2	9	4

Solution # 1104

2	3	1	7	8	5	9	4	6
8	7	5	9	6	4	1	3	2
6	9	4	1	2	3	5	7	8
1	6	2	3	4	8	7	9	5
5	4	3	6	9	7	8	2	1
7	8	9	5	1	2	3	6	4
4	5	6	8	3	9	2	1	7
9	2	8	4	7	1	6	5	3
3	1	7	2	5	6	4	8	9

Solution # 1105

9	2	3	7	6	5	8	4	1
4	7	8	1	9	2	6	5	3
1	6	5	8	4	3	2	9	7
6	5	1	4	8	7	9	3	2
2	4	7	6	3	9	5	1	8
3	8	9	5	2	1	4	7	6
5	9	6	3	1	8	7	2	4
7	3	4	2	5	6	1	8	9
8	1	2	9	7	4	3	6	5

Solution # 1106

8	7	1	4	2	5	6	9	3
4	5	9	1	6	3	8	7	2
3	6	2	8	7	9	4	1	5
6	8	4	7	3	2	9	5	1
1	3	5	9	4	8	2	6	7
2	9	7	5	1	6	3	8	4
9	1	6	2	5	4	7	3	8
7	4	3	6	8	1	5	2	9
5	2	8	3	9	7	1	4	6

Solution # 1107

8	3	9	5	1	2	6	4	7
2	4	1	6	7	9	3	5	8
5	6	7	4	3	8	2	9	1
7	5	6	8	2	1	9	3	4
4	9	2	7	6	3	8	1	5
3	1	8	9	5	4	7	6	2
6	2	5	3	4	7	1	8	9
1	8	4	2	9	6	5	7	3
9	7	3	1	8	5	4	2	6

Solution # 1108

9	3	7	4	8	5	1	6	2
6	5	4	1	9	2	3	8	7
2	1	8	7	6	3	5	9	4
7	6	1	2	5	4	9	3	8
8	9	3	6	1	7	2	4	5
5	4	2	9	3	8	6	7	1
3	2	6	8	7	1	4	5	9
1	8	9	5	4	6	7	2	3
4	7	5	3	2	9	8	1	6

Solution # 1109

8	4	1	6	3	5	2	7	9
2	7	5	9	1	8	4	6	3
9	6	3	4	2	7	1	8	5
7	1	4	5	6	9	8	3	2
6	8	2	7	4	3	5	9	1
5	3	9	1	8	2	7	4	6
1	5	7	8	9	6	3	2	4
4	2	6	3	7	1	9	5	8
3	9	8	2	5	4	6	1	7

Solution # 1110

3	8	4	9	5	7	6	2	1
2	9	1	3	6	4	7	5	8
7	6	5	1	2	8	3	9	4
8	4	9	2	7	3	5	1	6
1	7	3	5	8	6	9	4	2
5	2	6	4	9	1	8	3	7
4	1	7	6	3	5	2	8	9
6	5	2	8	1	9	4	7	3
9	3	8	7	4	2	1	6	5

Solution # 1111

8	4	1	6	2	7	5	3	9
3	2	9	8	5	1	4	6	7
6	7	5	9	4	3	2	8	1
7	1	6	4	8	5	3	9	2
2	5	8	7	3	9	6	1	4
4	9	3	1	6	2	8	7	5
1	6	2	3	7	4	9	5	8
5	3	7	2	9	8	1	4	6
9	8	4	5	1	6	7	2	3

Solution # 1112

7	4	9	1	3	5	8	6	2
3	8	1	4	6	2	5	7	9
2	6	5	8	9	7	1	4	3
9	1	2	6	8	4	3	5	7
8	7	4	9	5	3	2	1	6
6	5	3	2	7	1	9	8	4
1	2	7	3	4	8	6	9	5
4	9	8	5	2	6	7	3	1
5	3	6	7	1	9	4	2	8

Solution # 1113

7	2	4	9	6	1	8	5	3
8	3	6	5	2	4	1	9	7
5	9	1	7	8	3	6	4	2
9	7	8	4	1	6	3	2	5
1	5	3	8	7	2	9	6	4
4	6	2	3	9	5	7	1	8
3	1	9	2	5	7	4	8	6
2	8	7	6	4	9	5	3	1
6	4	5	1	3	8	2	7	9

Solution # 1114

6	9	7	2	3	5	8	1	4
1	8	2	4	6	7	3	9	5
5	4	3	9	8	1	6	7	2
7	3	9	8	5	2	1	4	6
8	5	4	3	1	6	7	2	9
2	6	1	7	9	4	5	3	8
9	7	6	1	2	8	4	5	3
4	2	5	6	7	3	9	8	1
3	1	8	5	4	9	2	6	7

Solution # 1115

4	6	8	5	1	2	7	3	9
2	3	7	6	9	8	5	1	4
1	9	5	3	4	7	8	2	6
8	5	3	7	6	4	2	9	1
9	7	4	2	3	1	6	5	8
6	1	2	9	8	5	3	4	7
7	4	1	8	5	3	9	6	2
5	8	9	4	2	6	1	7	3
3	2	6	1	7	9	4	8	5

Solution # 1116

4	9	3	8	6	1	7	2	5
8	5	2	7	4	9	6	1	3
7	1	6	3	2	5	9	4	8
3	6	1	5	7	2	8	9	4
5	7	8	6	9	4	1	3	2
2	4	9	1	8	3	5	6	7
1	8	4	9	3	7	2	5	6
9	3	7	2	5	6	4	8	1
6	2	5	4	1	8	3	7	9

Solution # 1117

1	5	4	9	7	2	6	8	3
6	3	2	5	8	1	7	4	9
9	8	7	3	6	4	1	2	5
8	4	3	6	5	7	2	9	1
5	6	1	2	3	9	4	7	8
7	2	9	4	1	8	3	5	6
2	9	5	1	4	6	8	3	7
4	1	8	7	9	3	5	6	2
3	7	6	8	2	5	9	1	4

Solution # 1118

8	3	5	6	2	4	1	9	7
4	2	7	1	8	9	5	6	3
1	6	9	5	7	3	2	4	8
9	7	4	3	1	6	8	2	5
3	8	2	7	4	5	9	1	6
5	1	6	8	9	2	7	3	4
2	9	3	4	5	8	6	7	1
6	5	1	9	3	7	4	8	2
7	4	8	2	6	1	3	5	9

Solution # 1119

3	5	8	1	7	2	6	4	9
1	7	9	6	4	5	2	3	8
2	4	6	8	3	9	5	1	7
9	2	4	7	5	8	1	6	3
5	1	7	3	6	4	9	8	2
6	8	3	2	9	1	7	5	4
8	9	5	4	2	6	3	7	1
7	6	1	9	8	3	4	2	5
4	3	2	5	1	7	8	9	6

Solution # 1120

7	8	4	5	1	9	6	2	3
3	1	2	7	6	8	9	5	4
6	5	9	4	2	3	1	8	7
1	9	8	2	3	7	5	4	6
5	3	6	1	9	4	8	7	2
4	2	7	8	5	6	3	9	1
2	6	3	9	7	5	4	1	8
9	4	1	3	8	2	7	6	5
8	7	5	6	4	1	2	3	9

Solution # 1121

1	6	3	7	2	8	4	9	5
8	2	5	1	4	9	3	7	6
9	7	4	3	5	6	1	2	8
5	3	9	4	1	2	6	8	7
2	8	7	9	6	3	5	1	4
6	4	1	8	7	5	2	3	9
3	1	8	6	9	4	7	5	2
4	9	2	5	3	7	8	6	1
7	5	6	2	8	1	9	4	3

Solution # 1122

1	8	2	5	3	7	4	9	6
4	6	3	8	1	9	7	2	5
7	5	9	6	4	2	1	3	8
3	4	7	2	8	5	6	1	9
2	1	8	4	9	6	3	5	7
5	9	6	1	7	3	2	8	4
8	3	1	9	6	4	5	7	2
9	2	4	7	5	1	8	6	3
6	7	5	3	2	8	9	4	1

Solution # 1123

4	8	5	9	2	3	7	1	6
9	7	2	5	6	1	4	8	3
1	6	3	8	7	4	5	9	2
2	1	8	7	5	9	6	3	4
3	9	6	1	4	2	8	7	5
7	5	4	6	3	8	9	2	1
6	3	7	2	9	5	1	4	8
8	4	9	3	1	6	2	5	7
5	2	1	4	8	7	3	6	9

Solution # 1124

1	2	7	5	9	8	6	4	3
4	5	9	6	2	3	1	8	7
8	6	3	4	1	7	5	9	2
6	7	8	1	5	4	3	2	9
2	3	1	9	8	6	7	5	4
5	9	4	3	7	2	8	1	6
7	8	6	2	4	1	9	3	5
3	4	5	8	6	9	2	7	1
9	1	2	7	3	5	4	6	8

Solution # 1125

3	5	1	2	9	7	8	6	4
9	6	2	3	8	4	7	5	1
7	4	8	1	5	6	9	3	2
8	1	4	7	6	5	3	2	9
5	3	7	9	4	2	6	1	8
6	2	9	8	3	1	4	7	5
2	8	3	6	1	9	5	4	7
4	7	6	5	2	8	1	9	3
1	9	5	4	7	3	2	8	6

Solution # 1126

4	9	1	3	5	8	6	7	2
8	6	3	2	7	9	1	5	4
2	7	5	4	6	1	9	8	3
5	2	7	6	9	3	8	4	1
9	3	8	1	4	5	2	6	7
1	4	6	7	8	2	3	9	5
7	8	2	9	3	4	5	1	6
6	1	9	5	2	7	4	3	8
3	5	4	8	1	6	7	2	9

Solution # 1127

3	8	2	5	1	9	7	6	4
9	6	1	7	4	3	5	8	2
7	4	5	2	8	6	3	9	1
2	5	4	8	6	1	9	3	7
1	3	6	9	5	7	4	2	8
8	9	7	4	3	2	6	1	5
4	2	8	3	9	5	1	7	6
6	7	9	1	2	4	8	5	3
5	1	3	6	7	8	2	4	9

Solution # 1128

7	8	9	3	2	6	5	1	4
4	3	5	1	7	8	9	2	6
1	2	6	5	9	4	8	3	7
5	9	8	4	3	1	6	7	2
2	7	3	6	5	9	1	4	8
6	4	1	7	8	2	3	9	5
8	6	2	9	4	3	7	5	1
3	5	4	8	1	7	2	6	9
9	1	7	2	6	5	4	8	3

Solution # 1129

6	1	2	4	3	8	7	9	5
4	9	5	1	7	6	3	8	2
3	8	7	2	9	5	1	4	6
7	6	1	9	5	3	8	2	4
2	4	9	8	1	7	5	6	3
8	5	3	6	2	4	9	7	1
5	7	8	3	6	2	4	1	9
1	3	6	7	4	9	2	5	8
9	2	4	5	8	1	6	3	7

Solution # 1130

8	9	5	2	7	3	6	1	4
6	4	2	1	5	8	7	3	9
7	3	1	6	9	4	8	2	5
1	7	4	8	3	5	9	6	2
3	5	8	9	2	6	1	4	7
9	2	6	7	4	1	5	8	3
4	8	9	5	6	2	3	7	1
2	1	7	3	8	9	4	5	6
5	6	3	4	1	7	2	9	8

Solution # 1131

7	1	4	5	2	6	8	3	9
8	3	5	9	1	7	2	6	4
2	6	9	4	3	8	7	5	1
5	8	6	7	9	1	4	2	3
9	7	2	6	4	3	1	8	5
1	4	3	8	5	2	9	7	6
3	9	7	1	8	5	6	4	2
6	5	1	2	7	4	3	9	8
4	2	8	3	6	9	5	1	7

Solution # 1132

3	8	4	2	7	1	9	5	6
9	2	7	8	5	6	1	4	3
6	1	5	3	9	4	7	8	2
7	5	9	1	6	3	8	2	4
2	6	1	4	8	7	3	9	5
4	3	8	9	2	5	6	7	1
1	4	2	7	3	9	5	6	8
8	7	6	5	1	2	4	3	9
5	9	3	6	4	8	2	1	7

Solution # 1133

9	6	8	1	7	3	5	4	2
5	3	1	4	8	2	7	6	9
7	4	2	9	6	5	3	1	8
6	9	5	3	2	7	4	8	1
8	1	7	5	4	9	6	2	3
3	2	4	6	1	8	9	5	7
4	8	6	7	9	1	2	3	5
2	7	3	8	5	4	1	9	6
1	5	9	2	3	6	8	7	4

Solution # 1134

6	5	2	3	7	8	1	4	9
8	1	4	2	9	6	3	7	5
3	9	7	1	5	4	8	6	2
1	4	6	5	8	9	7	2	3
2	8	5	7	4	3	9	1	6
7	3	9	6	2	1	5	8	4
9	2	1	4	3	7	6	5	8
4	6	3	8	1	5	2	9	7
5	7	8	9	6	2	4	3	1

Solution # 1135

8	5	2	4	9	3	1	6	7
9	4	1	7	6	2	8	5	3
7	6	3	5	1	8	4	9	2
1	8	9	2	3	5	7	4	6
2	7	6	8	4	1	9	3	5
5	3	4	6	7	9	2	8	1
6	2	8	9	5	7	3	1	4
3	9	5	1	2	4	6	7	8
4	1	7	3	8	6	5	2	9

Solution # 1136

8	1	4	7	6	5	3	2	9
7	6	3	4	9	2	5	1	8
2	9	5	8	3	1	6	7	4
3	4	2	5	7	9	1	8	6
1	5	8	3	4	6	7	9	2
9	7	6	1	2	8	4	5	3
6	8	1	2	5	3	9	4	7
4	2	9	6	1	7	8	3	5
5	3	7	9	8	4	2	6	1

Solution # 1137

1	2	8	7	4	3	5	9	6
9	3	7	6	5	8	2	1	4
6	5	4	1	2	9	8	7	3
3	8	6	9	1	2	4	5	7
5	7	1	8	6	4	3	2	9
2	4	9	3	7	5	6	8	1
4	9	5	2	3	7	1	6	8
8	6	3	5	9	1	7	4	2
7	1	2	4	8	6	9	3	5

Solution # 1138

3	6	4	7	9	2	5	8	1
8	1	9	3	5	6	7	4	2
7	2	5	4	8	1	9	3	6
6	4	7	9	2	8	1	5	3
1	5	8	6	7	3	4	2	9
2	9	3	5	1	4	6	7	8
4	7	6	8	3	9	2	1	5
9	8	2	1	4	5	3	6	7
5	3	1	2	6	7	8	9	4

Solution # 1139

4	5	7	6	1	8	2	9	3
8	6	9	4	3	2	7	1	5
3	1	2	7	5	9	8	4	6
1	7	6	5	8	4	9	3	2
9	4	5	2	7	3	1	6	8
2	8	3	1	9	6	4	5	7
5	2	8	9	6	1	3	7	4
6	9	4	3	2	7	5	8	1
7	3	1	8	4	5	6	2	9

Solution # 1140

8	4	1	7	3	6	5	9	2
7	3	5	9	2	1	8	4	6
9	2	6	8	4	5	7	3	1
1	8	9	2	6	7	4	5	3
4	5	3	1	8	9	6	2	7
6	7	2	3	5	4	1	8	9
5	9	4	6	1	3	2	7	8
2	6	7	4	9	8	3	1	5
3	1	8	5	7	2	9	6	4

Solution # 1141

3	5	9	1	2	8	4	7	6
7	4	8	6	5	3	9	2	1
6	2	1	7	4	9	3	5	8
4	6	7	2	9	5	1	8	3
8	9	2	3	7	1	6	4	5
1	3	5	8	6	4	2	9	7
5	8	6	9	3	2	7	1	4
9	7	4	5	1	6	8	3	2
2	1	3	4	8	7	5	6	9

Solution # 1142

8	9	3	2	1	7	6	4	5
2	1	6	4	5	9	8	3	7
4	5	7	8	3	6	2	1	9
6	3	4	9	8	2	5	7	1
9	7	8	5	6	1	4	2	3
1	2	5	3	7	4	9	8	6
7	8	9	6	4	3	1	5	2
3	4	2	1	9	5	7	6	8
5	6	1	7	2	8	3	9	4

Solution # 1143

2	5	7	6	9	3	4	1	8
9	1	6	4	8	5	2	7	3
8	4	3	1	7	2	9	6	5
7	8	1	9	5	4	6	3	2
6	9	5	3	2	7	1	8	4
4	3	2	8	6	1	7	5	9
5	7	8	2	4	6	3	9	1
1	2	9	7	3	8	5	4	6
3	6	4	5	1	9	8	2	7

Solution # 1144

4	5	1	2	3	6	9	7	8
8	7	2	4	9	1	6	3	5
3	6	9	8	7	5	2	4	1
5	1	7	9	4	2	8	6	3
2	9	3	5	6	8	4	1	7
6	8	4	7	1	3	5	9	2
7	4	5	1	8	9	3	2	6
1	2	6	3	5	4	7	8	9
9	3	8	6	2	7	1	5	4

Solution # 1145

3	6	8	7	1	5	4	9	2
9	1	5	6	4	2	8	3	7
2	7	4	3	8	9	1	6	5
6	9	2	4	3	7	5	1	8
5	4	3	1	2	8	9	7	6
7	8	1	9	5	6	2	4	3
1	2	6	5	9	3	7	8	4
4	5	7	8	6	1	3	2	9
8	3	9	2	7	4	6	5	1

Solution # 1146

5	7	1	4	2	6	8	9	3
2	3	8	1	5	9	6	4	7
9	6	4	8	3	7	2	1	5
8	4	7	3	6	2	1	5	9
6	2	5	9	1	4	3	7	8
1	9	3	7	8	5	4	6	2
4	1	2	5	7	8	9	3	6
3	5	6	2	9	1	7	8	4
7	8	9	6	4	3	5	2	1

Solution # 1147

4	7	9	2	5	8	6	1	3
1	5	8	3	6	4	7	9	2
6	2	3	1	7	9	4	8	5
8	9	5	6	4	7	2	3	1
7	1	6	9	3	2	8	5	4
3	4	2	5	8	1	9	7	6
2	6	7	8	1	3	5	4	9
9	8	1	4	2	5	3	6	7
5	3	4	7	9	6	1	2	8

Solution # 1148

2	6	9	3	7	8	4	1	5
7	8	5	4	1	2	9	6	3
1	3	4	5	9	6	8	7	2
9	5	8	6	4	7	3	2	1
4	1	6	9	2	3	5	8	7
3	2	7	8	5	1	6	4	9
5	9	2	7	8	4	1	3	6
6	4	1	2	3	5	7	9	8
8	7	3	1	6	9	2	5	4

Solution # 1149

6	4	1	8	5	2	7	9	3
2	7	8	9	1	3	4	6	5
5	3	9	4	7	6	8	2	1
7	2	3	5	8	1	9	4	6
9	8	6	7	3	4	1	5	2
1	5	4	2	6	9	3	8	7
8	9	7	3	2	5	6	1	4
4	1	5	6	9	7	2	3	8
3	6	2	1	4	8	5	7	9

Solution # 1150

3	9	7	2	1	5	8	4	6
5	4	8	6	7	3	2	1	9
2	6	1	8	4	9	5	3	7
4	2	3	5	8	6	9	7	1
8	7	9	1	3	4	6	5	2
6	1	5	7	9	2	3	8	4
9	3	6	4	5	7	1	2	8
1	5	4	9	2	8	7	6	3
7	8	2	3	6	1	4	9	5

Solution # 1151

4	8	2	3	1	7	5	6	9
7	1	9	2	5	6	8	4	3
3	6	5	8	4	9	1	7	2
5	7	8	9	6	1	2	3	4
1	9	3	4	8	2	7	5	6
2	4	6	7	3	5	9	1	8
6	2	7	1	9	4	3	8	5
9	3	4	5	7	8	6	2	1
8	5	1	6	2	3	4	9	7

Solution # 1152

5	6	9	2	4	3	8	1	7
4	7	3	6	1	8	5	2	9
8	1	2	9	7	5	4	6	3
7	9	5	4	3	6	1	8	2
3	2	6	1	8	9	7	4	5
1	4	8	7	5	2	3	9	6
9	5	4	3	2	1	6	7	8
2	8	1	5	6	7	9	3	4
6	3	7	8	9	4	2	5	1

Solution # 1153

1	2	7	3	5	4	8	9	6
8	4	6	9	1	2	3	5	7
5	3	9	6	7	8	2	1	4
3	1	8	7	2	6	9	4	5
2	7	4	8	9	5	6	3	1
9	6	5	4	3	1	7	2	8
6	9	2	5	4	7	1	8	3
7	5	1	2	8	3	4	6	9
4	8	3	1	6	9	5	7	2

Solution # 1154

5	6	1	3	8	2	9	7	4
4	7	8	6	9	5	2	1	3
9	3	2	7	1	4	8	5	6
1	5	6	9	4	8	7	3	2
3	2	9	5	6	7	4	8	1
7	8	4	2	3	1	5	6	9
2	9	5	1	7	6	3	4	8
6	4	7	8	2	3	1	9	5
8	1	3	4	5	9	6	2	7

Solution # 1155

1	5	2	4	7	3	9	8	6
9	4	7	6	8	1	5	3	2
8	3	6	2	9	5	1	7	4
6	7	8	5	1	4	3	2	9
5	1	4	3	2	9	7	6	8
3	2	9	8	6	7	4	1	5
7	8	5	1	4	6	2	9	3
2	9	3	7	5	8	6	4	1
4	6	1	9	3	2	8	5	7

Solution # 1156

8	7	6	4	9	2	1	3	5
9	1	3	7	6	5	8	4	2
4	2	5	1	3	8	7	9	6
6	8	1	9	2	4	3	5	7
7	5	4	3	8	6	2	1	9
2	3	9	5	1	7	6	8	4
3	6	2	8	4	9	5	7	1
1	4	7	6	5	3	9	2	8
5	9	8	2	7	1	4	6	3

Solution # 1157

9	6	7	4	5	3	8	2	1
3	4	1	2	8	6	7	5	9
2	5	8	7	9	1	3	6	4
8	9	4	5	3	7	6	1	2
1	2	5	8	6	9	4	7	3
6	7	3	1	4	2	5	9	8
5	8	9	6	1	4	2	3	7
4	1	2	3	7	5	9	8	6
7	3	6	9	2	8	1	4	5

Solution # 1158

5	4	7	1	9	3	8	2	6
1	8	6	2	7	4	9	3	5
3	9	2	8	6	5	4	1	7
9	1	4	3	5	7	6	8	2
6	5	8	9	2	1	3	7	4
7	2	3	6	4	8	5	9	1
2	3	9	4	1	6	7	5	8
4	7	1	5	8	9	2	6	3
8	6	5	7	3	2	1	4	9

Solution # 1159

1	7	2	5	3	8	9	6	4
4	5	9	7	1	6	3	2	8
8	3	6	4	2	9	1	5	7
9	2	5	1	4	3	8	7	6
6	1	4	8	5	7	2	3	9
7	8	3	9	6	2	4	1	5
2	4	7	3	8	5	6	9	1
5	6	1	2	9	4	7	8	3
3	9	8	6	7	1	5	4	2

Solution # 1160

8	9	7	5	2	6	4	3	1
2	4	3	1	7	8	5	6	9
6	5	1	4	3	9	7	2	8
1	2	4	9	8	3	6	5	7
3	6	8	7	5	4	1	9	2
5	7	9	6	1	2	8	4	3
9	3	6	8	4	1	2	7	5
4	8	5	2	9	7	3	1	6
7	1	2	3	6	5	9	8	4

Solution # 1161

4	5	1	7	8	3	9	2	6
2	8	6	1	9	5	3	7	4
9	7	3	6	4	2	1	5	8
6	4	7	9	3	8	5	1	2
3	1	2	5	6	7	8	4	9
8	9	5	2	1	4	6	3	7
7	6	8	4	5	1	2	9	3
1	2	9	3	7	6	4	8	5
5	3	4	8	2	9	7	6	1

Solution # 1162

7	3	2	8	1	9	4	5	6
8	5	6	4	2	3	9	1	7
1	4	9	7	5	6	8	3	2
4	6	1	3	7	8	5	2	9
5	7	3	6	9	2	1	4	8
9	2	8	5	4	1	7	6	3
3	8	4	1	6	7	2	9	5
6	9	5	2	8	4	3	7	1
2	1	7	9	3	5	6	8	4

Solution # 1163

1	3	4	5	7	2	8	9	6
8	2	5	1	9	6	3	4	7
6	9	7	4	3	8	1	2	5
5	4	6	3	2	9	7	1	8
3	1	8	7	5	4	2	6	9
9	7	2	8	6	1	4	5	3
4	8	9	6	1	7	5	3	2
2	5	1	9	8	3	6	7	4
7	6	3	2	4	5	9	8	1

Solution # 1164

1	4	9	8	7	3	2	5	6
3	5	6	1	4	2	9	7	8
8	7	2	9	5	6	4	1	3
7	2	4	5	6	9	3	8	1
6	1	3	2	8	4	5	9	7
9	8	5	3	1	7	6	4	2
2	3	1	7	9	5	8	6	4
5	6	8	4	3	1	7	2	9
4	9	7	6	2	8	1	3	5

Solution # 1165

2	8	1	7	3	5	6	9	4
5	4	7	2	9	6	1	3	8
6	3	9	1	8	4	2	7	5
7	6	4	9	5	3	8	1	2
3	1	2	6	7	8	5	4	9
8	9	5	4	2	1	7	6	3
4	5	3	8	1	7	9	2	6
1	2	6	5	4	9	3	8	7
9	7	8	3	6	2	4	5	1

Solution # 1166

9	8	4	3	1	7	5	6	2
7	2	3	5	6	8	1	9	4
1	6	5	4	9	2	8	7	3
4	1	7	8	2	9	6	3	5
8	9	2	6	3	5	7	4	1
3	5	6	1	7	4	2	8	9
2	4	1	7	8	3	9	5	6
6	3	8	9	5	1	4	2	7
5	7	9	2	4	6	3	1	8

Solution # 1167

8	3	7	9	5	2	6	4	1
9	2	6	8	1	4	7	5	3
1	5	4	3	6	7	8	2	9
5	8	9	4	7	6	1	3	2
4	6	2	1	3	9	5	8	7
7	1	3	2	8	5	9	6	4
6	7	1	5	4	3	2	9	8
2	4	5	7	9	8	3	1	6
3	9	8	6	2	1	4	7	5

Solution # 1168

4	6	9	1	3	8	2	7	5
1	3	7	6	2	5	4	9	8
8	2	5	7	4	9	1	3	6
9	7	2	4	5	1	6	8	3
6	1	4	8	7	3	9	5	2
3	5	8	9	6	2	7	4	1
7	4	3	2	8	6	5	1	9
2	8	1	5	9	7	3	6	4
5	9	6	3	1	4	8	2	7

Solution # 1169

1	7	2	5	9	6	8	3	4
5	4	9	8	7	3	6	2	1
8	3	6	1	2	4	9	7	5
7	8	1	3	6	5	2	4	9
9	2	3	4	8	7	5	1	6
6	5	4	9	1	2	7	8	3
3	9	7	6	4	8	1	5	2
4	1	8	2	5	9	3	6	7
2	6	5	7	3	1	4	9	8

Solution # 1170

8	9	1	6	5	7	2	3	4
4	7	6	9	2	3	8	1	5
5	3	2	4	8	1	7	9	6
1	4	9	7	6	2	3	5	8
6	8	3	1	4	5	9	2	7
7	2	5	8	3	9	6	4	1
3	1	8	5	9	6	4	7	2
2	6	7	3	1	4	5	8	9
9	5	4	2	7	8	1	6	3

Solution # 1171

9	4	3	1	6	5	8	7	2
6	1	2	8	4	7	9	3	5
7	8	5	3	2	9	4	1	6
5	9	6	4	1	2	3	8	7
8	2	1	7	9	3	5	6	4
4	3	7	5	8	6	2	9	1
3	5	8	6	7	4	1	2	9
1	7	9	2	5	8	6	4	3
2	6	4	9	3	1	7	5	8

Solution # 1172

8	9	7	2	5	4	1	6	3
5	3	1	6	7	8	2	4	9
6	2	4	1	3	9	7	5	8
4	6	5	3	2	1	9	8	7
7	1	2	8	9	6	5	3	4
3	8	9	5	4	7	6	2	1
2	5	8	7	1	3	4	9	6
9	7	6	4	8	2	3	1	5
1	4	3	9	6	5	8	7	2

Solution # 1173

9	2	1	5	7	3	6	8	4
5	7	8	9	6	4	3	2	1
6	4	3	1	8	2	5	7	9
4	8	9	6	3	1	2	5	7
3	5	2	8	4	7	9	1	6
1	6	7	2	5	9	4	3	8
7	1	5	4	2	6	8	9	3
8	9	4	3	1	5	7	6	2
2	3	6	7	9	8	1	4	5

Solution # 1174

9	1	4	2	5	8	6	7	3
5	8	3	6	7	4	2	9	1
2	7	6	1	9	3	8	4	5
4	2	9	3	1	6	5	8	7
1	6	5	4	8	7	3	2	9
8	3	7	9	2	5	1	6	4
3	5	2	8	4	9	7	1	6
7	9	1	5	6	2	4	3	8
6	4	8	7	3	1	9	5	2

Solution # 1175

3	5	1	2	8	9	7	6	4
2	9	7	6	4	5	1	8	3
4	6	8	7	1	3	5	9	2
7	4	5	8	6	2	3	1	9
9	1	2	5	3	4	8	7	6
8	3	6	1	9	7	4	2	5
6	2	4	3	7	8	9	5	1
5	7	3	9	2	1	6	4	8
1	8	9	4	5	6	2	3	7

Solution # 1176

6	3	2	7	1	4	9	8	5
1	9	4	2	5	8	3	6	7
8	7	5	9	3	6	4	2	1
9	6	7	8	4	2	5	1	3
5	8	3	6	7	1	2	4	9
2	4	1	3	9	5	8	7	6
7	5	6	4	8	3	1	9	2
4	1	9	5	2	7	6	3	8
3	2	8	1	6	9	7	5	4

Solution # 1177

4	1	9	5	3	6	8	7	2
8	3	5	1	7	2	4	6	9
2	7	6	8	4	9	5	1	3
5	4	1	2	9	8	6	3	7
6	8	7	3	1	5	2	9	4
9	2	3	7	6	4	1	8	5
1	9	8	4	5	7	3	2	6
7	5	2	6	8	3	9	4	1
3	6	4	9	2	1	7	5	8

Solution # 1178

1	9	8	6	5	2	4	3	7
5	7	4	1	9	3	2	6	8
6	3	2	4	8	7	1	9	5
2	8	1	5	3	4	9	7	6
9	5	6	7	2	1	8	4	3
7	4	3	9	6	8	5	1	2
3	2	9	8	4	6	7	5	1
8	1	5	3	7	9	6	2	4
4	6	7	2	1	5	3	8	9

Solution # 1179

9	2	5	6	8	1	7	4	3
8	3	1	4	7	9	5	2	6
6	4	7	5	3	2	1	9	8
2	6	8	3	9	5	4	1	7
4	1	9	7	2	6	8	3	5
7	5	3	1	4	8	2	6	9
1	9	2	8	6	7	3	5	4
5	8	4	9	1	3	6	7	2
3	7	6	2	5	4	9	8	1

Solution # 1180

4	8	7	1	5	2	6	9	3
3	9	1	7	6	8	4	2	5
6	5	2	9	4	3	8	7	1
2	7	3	8	9	4	1	5	6
8	1	6	2	7	5	9	3	4
9	4	5	6	3	1	7	8	2
5	6	8	4	2	7	3	1	9
1	2	9	3	8	6	5	4	7
7	3	4	5	1	9	2	6	8

Solution # 1181

2	3	1	5	6	7	4	8	9
7	9	8	1	2	4	3	5	6
4	5	6	8	3	9	2	7	1
9	8	3	7	5	2	6	1	4
1	7	4	9	8	6	5	2	3
6	2	5	4	1	3	8	9	7
3	6	9	2	7	8	1	4	5
8	1	7	3	4	5	9	6	2
5	4	2	6	9	1	7	3	8

Solution # 1182

7	3	6	8	1	4	9	2	5
1	8	9	5	7	2	6	3	4
2	5	4	3	6	9	8	7	1
9	4	8	6	2	1	7	5	3
6	7	2	9	3	5	4	1	8
3	1	5	7	4	8	2	9	6
4	9	3	1	8	7	5	6	2
8	6	7	2	5	3	1	4	9
5	2	1	4	9	6	3	8	7

Solution # 1183

3	4	8	5	7	2	6	1	9
5	1	6	4	8	9	2	7	3
7	2	9	1	3	6	8	5	4
4	3	7	9	2	5	1	6	8
6	8	5	7	4	1	3	9	2
2	9	1	8	6	3	7	4	5
9	6	4	3	1	8	5	2	7
8	5	2	6	9	7	4	3	1
1	7	3	2	5	4	9	8	6

Solution # 1184

4	1	6	8	5	2	9	7	3
5	7	3	9	1	4	8	6	2
2	9	8	6	7	3	5	4	1
1	5	9	4	2	6	7	3	8
6	8	2	5	3	7	1	9	4
3	4	7	1	9	8	2	5	6
7	6	1	3	8	9	4	2	5
8	2	4	7	6	5	3	1	9
9	3	5	2	4	1	6	8	7

Solution # 1185

9	1	2	6	4	3	8	5	7
8	3	7	1	5	2	4	6	9
5	6	4	9	8	7	3	1	2
1	8	6	5	7	9	2	3	4
4	2	5	8	3	6	9	7	1
7	9	3	2	1	4	6	8	5
6	4	8	7	9	5	1	2	3
2	7	9	3	6	1	5	4	8
3	5	1	4	2	8	7	9	6

Solution # 1186

7	9	3	5	2	1	8	4	6
5	1	6	7	4	8	3	2	9
4	8	2	6	3	9	1	5	7
8	5	9	1	6	2	7	3	4
2	3	1	4	9	7	6	8	5
6	7	4	3	8	5	9	1	2
3	6	5	8	7	4	2	9	1
9	4	7	2	1	3	5	6	8
1	2	8	9	5	6	4	7	3

Solution # 1187

1	9	6	7	8	2	4	5	3
5	4	2	6	3	9	8	1	7
3	7	8	4	1	5	9	2	6
7	8	5	1	9	6	2	3	4
4	2	9	3	5	7	1	6	8
6	1	3	8	2	4	5	7	9
9	3	7	2	4	1	6	8	5
8	5	1	9	6	3	7	4	2
2	6	4	5	7	8	3	9	1

Solution # 1188

8	5	2	4	6	3	1	7	9
3	4	1	5	7	9	8	2	6
6	9	7	1	2	8	3	4	5
4	1	9	2	3	6	7	5	8
7	8	3	9	5	1	4	6	2
2	6	5	7	8	4	9	1	3
1	3	4	6	9	2	5	8	7
5	2	8	3	4	7	6	9	1
9	7	6	8	1	5	2	3	4

Solution # 1189

4	8	3	9	1	6	7	5	2
7	6	9	8	2	5	1	4	3
1	2	5	3	7	4	8	9	6
6	1	7	2	4	9	3	8	5
8	5	4	6	3	7	2	1	9
9	3	2	5	8	1	6	7	4
2	4	1	7	9	3	5	6	8
5	7	8	4	6	2	9	3	1
3	9	6	1	5	8	4	2	7

Solution # 1190

9	3	6	1	4	7	8	5	2
4	8	2	3	6	5	7	1	9
5	7	1	8	2	9	6	3	4
1	5	8	9	7	6	2	4	3
3	4	9	2	8	1	5	6	7
6	2	7	4	5	3	9	8	1
2	9	4	6	3	8	1	7	5
7	6	3	5	1	2	4	9	8
8	1	5	7	9	4	3	2	6

Solution # 1191

2	8	3	4	5	9	7	6	1
4	7	9	6	2	1	5	3	8
5	6	1	8	3	7	4	9	2
8	9	7	3	4	5	2	1	6
3	4	6	2	1	8	9	5	7
1	5	2	7	9	6	8	4	3
7	1	8	9	6	4	3	2	5
9	3	5	1	7	2	6	8	4
6	2	4	5	8	3	1	7	9

Solution # 1192

9	6	8	7	5	2	1	3	4
1	5	4	8	3	6	7	9	2
3	2	7	9	1	4	5	8	6
7	8	3	6	4	5	9	2	1
4	9	6	2	7	1	8	5	3
5	1	2	3	8	9	4	6	7
6	7	5	1	9	3	2	4	8
8	3	9	4	2	7	6	1	5
2	4	1	5	6	8	3	7	9

Solution # 1193

4	7	5	2	3	1	8	9	6
8	1	9	5	4	6	2	3	7
3	6	2	9	7	8	4	1	5
2	4	8	1	9	7	5	6	3
6	5	1	8	2	3	9	7	4
9	3	7	6	5	4	1	8	2
7	2	6	4	8	9	3	5	1
1	9	4	3	6	5	7	2	8
5	8	3	7	1	2	6	4	9

Solution # 1194

4	3	5	7	2	8	6	9	1
7	8	2	6	9	1	5	4	3
9	6	1	4	3	5	7	2	8
1	5	6	9	7	4	3	8	2
2	9	7	8	1	3	4	6	5
8	4	3	2	5	6	9	1	7
5	2	9	1	6	7	8	3	4
6	7	8	3	4	2	1	5	9
3	1	4	5	8	9	2	7	6

Solution # 1195

5	9	7	6	2	3	8	1	4
1	4	6	9	8	5	3	7	2
2	8	3	1	4	7	6	5	9
8	6	2	3	7	1	9	4	5
7	1	5	4	9	8	2	3	6
4	3	9	2	5	6	1	8	7
6	7	8	5	1	9	4	2	3
9	5	4	8	3	2	7	6	1
3	2	1	7	6	4	5	9	8

Solution # 1196

3	5	7	2	4	8	1	9	6
6	2	9	1	5	3	7	4	8
4	8	1	6	9	7	2	5	3
5	7	6	8	1	9	3	2	4
1	9	3	7	2	4	6	8	5
8	4	2	3	6	5	9	1	7
2	1	4	5	7	6	8	3	9
9	6	8	4	3	1	5	7	2
7	3	5	9	8	2	4	6	1

Solution # 1197

1	3	2	9	5	6	7	8	4
6	9	7	8	2	4	5	1	3
5	4	8	1	3	7	9	2	6
8	5	1	3	4	9	2	6	7
2	6	3	7	8	5	4	9	1
9	7	4	2	6	1	3	5	8
4	1	9	6	7	2	8	3	5
7	8	6	5	9	3	1	4	2
3	2	5	4	1	8	6	7	9

Solution # 1198

1	8	2	3	6	7	4	5	9
3	6	5	2	4	9	1	8	7
4	7	9	1	8	5	3	6	2
6	4	8	9	3	2	7	1	5
5	9	1	4	7	6	2	3	8
7	2	3	5	1	8	9	4	6
8	1	6	7	2	3	5	9	4
9	3	7	6	5	4	8	2	1
2	5	4	8	9	1	6	7	3

Solution # 1199

7	9	8	6	5	3	4	1	2
6	4	5	8	2	1	9	3	7
3	1	2	7	4	9	5	8	6
9	7	3	2	1	4	8	6	5
1	5	6	9	3	8	2	7	4
8	2	4	5	7	6	1	9	3
5	8	1	4	6	7	3	2	9
2	6	9	3	8	5	7	4	1
4	3	7	1	9	2	6	5	8

Solution # 1200

7	2	5	8	4	9	3	1	6
8	3	4	5	1	6	7	2	9
9	6	1	7	2	3	5	8	4
3	5	6	1	8	7	4	9	2
2	4	7	6	9	5	1	3	8
1	9	8	4	3	2	6	5	7
5	8	9	3	6	4	2	7	1
4	7	2	9	5	1	8	6	3
6	1	3	2	7	8	9	4	5

Solution # 1201

3	1	8	6	2	7	9	5	4
9	2	6	5	1	4	8	7	3
5	7	4	3	8	9	2	1	6
8	9	2	1	4	5	6	3	7
1	3	7	8	9	6	4	2	5
4	6	5	7	3	2	1	9	8
6	4	3	9	5	1	7	8	2
2	5	1	4	7	8	3	6	9
7	8	9	2	6	3	5	4	1

Solution # 1202

5	1	2	9	8	6	7	3	4
4	6	8	3	7	5	9	2	1
9	3	7	4	1	2	5	6	8
3	8	9	6	5	4	2	1	7
2	7	4	1	9	3	8	5	6
6	5	1	8	2	7	4	9	3
8	9	5	7	6	1	3	4	2
7	4	6	2	3	9	1	8	5
1	2	3	5	4	8	6	7	9

Solution # 1203

1	3	2	5	9	8	4	7	6
5	4	6	2	1	7	3	8	9
7	9	8	6	4	3	5	1	2
4	7	1	9	6	5	8	2	3
3	2	5	1	8	4	9	6	7
6	8	9	7	3	2	1	5	4
2	1	4	8	7	9	6	3	5
8	5	3	4	2	6	7	9	1
9	6	7	3	5	1	2	4	8

Solution # 1204

6	1	5	3	4	7	9	8	2
8	3	9	5	1	2	4	7	6
7	4	2	8	6	9	5	1	3
4	8	1	6	2	3	7	9	5
5	9	3	1	7	4	6	2	8
2	6	7	9	8	5	3	4	1
3	2	4	7	5	1	8	6	9
9	7	6	2	3	8	1	5	4
1	5	8	4	9	6	2	3	7

Solution # 1205

4	5	3	2	6	7	1	8	9
9	8	2	3	5	1	4	6	7
7	1	6	4	8	9	3	2	5
1	2	8	6	7	3	9	5	4
3	4	5	8	9	2	7	1	6
6	9	7	5	1	4	8	3	2
2	7	9	1	3	6	5	4	8
5	6	1	7	4	8	2	9	3
8	3	4	9	2	5	6	7	1

Solution # 1206

6	7	5	2	9	4	8	3	1
1	4	9	6	3	8	2	5	7
8	3	2	5	7	1	6	4	9
5	9	6	7	2	3	4	1	8
2	8	7	4	1	5	3	9	6
4	1	3	8	6	9	5	7	2
7	5	8	9	4	2	1	6	3
3	6	4	1	8	7	9	2	5
9	2	1	3	5	6	7	8	4

Solution # 1207

7	1	5	9	8	4	3	6	2
9	3	8	1	6	2	7	5	4
2	4	6	7	5	3	8	1	9
8	9	1	6	2	5	4	7	3
4	5	2	8	3	7	1	9	6
3	6	7	4	1	9	2	8	5
6	7	9	3	4	1	5	2	8
1	2	3	5	9	8	6	4	7
5	8	4	2	7	6	9	3	1

Solution # 1208

9	3	7	6	4	2	8	1	5
1	6	2	8	5	3	4	7	9
4	5	8	7	1	9	6	2	3
6	2	4	3	7	5	9	8	1
5	7	1	9	8	4	2	3	6
3	8	9	2	6	1	7	5	4
8	4	5	1	9	7	3	6	2
2	9	6	5	3	8	1	4	7
7	1	3	4	2	6	5	9	8

Solution # 1209

8	5	7	9	4	3	1	6	2
2	6	3	8	1	7	4	5	9
9	4	1	5	6	2	8	3	7
3	8	5	4	2	9	7	1	6
1	2	6	7	3	5	9	4	8
7	9	4	1	8	6	5	2	3
6	7	8	3	5	4	2	9	1
4	1	2	6	9	8	3	7	5
5	3	9	2	7	1	6	8	4

Solution # 1210

8	9	3	1	7	2	6	4	5
7	5	4	8	6	3	2	9	1
2	1	6	9	5	4	7	8	3
6	2	9	4	8	1	5	3	7
4	8	5	6	3	7	1	2	9
1	3	7	2	9	5	8	6	4
5	6	1	3	2	9	4	7	8
3	4	8	7	1	6	9	5	2
9	7	2	5	4	8	3	1	6

Solution # 1211

6	5	1	8	9	3	7	2	4
8	4	7	1	6	2	3	5	9
3	2	9	5	7	4	8	6	1
4	3	6	2	1	5	9	7	8
7	8	5	6	4	9	2	1	3
1	9	2	3	8	7	5	4	6
2	7	8	4	3	1	6	9	5
9	6	4	7	5	8	1	3	2
5	1	3	9	2	6	4	8	7

Solution # 1212

4	9	5	1	3	6	2	8	7
8	1	6	5	2	7	3	4	9
2	3	7	4	9	8	5	6	1
7	5	9	6	4	3	8	1	2
6	4	2	8	5	1	9	7	3
3	8	1	9	7	2	6	5	4
9	7	4	2	6	5	1	3	8
1	6	3	7	8	9	4	2	5
5	2	8	3	1	4	7	9	6

Solution # 1213

6	7	2	3	8	4	5	9	1
3	1	8	2	9	5	4	7	6
9	5	4	1	6	7	8	3	2
2	8	1	7	3	9	6	4	5
5	4	3	6	2	8	9	1	7
7	9	6	4	5	1	3	2	8
4	6	7	8	1	3	2	5	9
1	2	5	9	4	6	7	8	3
8	3	9	5	7	2	1	6	4

Solution # 1214

5	9	1	7	6	4	8	3	2
7	4	2	3	1	8	9	6	5
3	6	8	9	5	2	1	4	7
9	2	4	6	8	1	7	5	3
6	1	7	5	9	3	4	2	8
8	3	5	4	2	7	6	9	1
1	5	9	8	3	6	2	7	4
4	8	6	2	7	5	3	1	9
2	7	3	1	4	9	5	8	6

Solution # 1215

9	2	3	6	5	8	1	7	4
7	5	6	4	9	1	2	8	3
8	1	4	7	3	2	9	6	5
4	3	8	9	1	7	6	5	2
1	7	9	2	6	5	4	3	8
5	6	2	8	4	3	7	9	1
6	8	5	1	7	4	3	2	9
2	9	1	3	8	6	5	4	7
3	4	7	5	2	9	8	1	6

Solution # 1216

5	1	7	3	4	8	2	9	6
9	6	3	2	1	5	7	4	8
2	4	8	6	9	7	1	5	3
1	7	4	9	8	2	6	3	5
8	2	6	5	3	4	9	1	7
3	9	5	1	7	6	8	2	4
7	3	2	8	5	9	4	6	1
6	8	1	4	2	3	5	7	9
4	5	9	7	6	1	3	8	2

Solution # 1217

4	3	7	9	2	5	1	6	8
8	5	2	3	6	1	7	9	4
9	6	1	4	7	8	2	3	5
7	2	4	6	5	3	9	8	1
3	8	9	2	1	4	5	7	6
5	1	6	7	8	9	3	4	2
2	4	8	1	3	7	6	5	9
6	9	3	5	4	2	8	1	7
1	7	5	8	9	6	4	2	3

Solution # 1218

5	9	4	7	6	8	2	3	1
7	3	8	1	2	4	5	6	9
1	6	2	9	5	3	7	8	4
8	4	5	6	3	2	9	1	7
2	1	3	8	7	9	4	5	6
9	7	6	5	4	1	3	2	8
6	5	1	2	9	7	8	4	3
4	2	7	3	8	6	1	9	5
3	8	9	4	1	5	6	7	2

Solution # 1219

2	5	6	8	9	7	1	4	3
1	8	7	5	4	3	9	2	6
4	3	9	2	6	1	5	7	8
8	9	5	1	7	6	4	3	2
7	6	2	3	5	4	8	1	9
3	4	1	9	2	8	7	6	5
6	7	3	4	8	5	2	9	1
9	1	8	7	3	2	6	5	4
5	2	4	6	1	9	3	8	7

Solution # 1220

9	2	4	7	8	3	5	6	1
1	7	5	6	2	4	9	3	8
8	3	6	5	9	1	4	7	2
6	5	8	4	1	9	7	2	3
7	4	3	2	6	5	8	1	9
2	9	1	3	7	8	6	5	4
5	8	9	1	3	6	2	4	7
4	1	7	8	5	2	3	9	6
3	6	2	9	4	7	1	8	5

Solution # 1221

8	1	6	7	2	9	4	3	5
5	7	9	4	8	3	1	6	2
2	3	4	6	1	5	7	8	9
7	9	8	3	5	2	6	4	1
1	4	5	8	6	7	2	9	3
6	2	3	9	4	1	8	5	7
9	6	2	5	7	8	3	1	4
4	5	1	2	3	6	9	7	8
3	8	7	1	9	4	5	2	6

Solution # 1222

1	3	9	8	5	4	2	6	7
7	6	4	3	9	2	8	5	1
2	8	5	6	1	7	4	9	3
3	1	6	5	2	9	7	8	4
8	5	7	1	4	3	6	2	9
4	9	2	7	8	6	3	1	5
9	2	3	4	6	5	1	7	8
6	4	8	9	7	1	5	3	2
5	7	1	2	3	8	9	4	6

Solution # 1223

7	6	5	3	4	9	8	2	1
9	8	2	5	6	1	3	4	7
4	3	1	8	7	2	9	6	5
6	4	9	2	1	7	5	3	8
1	2	8	9	3	5	6	7	4
3	5	7	6	8	4	1	9	2
2	9	3	7	5	8	4	1	6
5	7	4	1	9	6	2	8	3
8	1	6	4	2	3	7	5	9

Solution # 1224

1	3	2	5	6	7	9	8	4
5	8	9	1	2	4	7	6	3
6	4	7	9	8	3	2	1	5
9	5	1	4	7	6	3	2	8
7	2	4	8	3	1	5	9	6
8	6	3	2	5	9	4	7	1
3	7	8	6	4	2	1	5	9
4	1	6	7	9	5	8	3	2
2	9	5	3	1	8	6	4	7

Solution # 1225

4	1	7	3	8	9	2	5	6
2	6	9	7	5	4	8	3	1
5	8	3	6	2	1	7	4	9
1	5	8	4	9	2	3	6	7
3	2	4	8	6	7	1	9	5
7	9	6	1	3	5	4	8	2
6	7	2	9	4	3	5	1	8
9	4	5	2	1	8	6	7	3
8	3	1	5	7	6	9	2	4

Solution # 1226

6	7	4	1	2	8	5	9	3
9	8	2	3	5	6	1	7	4
5	1	3	7	9	4	6	8	2
8	6	1	4	7	3	9	2	5
2	3	7	9	8	5	4	1	6
4	9	5	2	6	1	8	3	7
3	5	8	6	1	2	7	4	9
7	2	6	8	4	9	3	5	1
1	4	9	5	3	7	2	6	8

Solution # 1227

9	5	2	3	4	8	7	6	1
7	3	4	6	9	1	8	5	2
6	1	8	5	2	7	4	9	3
1	6	9	4	3	2	5	7	8
2	4	3	7	8	5	9	1	6
5	8	7	1	6	9	2	3	4
8	7	5	2	1	6	3	4	9
4	9	1	8	7	3	6	2	5
3	2	6	9	5	4	1	8	7

Solution # 1228

7	4	1	8	9	5	6	3	2
8	2	6	3	1	7	4	5	9
3	5	9	6	2	4	8	1	7
5	1	8	7	4	9	3	2	6
2	3	7	1	8	6	5	9	4
6	9	4	5	3	2	1	7	8
4	7	3	2	6	1	9	8	5
1	6	5	9	7	8	2	4	3
9	8	2	4	5	3	7	6	1

Solution # 1229

8	9	6	2	3	1	5	4	7
3	7	1	4	5	8	6	2	9
4	2	5	9	6	7	3	8	1
9	4	2	5	1	3	7	6	8
6	1	3	7	8	2	4	9	5
7	5	8	6	9	4	2	1	3
1	3	4	8	2	5	9	7	6
2	8	9	3	7	6	1	5	4
5	6	7	1	4	9	8	3	2

Solution # 1230

1	8	3	6	2	9	7	5	4
2	7	4	8	5	3	1	6	9
6	5	9	4	1	7	3	2	8
4	6	5	1	3	8	2	9	7
3	9	1	2	7	6	8	4	5
8	2	7	9	4	5	6	1	3
5	4	6	7	8	2	9	3	1
9	3	8	5	6	1	4	7	2
7	1	2	3	9	4	5	8	6

Solution # 1231

7	1	3	4	2	5	9	8	6
5	9	2	8	1	6	3	7	4
6	4	8	3	9	7	1	5	2
9	7	6	1	5	2	8	4	3
4	3	1	7	6	8	2	9	5
8	2	5	9	3	4	6	1	7
2	5	7	6	8	9	4	3	1
1	6	9	5	4	3	7	2	8
3	8	4	2	7	1	5	6	9

Solution # 1232

6	9	8	7	3	2	4	5	1
5	7	3	1	8	4	6	2	9
1	4	2	6	9	5	7	8	3
8	2	7	9	5	1	3	4	6
3	1	6	8	4	7	5	9	2
9	5	4	2	6	3	8	1	7
4	3	1	5	2	6	9	7	8
7	8	5	3	1	9	2	6	4
2	6	9	4	7	8	1	3	5

Solution # 1233

1	7	2	3	8	4	9	6	5
3	9	4	6	5	2	7	1	8
6	8	5	7	1	9	4	2	3
9	5	3	8	2	6	1	7	4
7	6	8	5	4	1	2	3	9
4	2	1	9	7	3	5	8	6
2	4	6	1	3	5	8	9	7
8	1	9	4	6	7	3	5	2
5	3	7	2	9	8	6	4	1

Solution # 1234

7	5	3	9	4	2	6	8	1
6	8	9	5	7	1	4	2	3
4	2	1	6	8	3	5	7	9
8	9	5	7	3	4	1	6	2
2	6	7	1	5	9	3	4	8
3	1	4	8	2	6	9	5	7
1	7	6	2	9	5	8	3	4
5	4	2	3	1	8	7	9	6
9	3	8	4	6	7	2	1	5

Solution # 1235

1	8	2	3	9	6	5	7	4
6	3	4	5	7	8	2	9	1
7	5	9	4	1	2	8	6	3
5	6	1	8	4	3	9	2	7
4	9	3	2	6	7	1	8	5
8	2	7	9	5	1	3	4	6
3	4	6	1	8	9	7	5	2
9	1	5	7	2	4	6	3	8
2	7	8	6	3	5	4	1	9

Solution # 1236

1	6	9	7	3	2	8	5	4
8	5	3	9	4	1	7	6	2
7	4	2	8	5	6	9	1	3
9	8	1	4	7	5	2	3	6
4	2	5	3	6	9	1	8	7
3	7	6	1	2	8	5	4	9
5	3	7	2	8	4	6	9	1
2	1	8	6	9	3	4	7	5
6	9	4	5	1	7	3	2	8

Solution # 1237

1	2	9	4	6	8	5	3	7
4	5	8	9	7	3	2	1	6
6	7	3	1	2	5	9	4	8
8	1	5	3	9	2	6	7	4
9	4	7	6	5	1	3	8	2
2	3	6	8	4	7	1	9	5
5	8	2	7	1	9	4	6	3
3	6	1	5	8	4	7	2	9
7	9	4	2	3	6	8	5	1

Solution # 1238

7	4	1	5	2	6	3	9	8
3	2	8	7	4	9	1	6	5
9	6	5	3	8	1	7	2	4
2	9	3	6	7	4	8	5	1
1	7	4	8	9	5	6	3	2
5	8	6	1	3	2	4	7	9
6	5	2	4	1	7	9	8	3
4	3	7	9	5	8	2	1	6
8	1	9	2	6	3	5	4	7

Solution # 1239

8	1	9	7	5	6	3	4	2
7	5	3	9	4	2	6	8	1
2	4	6	3	1	8	7	5	9
6	9	8	1	2	4	5	3	7
4	2	1	5	3	7	8	9	6
3	7	5	8	6	9	2	1	4
1	8	7	2	9	3	4	6	5
9	3	4	6	7	5	1	2	8
5	6	2	4	8	1	9	7	3

Solution # 1240

7	1	6	5	4	8	9	2	3
2	9	5	7	6	3	1	8	4
4	8	3	9	1	2	7	6	5
1	4	9	6	2	5	8	3	7
3	7	2	4	8	9	6	5	1
6	5	8	1	3	7	4	9	2
8	2	1	3	9	4	5	7	6
5	3	4	8	7	6	2	1	9
9	6	7	2	5	1	3	4	8

Solution # 1241

5	4	1	9	6	2	8	3	7
2	3	9	8	4	7	1	5	6
6	7	8	1	5	3	4	2	9
7	8	6	3	1	4	5	9	2
3	9	2	7	8	5	6	1	4
4	1	5	2	9	6	3	7	8
1	2	7	6	3	8	9	4	5
9	6	4	5	7	1	2	8	3
8	5	3	4	2	9	7	6	1

Solution # 1242

9	2	5	6	7	1	4	8	3
7	8	4	2	5	3	1	6	9
6	1	3	9	8	4	2	5	7
5	4	7	8	1	6	9	3	2
2	6	8	7	3	9	5	4	1
3	9	1	5	4	2	8	7	6
8	5	2	3	9	7	6	1	4
1	7	6	4	2	5	3	9	8
4	3	9	1	6	8	7	2	5

Solution # 1243

7	5	3	1	8	2	9	4	6
8	1	6	4	9	5	3	7	2
4	2	9	6	7	3	1	8	5
1	9	2	5	6	8	7	3	4
3	8	5	9	4	7	2	6	1
6	4	7	3	2	1	8	5	9
2	3	4	7	1	6	5	9	8
9	7	1	8	5	4	6	2	3
5	6	8	2	3	9	4	1	7

Solution # 1244

8	7	5	6	2	3	4	1	9
6	2	4	8	9	1	7	5	3
1	3	9	7	4	5	6	8	2
9	8	2	4	1	6	3	7	5
4	1	3	5	7	2	9	6	8
7	5	6	3	8	9	2	4	1
2	9	8	1	6	7	5	3	4
5	6	1	9	3	4	8	2	7
3	4	7	2	5	8	1	9	6

Solution # 1245

4	1	2	6	7	3	9	5	8
6	9	7	5	1	8	4	3	2
5	8	3	9	2	4	1	6	7
7	2	6	1	5	9	3	8	4
9	3	1	4	8	6	7	2	5
8	4	5	2	3	7	6	1	9
2	6	4	8	9	1	5	7	3
1	7	8	3	4	5	2	9	6
3	5	9	7	6	2	8	4	1

Solution # 1246

4	1	2	7	6	9	8	5	3
7	8	9	3	5	4	1	6	2
6	3	5	1	2	8	4	9	7
5	7	8	9	3	1	6	2	4
9	2	1	6	4	5	7	3	8
3	4	6	8	7	2	9	1	5
1	9	4	5	8	3	2	7	6
2	6	3	4	1	7	5	8	9
8	5	7	2	9	6	3	4	1

Solution # 1247

8	3	9	1	7	4	6	2	5
7	5	2	8	6	9	3	4	1
6	1	4	2	3	5	8	9	7
5	6	7	3	9	1	2	8	4
4	9	8	7	2	6	1	5	3
3	2	1	5	4	8	9	7	6
1	7	3	9	5	2	4	6	8
9	8	6	4	1	7	5	3	2
2	4	5	6	8	3	7	1	9

Solution # 1248

5	3	2	8	1	7	4	6	9
6	7	8	4	9	2	3	1	5
4	1	9	5	6	3	8	7	2
3	8	4	9	2	1	6	5	7
1	9	5	7	8	6	2	3	4
2	6	7	3	4	5	9	8	1
8	2	3	1	7	4	5	9	6
7	5	6	2	3	9	1	4	8
9	4	1	6	5	8	7	2	3

Solution # 1249

8	6	2	5	4	3	1	7	9
3	1	7	8	9	2	6	5	4
9	4	5	7	6	1	8	3	2
5	7	9	1	8	4	3	2	6
1	8	6	3	2	5	4	9	7
4	2	3	6	7	9	5	8	1
2	3	4	9	1	8	7	6	5
7	9	8	4	5	6	2	1	3
6	5	1	2	3	7	9	4	8

Solution # 1250

7	6	5	2	8	9	3	1	4
3	9	1	5	4	7	6	8	2
8	2	4	1	6	3	9	7	5
1	8	2	3	9	4	7	5	6
5	4	9	7	1	6	8	2	3
6	3	7	8	5	2	1	4	9
9	1	6	4	2	8	5	3	7
4	7	8	6	3	5	2	9	1
2	5	3	9	7	1	4	6	8

Solution # 1251

3	5	4	1	8	7	9	2	6
2	7	1	5	9	6	4	8	3
9	6	8	4	3	2	7	1	5
8	2	5	9	1	4	6	3	7
1	9	3	6	7	5	8	4	2
7	4	6	3	2	8	5	9	1
6	8	2	7	4	1	3	5	9
4	3	7	2	5	9	1	6	8
5	1	9	8	6	3	2	7	4

Solution # 1252

7	3	5	8	6	1	2	9	4
1	4	8	3	9	2	6	7	5
9	6	2	7	4	5	8	1	3
3	2	9	6	1	8	5	4	7
8	7	1	9	5	4	3	2	6
4	5	6	2	3	7	1	8	9
2	8	3	5	7	9	4	6	1
5	1	7	4	8	6	9	3	2
6	9	4	1	2	3	7	5	8

Solution # 1253

1	4	8	9	3	5	2	6	7
3	5	2	7	6	8	4	9	1
7	6	9	1	4	2	5	3	8
8	2	6	4	5	3	7	1	9
9	7	4	6	8	1	3	2	5
5	1	3	2	9	7	6	8	4
4	9	1	3	7	6	8	5	2
2	3	5	8	1	4	9	7	6
6	8	7	5	2	9	1	4	3

Solution # 1254

5	3	1	8	4	7	9	6	2
6	9	2	1	5	3	4	7	8
7	8	4	9	2	6	5	1	3
8	5	9	3	6	2	1	4	7
2	4	3	7	1	5	6	8	9
1	7	6	4	9	8	3	2	5
3	1	8	6	7	9	2	5	4
4	2	7	5	3	1	8	9	6
9	6	5	2	8	4	7	3	1

Solution # 1255

7	5	9	3	2	6	1	4	8
4	1	2	8	9	5	7	6	3
6	3	8	4	7	1	5	2	9
2	6	7	1	8	4	9	3	5
9	8	1	2	5	3	4	7	6
3	4	5	9	6	7	8	1	2
8	2	4	7	3	9	6	5	1
5	7	3	6	1	8	2	9	4
1	9	6	5	4	2	3	8	7

Solution # 1256

7	1	5	8	4	3	6	2	9
4	6	3	5	9	2	8	1	7
9	2	8	7	6	1	4	5	3
5	3	6	1	8	7	2	9	4
8	9	7	6	2	4	1	3	5
1	4	2	9	3	5	7	6	8
3	8	9	2	7	6	5	4	1
2	5	4	3	1	8	9	7	6
6	7	1	4	5	9	3	8	2

Solution # 1257

8	3	9	6	2	5	4	1	7
7	2	1	9	4	3	8	5	6
5	4	6	8	7	1	9	2	3
4	9	8	1	5	7	6	3	2
6	1	3	4	9	2	7	8	5
2	5	7	3	6	8	1	9	4
9	8	5	7	3	6	2	4	1
1	6	2	5	8	4	3	7	9
3	7	4	2	1	9	5	6	8

Solution # 1258

9	1	2	4	8	5	6	7	3
7	8	6	9	1	3	4	5	2
3	4	5	6	2	7	8	1	9
6	7	3	2	4	8	1	9	5
4	5	1	7	3	9	2	6	8
8	2	9	1	5	6	7	3	4
1	6	8	3	9	2	5	4	7
2	3	4	5	7	1	9	8	6
5	9	7	8	6	4	3	2	1

Solution # 1259

5	6	2	7	9	8	4	3	1
8	4	9	2	3	1	7	5	6
3	1	7	4	5	6	8	2	9
7	9	3	5	8	4	6	1	2
1	5	4	3	6	2	9	8	7
6	2	8	1	7	9	3	4	5
2	8	1	6	4	7	5	9	3
9	3	6	8	1	5	2	7	4
4	7	5	9	2	3	1	6	8

Solution # 1260

4	7	8	2	5	1	3	6	9
3	5	2	4	9	6	7	8	1
1	6	9	3	8	7	4	5	2
8	9	6	1	7	3	2	4	5
7	3	4	5	6	2	9	1	8
2	1	5	9	4	8	6	7	3
5	2	7	6	1	9	8	3	4
9	8	1	7	3	4	5	2	6
6	4	3	8	2	5	1	9	7

www.ingramcontent.com/pod-product-compliance
Lightning Source LLC
Chambersburg PA
CBHW080833220526
45467CB00008B/2265

* 9 7 9 8 3 8 8 1 9 7 8 7 0 *